GERMAN TANKS OF WORLD WAR II

【圖解】第二次世界大戰

德國戰車

上田信

U0073168

楓樹林

CONTENTS

擺脫英法後塵的早期戰車研製

二次大戰前的德國戰車

　　說起「戰車」，人們總是會先想到「德國」，不過首次將戰車投入實戰的卻是英國，確立近代戰車採用全周迴轉砲塔設計的則是法國。相對於英法兩國皆在第一次世界大戰大量生產多種戰車並投入實戰，德國的戰車戰力僅具備少量自製A7V戰車與繳獲戰車。

第一次世界大戰的德國戰車

　　打造出世界首款戰車，並將其投入實戰的是英國。第一次世界大戰開戰經過2年，西部戰線陷入以壕溝對峙的膠著狀態。為了打破這種戰局，英國於1916年9月15日開打的索姆河會戰投入了秘密兵器：Mk.I菱形戰車，世界首款履帶式戰車就此登上舞台。

　　然而，當時原本預計投入60輛，但卻只有40輛抵達戰場，且真正能投入作戰的僅有18輛。除此之外，戰車在進擊時也有大半脫隊，最後只有5輛順利攻入德軍陣地。雖然Mk.I初次上陣並未取得像樣戰果，但卻為德軍帶來無與倫比的衝擊。

　　德軍為了對抗英軍，立即開始著手研製戰車。德軍司令部對總戰爭部負責運輸的第7科提出以下基本需求：重量40t、前/後各配備1門火砲、側面配置機槍，搭載80～100hp引擎、可於全地形行駛、速度10～12km/h。設計負責人約瑟夫　沃爾默技師在美國霍爾特公司的德國代理人赫爾　史坦納協助下，參考霍爾特拖拉機展開研製，於1917年1月完成1號原型車。這輛原型車以推動研製工作的運輸第7科（Abteilung 7,Verkehrswesen）取名為A7V。

■德國首款戰車A7V

　　A7V的生產工作是由戴姆勒公司負責，於1917年9月完成首輛A7V先導生產車，自1917年10月開始配賦部隊。

　　A7V的承載系是參考霍爾特拖拉機設計而成，於底盤上層搭載以厚15～30mm裝甲板構成的箱狀車體，頂端設置長方形小型指揮塔，設計頗為簡潔。車體正面中央上側搭載1門繳獲自俄軍的比利時製馬克沁-諾典飛爾德57mm砲，或是俄羅斯製索科爾57mm砲，左右兩側各有2挺MG08 7.92mm機槍，後方左右也各有1挺，總共配備6挺。

　　乘員包括車長、駕駛手、砲手、裝填手、機槍手（射手/給彈手各6名）、機關手，總共18人。車內中央配置2具戴姆勒汽油引擎（計200hp）。

　　A7V於1918年3月21日首次

A7V

全長：8.00m　全寬：3.1m　全高：3.3m
重量：30t　乘員：18名
武裝：57mm砲×1門、MG08 7.92mm機槍×6挺
最大裝甲厚度：30mm　最大速度：9～15km/h
引擎：戴姆勒165 204×2具
　　　（計200hp）

車體兩側各2處與後面2處共配備6挺MG08 7.92mm機槍

車體前方搭載57mm砲

車體兩側的突出結構配備57mm砲

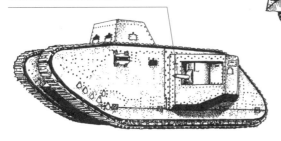

A7V／U

全長：8.38m　全寬：4.72m　全高：3.20m
重量：39t　乘員：7名
武裝：57mm砲×2門、MG08 7.92mm機槍×4挺
最大裝甲厚度：30mm
引擎：戴姆勒165 204×2具（計200hp）
最大速度：12km/h

投入實戰，4月24日則與英軍的Mk.Ⅳ展開世界首場戰車對戰。雖然A7V接到了100輛訂單，但卻只有完成21輛，與德國空軍飛機在第一次世界大戰的亮眼表現相比，德國戰車並未能對戰局造成太大影響。

■A7V／U突擊戰車

雖然A7V就首款戰車而言算是及格，但由於承載系結構的關係，它的越壕性能表現很差。有鑑於此，便以英國的菱形戰車為範本，改讓履帶包覆整圈車體，並將57mm砲與MG08機槍配置於車體側面的突出結構中，試製出A7V/U。雖然負責研製的戴姆勒公司於1918年9月接到軍方20輛的訂單，但卻沒能完成量產，僅停留於原型階段。

■K-Wagen重戰車

重量148t，車體配備7.7cm砲×4門、MG08機槍×7挺，搭載650hp空用引擎×2具的超大型戰車。原本預計於1919年配賦部隊，但戰爭在首批2輛製造途中便告結束。

■LK.I輕戰車

LK.I僅於1918年完成原型車。它的結構相當簡單，是款生產性高的車型，以戴姆勒的汽車底盤搭配現有零件研製而成。

乘員有3名，車體前方為動力艙，其後為駕駛艙，車頂後端搭載配備MG08機槍的小砲塔。

LK.I

全長：5.486m　全寬：2.006m　全高：2.493m
重量：6.89t　乘員：3名
武裝：MG08 7.92mm機槍×1挺
最大裝甲厚度：8mm
最大速度：12km/h

小砲塔配備1挺MG08 7.92mm機槍

K-Wagen

全長：12.978m　全寬：6.096m　全高：2.871m
重量：148t　乘員：22名
武裝：7.7cm砲×4門、MG08 7.92mm機槍×7挺
最大裝甲厚度：30mm

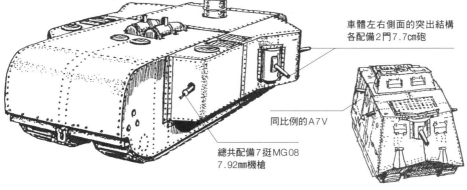

車體左右側面的突出結構各配備2門7.7cm砲

同比例的A7V

總共配備7挺MG08 7.92mm機槍

萊茵金屬公司大型拖拉機原型車

全周迴轉砲塔配備24倍徑7.5cm加農砲

全長：6.65m　全寬：2.81m　全高：2.3m
重量：19.32t　乘員：6名
武裝：24倍徑7.5cm加農砲×1門、
　　　MG08 7.92mm機槍×3挺
最大裝甲厚度：13mm
引擎：BMW Va（250hp）
最大速度：40km/h

二次大戰前的戰車研製

第一次世界大戰戰敗的德國，於1919年6月28日與協約國簽下凡爾賽條約，軍備遭受嚴格限制。然而，德國軍方仍於1920年代暗地著手研製兵器，且他們打算與當時正在復甦經濟、整編軍隊的蘇聯進行合作。

1922年4月14日，德國與蘇聯簽訂拉帕洛條約，兩國藉此加深軍事方面的合作，德軍也因此能在蘇聯境內測試新型兵器。

■大型拖拉機

1925年，德國國防軍兵器本部以「大型拖拉機」作為掩人耳目名稱，邀請戴姆勒-賓士公司、萊茵金屬公司、克虜伯公司著手展開第一次世界大戰後的首款戰車研製工作。1928～1930年，各廠皆完成原型車，並送至蘇聯的喀山測試場進行測試。

雖然大型拖拉機的行駛裝置仍有英國菱形戰車的影子，但卻配備全周迴轉砲塔，是款採用近代化設計的中戰車。

然而，即便有訂立生產計畫，但在1929年世界大恐慌的影響下，德國也無餘力生產戰車，計畫因而中止。

■輕型拖拉機

1929年，德國又決定以「輕型拖拉機」作為掩人耳目名稱，著手研製輕戰車。研製工作由萊茵金屬公司與克虜伯公司負責。

1930～1932年，兩家公司皆完成原型車，並展開測試。經測試結果，其武裝、機動性皆不符需求，計畫因而中止。

■Nb.Fz.（Neubaufahrzeug）

德軍也有留意到當時各國積極研製的多砲塔戰車，於1934年要求萊茵金屬公司著手研製多砲塔戰車Nb.Fz.（Neubaufahrzeug，新型車輛）。

2輛原型車於同年底完成，經測試結果，雖然行駛性能並無問題，但採上下縱列配置的主砲／副砲在操作上卻有問題，因此將2號原型車的主砲／副砲改以橫列配置於克虜伯公司的砲塔上進行測試。經測試之後，德軍又向克虜伯公司追加訂購3輛，並於1935年完成將底盤改成防彈鋼板的量產型（3～5號追加原型車）。

克虜伯公司的Nb.Fz.於1940年4月配賦入侵挪威進駐奧斯陸的第40特編戰車營，並且參與戰鬥，但有1輛因動彈不得而被爆破自毀。剩下的2輛則有參與入侵蘇聯戰役，於1941年6月遭蘇聯KV-1重戰車擊毀。

Nb.Fz. 克虜伯量產車

底盤前後的小砲塔各配備1挺MG13 7.92mm機槍。

右側主砲為24倍徑7.5cm戰車砲KwK，左側副砲為45倍徑3.7cm戰車砲KwK。

全長：6.6m　全寬：2.19m　全高：2.98m
重量：23.41t　乘員：6名
武裝：24倍徑7.5cm戰車砲KwK×1門、
　　　45倍徑3.7cm戰車砲KwK×1門、
　　　MG13 7.92mm機槍×2挺
最大裝甲厚度：20mm
引擎：BMW Va（300hp）
最大速度：30km/h

輕型拖拉機 克虜伯原型車

搭載3.7cm砲

設置框架式天線

一次大戰後的首款量產型戰車
Ⅰ號戰車與衍生型

德國自1920年代開始便暗地進行戰車研製工作，並於1934年7月完成新生德國陸軍（德意志第三帝國陸軍）的首款制式戰車：Ⅰ號戰車，開始量產並配賦部隊。Ⅰ號戰車並非主力戰車，而是為了學習戰車製造技術與培訓戰車乘員而研製的車型。二次大戰緒戰時，由於預定作為裝甲部隊主力的Ⅲ號戰車、Ⅳ號戰車數量不夠充足，因此也將Ⅰ號戰車投入實戰，用以彌補戰力。

Ⅰ號戰車A型／B型

■輕戰車的研製

德軍自1920年代中期開始重啟戰車研製工作，打造了20t級的大型拖拉機與9t級的輕型拖拉機，並且進行各種測試。

基於這些結果，陸軍兵器局第6處第6課於1930年2月又要克虜伯公司研製一款重3t、配備2㎝機砲的小型戰車（小型拖拉機）。依兵器局的要求條件進行設計，並嘗試各種錯誤之後，堪稱之後Ⅰ號戰車雛型的輕型拖拉機1號原型車於1932年7月29日打造完成。

然而，這輛原型車卻只有下層底盤，而無上層車身與砲塔，僅供行駛測試之用。底盤前方為變速箱，駕駛席位於其左後方，底盤後方有1具52hp克虜伯301引擎。前方配置主動輪，後方配置惰輪，採用卡登・洛伊德承載系。在行駛測試的同時，研製計畫也有進行修正。1934年，量產車取消了2㎝機砲，改用2挺7.92㎜機槍。

■La.S.系列

製造少量各處經過改良的原型車與先導量產車後，量產型輕型拖拉機便告完成。為了對其他國家隱瞞德國正在研製戰車的事實，這款完成車取了個La.S.（農用拖拉機）的名稱以掩人耳目。最早的量產車La.S.系列1，自1934年1月25日開始配賦裝甲部隊，但交車時仍未配備上層車身與砲塔，而是先用於訓練之後，再加裝上層結構與砲塔。

除了克虜伯公司之外，為了學習戰車製造技術，MAN公司、亨舍爾公司、戴姆勒-賓士公司、

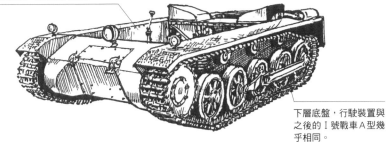

輕型拖拉機先導量產車

沒有上層車身結構，為開頂式設計

Ⅰ號戰車A型

武裝僅有2挺MG13 7.92㎜機槍

下層底盤，行駛裝置與之後的Ⅰ號戰車A型幾乎相同。

全長：4.02m　全寬：2.06m
全高：1.72m　重量：5.47t
乘員：2名
武裝：MG13 7.92㎜機槍×2挺
裝甲厚度：底盤正面13mm、
　　　　　砲塔正面14mm、
　　　　　防盾15mm
引擎：克虜伯M305（60hp）
最大速度：37km/h

與後來的B型相比，底盤後方較短，行駛裝置後部也有差異。

Ⅰ號戰車
Ⅱ號戰車
38（t）戰車
Ⅲ號戰車
Ⅳ號戰車
豹式
虎Ⅰ式
虎Ⅱ式
其他的戰車
突擊砲兵
自走砲兵
裝甲戰鬥車輛

萊茵金屬公司也有參與La.S.的研製工作。自1934年7月開始生產的La.S.系列2以降，便已具備上層車身結構與砲塔。截至1936年6月，包含系列2～4的階段性改良車型，總共製造1,190輛。1936年4月，正處於量產途中的La.S.系列2～4被德軍制式採用為I號戰車A型。

■ I號戰車A型

　　I號戰車A型是第一次世界大戰後德軍的首款量產型戰車，它是一款全長4.02m、全寬2.06m、全高1.72m、重量5.47t的輕戰車，駕駛手位於底盤左前方，砲塔內則搭載車長等2名人員。由於它屬於早期輕戰車，因此裝甲比較薄，底盤的裝甲厚度為正面13mm／25°（相對於垂直面的傾斜角）、前方頂面8mm／70～72°、上層正面13mm／21°、上層側面13mm／21°、下層側面13mm／0°、後面13mm／15～50°、底面5mm／90°。砲塔裝甲厚度為正面14mm／8°、防盾15mm／曲面、側面～後面13mm／22°、頂面8mm／81～90°。

　　底盤前方為變速箱，駕駛席配置於其左後方。底盤後方搭載60hp的克虜伯M305氣冷4汽缸引擎，最大速度37km/h，最大行程為道路140km、越野93km。搭載武裝僅有機槍，在砲塔防盾上配備2挺MG13 7.92mm機槍。

■ I號戰車B型

　　雖然I號戰車A型生產超過1,000輛，對於新生德國陸軍的裝甲部隊編成、培訓功不可沒，但它的行駛性能卻也有些缺點，因此後來又換裝大功率引擎，並改良行駛裝置，推出量產型。A型正在生產的1936年1月，B型開始進行研製，自1936年7～8月至1937年5月生產約330輛（生產數量有各種說法）。

　　B型的設計基本上仍沿襲A型，但由於換裝最大功率100hp的梅巴赫邁巴赫NL38TR引擎，因此動力艙的形狀有變更，且將底盤向後延長40cm。它的行駛裝置也有更新，配合底盤延長，承載輪與頂支輪各加裝1對，最後部的惰輪也改成獨立式。底盤前方及砲塔與A型幾乎相同，各部裝甲厚度與武裝也未變更。A型、B型皆在生產途中及生產結束後做過一些變更與改良。

　　I號戰車雖然是款用於學習戰車製造技術與培訓乘員的車型，但在二次大戰開戰時，由於作為主力的III號戰車、IV號戰車數量不足，因此在波蘭戰役中，它實質上是德國裝甲部隊的主力車輛之一。此外，在之後的西方閃擊戰、巴爾幹半島戰役、北非戰役等也都有使用。

I號戰車B型

底盤前方及砲塔與A型幾乎相同

與A型相比，動力艙形狀有變更，且稍微拉長。

全長：4.42m　全寬：2.06m　全高：1.72m
重量：5.8t　乘員：2名
武裝：MG13 7.92mm機槍×2挺
裝甲厚度：底盤正面13mm、砲塔正面14mm、防盾15mm
引擎：梅巴赫邁巴赫NL38TR（100hp）
最大速度：40km/h

承載輪、頂支輪各增加1對，惰輪也往上移。

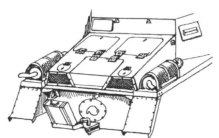

I號戰車A型的動力艙

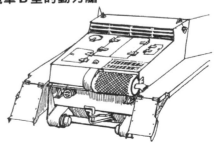

I號戰車B型的動力艙

● Ⅰ號戰車B型的細節

立倒式天線

頭燈

鐵撬

車寬指示燈

MG 13 7.92mm 機槍

車長門蓋

駕駛手門蓋

千斤頂台座

滅火器

喇叭

拖車鉤

駕駛手窺視窗

引擎啟動用曲柄與
S字鉤

圓鍬與斧頭

由於它是首款量產型戰車，
且也是訓練用輕戰車，因此
內部相當簡樸。

● Ⅰ號戰車B型的內部結構

❶ 轉向桿
❷ 排檔桿
❸ 無線電
❹ MG 13 俯仰手輪
❺ MG 13 7.92mm機槍
❻ 手槍型旋轉手柄
❼ 車長席頭靠墊
❽ 車長席

❾ 冷卻風扇
❿ 梅巴赫邁巴赫NL 38 TR引擎
⓫ 駕駛席
⓬ ZF製FG31變速箱
⓭ 轉向裝置

Ⅰ號戰車的衍生型

由於Ⅰ號戰車是為訓練而設計，因此用於實戰的期間相當短，但因為生產數量頗多，所以也會把Ⅰ號戰車的底盤進行轉用，發展出各種衍生型。

■Ⅰ號彈藥運輸車

為了對部隊戰車提供砲彈補給而造的彈藥運輸車。以Ⅰ號戰車A型為基礎，將砲塔卸除。戰鬥艙內改成彈藥儲放庫，並於砲塔環開口裝設2片上掀式半圓形大片鋼板門蓋。

1942年春季以降，自前線返回的Ⅰ號戰車也會進行改造，做出另種彈藥運輸車。它們同樣會卸除砲塔，於該處以鋼板製作箱形置彈架，結構比較簡陋。以

Ⅰ號戰車A型改成的稱為Ⅰa型彈藥運輸車，以B型改成的則稱Ⅰb型彈藥運輸車。

■Ⅰ號炸藥設置車

為了在最前線排除障礙物，為突擊部隊開路而研改的炸藥設置車型，配賦裝甲師工兵營的工兵連。於Ⅰ號戰車B型的動力艙頂面裝設框架，於其後方配置炸藥容器。此車開抵目的地後，會將容器內的炸藥投下，車輛本身則行退避，以遙控方式引爆炸藥。

■Ⅰ號噴火戰車

於北非戰線進攻托布魯克時，第5輕裝甲師的工兵部隊曾使用這款以Ⅰ號戰車A型現地改造的

車型。改造幅度並不大，僅將右側MG13機槍換成步兵攜行式噴火器，噴射距離25ｍ，可噴射火焰10～12秒。

■Ⅰ號裝甲架橋車

卸除Ⅰ號戰車A型的砲塔，於底盤上層設置可動式車橋。由於底盤尺寸與強度的關係，在運用上頗為受限，因此製造數量很少。

■其他

以Ⅰ號戰車A型為基礎，換用柴油引擎的LKB1，以及以B型為基礎，使用液化瓦斯當做燃料的保修作業車等。

Ⅰ號裝甲架橋車

卸除砲塔，加裝車橋。

底盤為Ⅰ號戰車A型

Ⅰ號彈藥運輸車

卸除砲塔，將戰鬥艙內改成彈藥儲放庫。

底盤為Ⅰ號戰車A型

卸除右側MG13，改裝上步兵攜行式噴火器。

Ⅰ號噴火戰車

底盤為Ⅰ號戰車A型

Ⅰ號指揮戰車

德軍在發展戰車的同時，也確立了新型戰車戰術。因此在研製La.S.戰車時，就已經著手設計配備收發訊機的無線電指揮車。

■小型無線電戰車

1935年中期，以Ⅰ號戰車A型為基礎的小型無線電戰車登場，這是最早的指揮戰車。這款車型並未設置砲塔，而是在Ⅰ號戰車A型的底盤上層加裝八角形戰鬥艙。戰鬥艙右後方配備立倒式天線，右側擋泥板前方則加裝管狀框架天線，戰鬥艙內裝有無線電收發機（戰車型僅有收訊機）。小型無線電戰車屬於測試車型，僅製造15輛。

■小型裝甲指揮車

以Ⅰ號戰車A型為基礎的小型無線電戰車經過運用測試之後，又利用Ⅰ號戰車B型的底盤研改出另一款小型裝甲指揮車。該型車也沒有砲塔，而是將底盤上層直接向上擴大為戰鬥艙。戰鬥艙內配備Fu6無線電收發機與Fu2無線電收訊機，除了車長、駕駛之外，也新增無線電手席位。戰鬥艙的裝甲與戰車型同為13mm，戰鬥艙頂面設置左右掀開式門蓋。在武裝方面，戰鬥艙正面右上方配置1挺MG34 7.92mm機槍（攜彈量900發）。

小型裝甲指揮車於1936年7月～1937年底共製造184輛（其中4輛轉讓給西班牙，且最初的25輛為A/B折衷底盤），生產中及生產後曾實施若干改良，其中最大的變化是從1938年開始加裝車長展望塔。這座八角形的展望塔位於戰鬥艙頂面偏右側位置，為了提高耐彈性，裝甲厚度強化為14.5mm。

另外，有些現地部隊也會把戰鬥艙內的無線電收發機改成Fu8，並於戰鬥艙周圍加裝管狀框架天線，提升收發訊能力。

小型無線戰車
卸除砲塔，加裝戰鬥艙。
右側擋泥板前方設置框架式天線
以Ⅰ號戰車A型為基礎

小型裝甲指揮車（Ⅰ號指揮戰車）
自1938年開始加裝車長展望塔
底盤上層直接向上擴大為戰鬥艙
以Ⅰ號戰車B型為基礎

小型裝甲指揮車 現地改造車
於戰鬥艙周圍加裝框架式天線

全長：4.42m 全寬：2.06m 全高：1.99m
重量：5.9t 乘員：3名
武裝：MG34 7.92mm機槍×1挺
裝甲厚度：底盤正面13mm、展望塔14.5mm
引擎：梅巴赫邁巴赫NL38TR（100hp）
最大速度：40km/h

■搭載15cm sIG 33的Ⅰ號戰車B型

（Ⅰ號15cm自走重步兵砲）

首先造出的是配備萊茵金屬15cm重步兵砲sIG 33的自走砲。波蘭戰役之後，德軍認為需要一款能夠伴隨步兵部隊，提供直接支援的車型，因此出現將牽引式15cm重步兵砲sIG 33自走化的計畫。

自走砲的底盤選用Ⅰ號戰車B型，埃克特公司於1940年3月展開研製。將Ⅰ號戰車B型原本的上層結構移除，增設以10mm厚裝甲板構成的戰鬥艙，戰鬥艙內並無專用架台，而是把15cm重步兵砲sIG 33的砲架連同車輪一起放上去。相對於底盤尺寸，它的車高極高，很容易被發現，但卻可以大幅縮短研製時間。

戰鬥艙內除了車長、駕駛之外，還有負責操作主砲的砲手與裝填手（兼任無線電手）。15cm重步兵砲sIG 33的最大射程約4,700m，俯仰角 4°～+73°，左右擁有各15°水平射角，它不僅可以發射榴彈，還能打煙幕彈、爆震彈、成形裝藥彈等。

配備15cm sIG 33的Ⅰ號戰車B型總共製造38輛，第701、第702、第703、第704、第705、第706自走重步兵砲連各配賦6輛（2輛為備用），投入始於1940年5月的法國戰役。

■搭載4.7cm PaK（t）的Ⅰ號戰車B型（Ⅰ號4.7cm自走戰防砲）

德軍於二次大戰前的1938年後半開始研製自走戰防砲。當初預定以Ⅰ號戰車B型底盤搭載作為德軍主力的3.7cm戰防砲PaK 36，但在1939年3月吞併捷克斯洛伐克之後，大量取得威力比PaK 36強的斯柯達4.7cm戰防砲KPUV.v.z.36，因此德軍就把這款捷克製戰防砲採用為4.7cm PaK（t），並且用於Ⅰ號自

移除上層結構，加裝戰鬥艙。

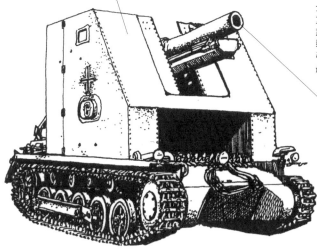

搭載15cm sIG 33的Ⅰ號戰車B型

全長：4.67m　全寬：2.06m　全高：2.8m
重量：8.5t　乘員：4名
武裝：15cm重步兵砲sIG 33×1門
裝甲厚度：底盤正面13mm、戰鬥艙10mm
引擎：梅巴赫邁巴赫NL38TR（100hp）
最大速度：40km/h

連同砲架直接搭載15cm重步兵砲sIG 33

15cm重步兵砲sIG 33

最大射程約4,700m，俯仰角 4°～+73°，左右各擁有15°
射角，可發射榴彈、煙幕彈、爆震彈、成形裝藥彈。

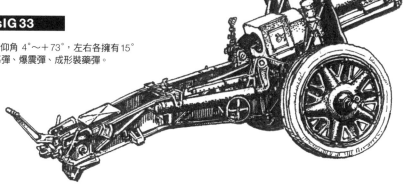

走戰防砲。

同年9月，埃克特公司著手展開研製，於1940年3月完成名為「搭載4.7cm PaK（t）I號戰車B型」的自走砲。該型自走砲於I號戰車B型底盤上層加裝開頂式戰鬥艙，搭載4.7cm PaK（t）。戰鬥艙的裝甲厚度為14.5㎜，人員包括兼任砲手的車長與裝填手、駕駛手共3名。4.7cm PaK（t）的射角為俯仰角8°～＋10°、左右各17.5°，有效射程1,500公尺，於射程500公尺可貫穿45㎜的裝甲板。

搭載4.7cm PaK（t）的I號戰車B型雖然只是簡易改造，但就德軍首款自走戰防砲而言，完成度卻很高。1940年3～5月製造了132輛，配賦第521、第616、第643、第670戰車驅逐營，投入法國戰役。

由於它在法國戰役的表現獲得高度評價，因此於1942年2月又追加生產70輛。追加生產的後期型量產車，將戰鬥艙的側面裝甲板向後方擴大。搭載4.7cm PaK（t）的I號戰車B型也有投入德蘇戰役與北非戰役，對於配備強大戰防砲的車型尚不足夠的緒戰期來說，是德軍寶貴的反戰車戰力。

■I號防空砲車

基於波蘭戰役～法國戰役的教訓，德軍認為需要一款可伴隨裝甲部隊行動的防空車型，因此便決定在I號戰車A型的底盤上搭載2cm防空機砲FlaK38，構成I號防空砲車。兵器局要戴姆勒-賓士公司設計底盤，埃克特公司設計防空機砲基座，實際改造作業則由斯圖貝爾公司執行，於1941年中期完成24輛，並全數配賦第614（自走）防空營。

■其他自走砲

1945年4～5月的柏林攻防戰，現地部隊曾將搭載4.7cm PaK（t）的I號戰車B型戰鬥艙進行改造，連同砲架直接裝上III號突擊砲的48倍徑7.5cm砲StuK40，不過應該也就僅此一輛。

搭載4.7cm PaK（t）的I號戰車B型 早期型

全長：4.42m　全寬：2.06m　全高：2.25m
重量：6.4t　乘員：3名
武裝：4.7cm戰防砲PaK（t）×1門
裝甲厚度：底盤正面13mm、戰鬥艙14.5mm
引擎：梅巴赫邁巴赫NL38TR（100hp）
最大速度：40km/h

加裝戰鬥艙。後期量產車有修改戰鬥艙側面形狀。

搭載捷克斯洛伐克製4.7cm PaK（t）

底盤為I號戰車B型

4.7cm戰防砲 KPUV.v.z.36

捷克斯洛伐克的斯柯達公司製品。德軍採用為4.7cm PaK（t），搭載於使用I號戰車底盤的自走砲。該型砲射角為俯仰角8°～＋10°、左右各17.5°，有效射程1,500m，於射程500m可貫穿45mm裝甲板。

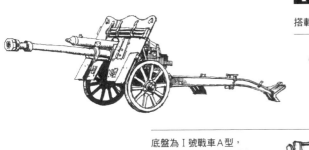

I號防空砲車

搭載2cm防空機砲FlaK38

戰鬥艙側面設置立倒式裝甲板

底盤為I號戰車A型，底盤上層正面加裝防彈板。

I號戰車
II號戰車
38(t)戰車
III號戰車
IV號戰車
豹式
虎I式
虎II式
其他的裝備
戰鬥戰鬥
戰鬥戰車

Ｉ號戰車的發展型

■Ｉ號戰車Ｃ型

德國陸軍兵器局於1938年邀集各廠商設計供空降部隊用的6t級偵察用快速輕戰車，試製型號為VK601，由克勞斯-瑪菲公司製造底盤下層，戴姆勒-賓士公司製造底盤上層結構與砲塔。原型車於1940年完成，砲塔配備毛瑟7.92mm戰防機槍E.W.141以及同軸的MG34 7.92mm機槍，全長4.195m、全寬1.920m、全高1.945m、重量8t。使用功率150hp的梅巴赫邁巴赫HL45P引擎，承載輪採交錯式配置，使用扭力桿承載系，最大速度可達79km/h，機動力相當高。

除此之外，它也將防護力視為重點，因此就輕戰車而言，裝甲相當強固。底盤裝甲厚度為正面30mm／20°、前方頂面20mm／70°、上層正面30mm／9°、頂面10mm／90°、上層側面20mm

／0°、下層側面14.5＋5.5mm／0°、砲塔裝甲厚度為正面30mm／10°、防盾30mm／曲面、側面14.5mm／24°、頂面10mm／79～90°。

1942年7月，改良行駛裝置的量產型開始生產，至該年12月共製造40輛。量產型賦予制式型號Ｉ號戰車Ｃ型，1943年配賦2輛至東部戰線的第1裝甲師進行實戰測試。雖然它曾參與實戰，但剩下的車輛則被送至第18預備裝甲軍麾下的預備部隊。

■Ｉ號戰車Ｆ型

為了突破固若金湯的馬奇諾要塞防線，德軍計畫設計一款重裝甲車輛。1939年11月，兵器局第6處第6課請克勞斯-瑪菲公司著手研製18t級戰車VK1801。然而，研製作業卻比預定期程大幅延遲，直到1942年4月才完

成首款量產車Ｉ號戰車Ｆ型，並在該年12月前製造30輛。

Ｉ號戰車Ｆ型的最大特徵，在於它那厚重的裝甲。底盤裝甲厚度為正面80mm／19°、前方頂面50mm／75°、上層正面80mm／9°、側面80mm／0°、頂面20mm／90°、底面20mm／90°、砲塔裝甲厚度為防盾80mm／曲面，側面80mm／0°。雖然它是一款全長4.375m、全寬2.640m、全高2.050m的輕戰車，但由於裝甲厚重，因此重量達到19t。

在武裝方面，僅於砲塔正面配備2挺MG34 7.92mm機槍。另外，它也採用類似Ｉ號戰車Ｃ型的交錯式承載輪配置，最大速度為25km/h。Ｉ號戰車Ｆ型配賦於第66特種戰車營第1連，參與列寧格勒戰役。除此之外，第2警察戰車中隊、第1裝甲師第1戰車團第2營等單位也有配備。

Ｉ號戰車Ｃ型

全長：4.195m　全寬：1.920m　全高：1.945m
重量：8t　乘員：2名
武裝：毛瑟7.92mm戰防機槍E.W.141×1挺、
　　　MG34 7.92mm機槍×1挺
最大裝甲厚度：30mm
引擎：梅巴赫邁巴赫HL45P（150hp）
最大速度：79km/h

砲塔正面左側配備7.92mm戰防機槍E.W.141，右側配備MG34機槍。

Ｉ號戰車Ｆ型

砲塔正面防盾左右配備MG34機槍

底盤正面裝甲厚達80mm

全長：4.375m　全寬：2.640m
全高：2.050m　重量：19t
乘員：2名
武裝：MG34 7.92mm機槍×2挺
最大裝甲厚度：80mm
引擎：梅巴赫邁巴赫HL45P（150hp）
最大速度：25km/h

Ⅱ號戰車與衍生型

德軍在研製第一次世界大戰後首款量產型戰車Ⅰ號戰車時,發現它的武裝與機動性能皆有不足,因此1934年7月又開始研製搭載2cm砲的輕戰車,於1936年5月完成了Ⅱ號戰車。Ⅱ號戰車原本也是比照Ⅰ號戰車,用於訓練裝甲部隊,但由於Ⅲ號戰車的研製期程延遲,因此在二次大戰緒戰期也充當主力戰鬥車輛投入實戰,以彌補戰車戰力。

Ⅱ號戰車a～c型／A～C型

■研製搭載2cm機砲的輕戰車

德軍正在準備生產第一次世界大戰後首款量產型戰車的Ⅰ號戰車時,又於1934年7月決定研製一款搭載2cm機砲的輕戰車La.S.100(農用拖拉機100)。兵器局第6處第6課將底盤上層結構與砲塔的研製工作交給戴姆勒-賓士公司,底盤則讓克虜伯公司、MAN公司、亨舍爾公司分別進行設計。1935年中期,3家廠商皆完成原型車,經測試結果,於該年秋季採用MAN公司的設計,並決定由戴姆勒-賓士公司製造底盤上層結構與砲塔,MAN公司負責生產底盤以及進行最終組裝。

■Ⅱ號戰車a型

Ⅱ號戰車的首款量產型為a型(La.S.100系列1。當時尚未賦予Ⅱ號戰車制式型號),全長4.380m、全寬2.140m、全高1.945m、重量7.6t,比Ⅰ號戰車稍大。砲塔配備2cm防空機砲FlaK30的車載版KwK30×1門(攜彈量180

發)與MG34 7.92mm機槍×1挺(2.250發)。底盤內部的最前方為轉向裝置與變速箱,中央配置戰鬥艙,艙頂稍微偏左側搭載砲塔,底盤後方為動力艙。乘員有3人,包括底盤前方左側的駕駛手、砲塔內的車長,以及戰鬥艙內左側(面朝後方)的無線電手。

Ⅱ號戰車既是輕戰車,自然也就不怎麼重視防護性能,底盤裝甲厚度為正面13mm/曲面、前方頂面13mm/65°(相對於垂直面的傾斜角)、上層正面13mm/9°、側

Ⅰ號戰車
Ⅱ號戰車
38(t)戰車
Ⅲ號戰車
Ⅳ號戰車
豹式
虎Ⅰ式
虎Ⅱ式
其他的車輛
計畫戰車
雜誌戰車

面13mm／0°、頂面8mm／90°、底面5mm／90°。砲塔裝甲厚度為正面15mm／曲面、正面下層13mm／16°、頂面8mm／76～90°、側面13mm／22°。

在行駛裝置方面，前方配置主動輪，後方則是惰輪，搭配6對小直徑承載輪與3對頂支輪構成。承載輪以2個為1組透過板狀彈簧構成台車，以板狀連結臂結合3組台車。動力艙右側搭載130hp的梅巴赫邁巴赫HL57TR 6汽缸液冷式汽油引擎，最大速度40km/h，最大行程為道路190

km、越野126km。Ⅱ號戰車a型自1936年5月至1937年2月共製造75輛，產線以25輛為單位，分3個批次實施生產，各生產批次有進行若干調整及改良。首批25輛為a1型，接著25輛為a2型，最後25輛則是a3型。a2型改良了引擎散熱器，並於車底加裝檢修門、修改動力艙壁隔板。a3型則改良了承載系的板狀彈簧，並將散熱器換成尺寸較大的新型。

■Ⅱ號戰車b型

1937年2月至3月，生產了25輛（生產數量有各種說法）Ⅱ號戰車b型。b型為了提升防護性，有強化裝甲，底盤正面、前方頂面、上層正面以及砲塔正面下方與側面的裝甲厚度增為14.5mm，底盤頂面增為12mm，砲塔頂面增為10mm。

除了改良轉向裝置之外，也改良了散熱器、加裝排氣柵門（動力艙頂面）、改良消音器等，使得動力艙後部形狀有所變更，全長增為4.755m，重量也增加至

Ⅱ號戰車a型

全長：4.380m　全寬：2.140m　全高：1.945m
重量：7.6t　乘員：3名
武裝：2cm機砲KwK30×1門、MG34 7.92mm機槍×1挺
裝甲厚度：底盤正面13mm、砲塔正面15mm
引擎：梅巴赫邁巴赫HL57TR（130hp）
最大速度：40km/h

換用30cm寬履帶

Ⅱ號戰車b型

全長：4.755m　全寬：2.140m　全高：1.945m
重量：7.9t　乘員：3名
武裝：2cm機砲KwK30×1門、MG34 7.92mm機槍×1挺
裝甲厚度：底盤正面14.5mm、砲塔正面15mm
引擎：梅巴赫邁巴赫HL57TR（130hp）
最大速度：40km/h

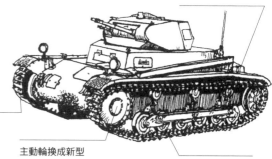

變更動力艙後部與消音器形狀

主動輪換成新型

強化承載系，變更承載輪寬度

Ⅱ號戰車A型

全長：4.810m　全寬：2.223m　全高：2.020m　重量：8.9t　乘員：3名
武裝：2cm機砲KwK30×1門、MG34 7.92mm機槍×1挺
裝甲厚度：底盤正面14.5mm、砲塔正面15mm
引擎：梅巴赫邁巴赫HL62TR（140hp）
最大速度：40km/h

自c型以降，配合引擎換裝，動力艙頂面的配置也有變更。

c～C型的外觀幾乎相同，只差在正面窺視窗的形狀以及側面窺視窗上下有無鉚釘等。

主動輪、惰輪、承載輪皆換成新型，承載系也有變更。

7.9t。它的行駛裝置也有改善，不僅強化了承載系、改用30㎝寬履帶（a型為28㎝寬），承載輪寬度也隨之增加，並採用新型主動輪。

雖然Ⅱ號戰車a型/b型只能算是原型車與先導量產車型，但仍有投入緒戰的波蘭戰役與法國戰役。

■Ⅱ號戰車c型

Ⅱ號戰車b型可說是a型的小改款，外觀幾乎看不出變化，但

接下來的量產型c型則有大幅變更。其中最大的差異，在於行駛裝置的改良與換裝新型引擎。

它的主動輪、惰輪、承載輪全部換新，承載輪尺寸變大，改成單邊配置5個，頂支輪則增加至4個。承載系改採板狀彈簧式獨立懸吊。

引擎自HL57TR換裝同為梅巴赫邁巴赫公司出品的HL62TR（140hp），動力艙頂面的配置也隨之進行若干調整。

雖然它還有一些小幅更動，但

底盤及砲塔的基本結構卻維持原樣。Ⅱ號戰車c型僅於1937年3月生產25輛（與b型一樣，生產數量有各種說法）。

■Ⅱ號戰車A型

Ⅱ號戰車發展到c型，算是終於確立量產車型的基本形態。自1937年4月起，開始生產正式量產版的Ⅱ號戰車A型。從A型開始，除了MAN公司之外，亨舍爾公司也加入生產行列，總共製造210輛。

◉ 1939年10月～1940年10月以前的c型修改砲塔

※除了窺視窗以外，A～B也相同

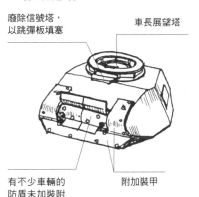

加裝跳彈塊

自1939年10月起，於砲塔正面兩側與下方加裝20mm附加裝甲。

1941年5月以降設置大型儲物箱

底盤上層正面也加裝20mm厚附加裝甲

c型駕駛手窺視窗護蓋為平坦的橫長形板狀設計

Ⅱ號戰車A～C型 修改型

1940年10月起加裝車長展望塔

砲塔正面加裝20mm附加裝甲

底盤上層正面也加裝附加裝甲

前方頂面加裝15mm附加裝甲（插圖畫的是未加裝正面附加裝甲的狀態）

◉ 1940年10月以降的c～C型修改砲塔

廢除信號塔，以跳彈板填塞

車長展望塔

有不少車輛的防盾未加裝附加裝甲

附加裝甲

Ⅱ號戰車c型 修改型

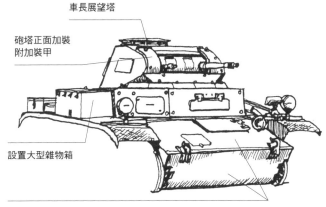

車長展望塔

砲塔正面加裝附加裝甲

設置大型雜物箱

底盤正面加裝20mm、前方頂面加裝15mm附加裝甲。

Ⅰ號戰車
Ⅱ號戰車
38（t）戰車
Ⅲ號戰車
Ⅳ號戰車
豹式
虎Ⅰ式
虎Ⅱ式
其他的車輛
扑克戰車
追獵戰車

A型與c型幾乎相同，僅變更窺視窗護蓋與窺視窗形狀，以及調整無線電手門蓋結構，轉向裝置與變速箱等也換成新型及改良型。

■II號戰車B型

II號戰車B型是A型的小改款，窺視窗換成內部以防彈玻璃強化的新型（窺視窗上下各有2顆螺栓，是與A型的識別點）。自B型開始，埃克特公司也加入生產，至1938年底共製造384輛。

■II號戰車C型

II號戰車C型是為了填補生產延遲的III號戰車而緊急生產的車型，除了改良砲塔內部的瞄準鏡之外，與B型的後期量產車幾乎相同。C型由MAN公司、亨舍爾公司、埃克特公司合計製造364輛以上。

■II號戰車c～C型的修改型

經過a型、b型發展到正式版量產型的c型後，A型、B型、C型也有在生產途中隨時進行改

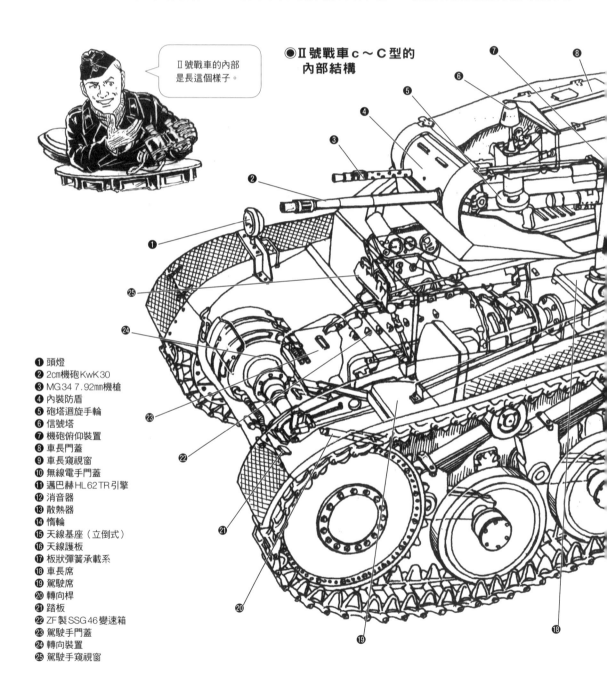

II號戰車的內部是長這個樣子。

●II號戰車c～C型的內部結構

❶ 頭燈
❷ 2cm機砲KwK30
❸ MG34 7.92mm機槍
❹ 內裝防盾
❺ 砲塔迴旋手輪
❻ 信號塔
❼ 機砲俯仰裝置
❽ 車長門蓋
❾ 車長窺視窗
❿ 無線電手門蓋
⓫ 邁巴赫HL62TR引擎
⓬ 消音器
⓭ 散熱器
⓮ 惰輪
⓯ 天線基座（立倒式）
⓰ 天線護板
⓱ 板狀彈簧承載系
⓲ 車長席
⓳ 駕駛席
⓴ 轉向桿
㉑ 踏板
㉒ ZF製SSG46變速箱
㉓ 駕駛手門蓋
㉔ 轉向裝置
㉕ 駕駛手窺視窗

Ⅰ號戰車

Ⅱ號戰車

38(t)戰車

Ⅲ號戰車

Ⅳ號戰車

豹式

虎Ⅰ式

虎Ⅱ式

其他的戰車

計畫戰車

戰後戰車

良、調整構型、修復舊款零件等工作。即便在生產之後，也頻繁追加、變更裝備。

1938年2月以降，底盤上層左側加裝摺疊式防空機槍架。到了1939年9月，則於底盤後面加裝補強用支架。自1939年10月開始，於砲塔正面左右側與下方、底盤上層正面會加裝20㎜

的附加裝甲，並在底盤正面加裝20㎜、前方頂面加裝15㎜的附加裝甲。

1940年10月則決定採用車長展望塔，並對現有車輛進行修改，在砲塔頂面設置展望塔。另外，1941年則對北非戰線部隊的車輛進行冷卻風扇強化，並加大無線電手門蓋的通氣柵門。

其他還有強化窺視窗、改良瞄準鏡、將車載機槍的給彈方式從雙彈鼓改成彈鏈給彈（攜彈量增加為2,100發）、於左擋泥板加裝Notek燈（防空頭燈）、於底盤左後方加裝車距表示燈、於右擋泥板上加裝大型儲物箱、加裝備用履帶架、加裝車艙加溫器等。

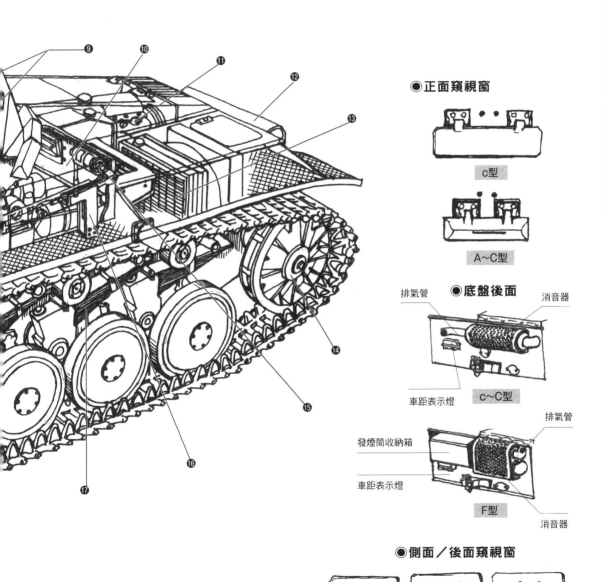

●正面窺視窗

c型

A～C型

●底盤後面

排氣管　　消音器

車距表示燈　　c～C型

發煙筒收納箱　　排氣管

車距表示燈

F型　　消音器

●側面／後面窺視窗

II號戰車D～L型和衍生型

■II號戰車D型

II號戰車正在進行量產時，又推出了一項將承載系換成扭力桿式的快速型II號戰車研製計畫。設計工作交由MAN公司負責，原型車經測試之後，制式採用為II號戰車D型。雖然它仍稱作II號戰車，但底盤形狀與行駛裝置卻與C型之前的車型相去甚遠，可說是完全重新設計。其尺寸為全長4.90m、全寬2.290m、全高2.060m、重量11.2t，比之前的II號戰車稍大。它的裝甲也經過強化，底盤正面與砲塔正面增為30mm（其他裝甲厚度與b型以降相同）。

底盤前方配置變速箱，其左後方為駕駛席，左側為無線電手，後方動力艙配備HL62TR的改良型HL62TRM引擎。行駛裝置全部更新，主動輪、承載輪、惰輪、履帶皆換用新型。承載輪改成單邊4個配置，無頂支輪。換用扭力桿承載系與改良型引擎、變速箱後，最大速度提升至55km/h。

另外也有採用構型與D型幾乎相同，僅變更履帶的E型。1938年5月～1939年總共製造43輛D型/E型，但生產時期及數量有各種說法，正確數字不明。

■II號戰車F型

按照當初預定，II號戰車僅生產至C型及D/E型便要結束，但由於III號戰車生產延遲及戰鬥損耗等原因，導致裝甲師的戰車配備數量難以維持，因此便決定把II號戰車當作補充車輛，繼續生產II號戰車F型。生產工作由FAMO公司的Ursus工廠負責，於1941年3月～1942年12月製造524輛（也有說法為509輛）。

F型在上線生產時，就有進行加裝車長展望塔、右擋泥板大型儲物箱等實施於c～C型的各種修改。它將底盤正面的裝甲板改以平面構成，底盤上層正面也換成單片裝甲。除了修改底盤形狀之外，也提升了防護性。底盤正面裝甲板增為35mm，底盤上層正面與砲塔正面裝甲板也強化至30mm。經過這些變更，重量增加至9.5t。

■II號戰車G型
（新型II號戰車）

1938年6月18日，一款異於II號戰車，重視速度的新型輕戰車VK901獲准進行研製，底盤由MAN公司設計，底盤上層結構與砲塔則由戴姆勒-賓士公司負責。

兵器局第6處第6課的要求構型為乘員3人、砲塔配備射速高於2cm戰車砲KwK30的2cm機砲KwK38（2cm防空機砲FlaK38的車載版）以及MG34 7.92mm同軸機槍，機動性必須達到最大速度65km/h。

II號戰車D型

全長：4.90m　全寬：2.290m　全高：2.060m　重量：11.2t
乘員：3名
武裝：2cm機砲KwK30×1門、MG34 7.92mm機槍×1挺
最大裝甲厚度：30mm
引擎：梅巴赫邁巴赫HL62TRM（140hp）
最大速度：55km/h

II號戰車F型

全長：4.810m　全寬：2.280m　全高：2.150m　重量：9.5t
乘員：3名
武裝：2cm機砲KwK30×1門、MG34 7.92mm機槍×1挺
裝甲厚度：底盤正面35mm、砲塔正面30mm
引擎：梅巴赫邁巴赫HL62TR（130hp）
最大速度：40km/h

行駛裝置完全重新設計。採用單邊4個大型承載輪與扭力桿承載系。

砲塔形狀與c～C型幾乎相同，但正面裝甲強化為30mm

E型使用形狀不同的履帶

底盤形狀與之前的II號戰車完全不同

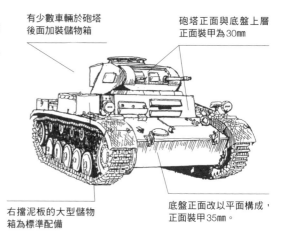

有少數車輛於砲塔後面加裝儲物箱

砲塔正面與底盤上層正面裝甲為30mm

右擋泥板的大型儲物箱為標準配備

底盤正面改以平面構成，正面裝甲35mm。

原型車於1939年底完成，雖然接到75輛訂單，但完成的應該只有12輛。底盤為類似Ⅱ號戰車D/E型的箱形構造，全長4.24m、全寬2.38m、全高2.05m、重量10.5t。底盤上層正面左右兩側配置與Ⅲ號戰車G型同款的裝甲窺視窗（中央還裝上一組假的窺視窗）。底盤裝甲厚度為正面30mm/23°、前方頂面20mm/74°、上層正面30mm/9°、側面20mm/0°、頂面12mm/90°、底面5mm/90°，砲塔裝甲厚度為正面30mm/10°、防盾30mm/曲面，側面15mm/66°、頂面10mm/78～90°。底盤內部的配置與D/E型相同，前方為變速箱，其左後方為駕駛手席，右側為無線電手席，後方為動力艙。行駛裝置採用交錯式承載輪搭配扭力桿承載系，引擎為梅巴赫邁巴赫HL66P（180hp），但最大速度卻比計畫值低，僅達50km/h。

■Ⅱ號戰車J型

（新型強化型Ⅱ號戰車）

相對於重視速度性能的Ⅱ號戰車G型（VK901），另一款重視裝甲防護性能的新型Ⅱ號戰車則為Ⅱ號戰車J型（VK1601）。J型比照G型，底盤由MAN公司設計，底盤上層結構與砲塔由戴姆勒-賓士公司負責研製，於1939年12月展開作業。原型車於1940年6月完成，由於性能測試表現良好，因此制式採用為

Ⅱ號戰車J型

全長：4.20m　全寬：2.90m　全高：2.20m　重量：18t
乘員：3名
武裝：2cm機砲KwK38×1門、MG34 7.92mm機槍×1挺
最大裝甲厚度：80mm
引擎：梅巴赫邁巴赫HL45（150hp）
最大速度：31km/h

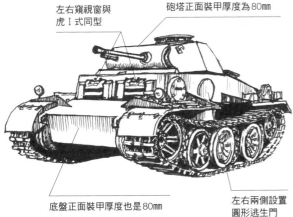

左右窺視窗與虎Ⅰ式同型

砲塔正面裝甲厚度為80mm

底盤正面裝甲厚度也是80mm

左右兩側設置圓形逃生門

Ⅱ號戰車G型

全長：4.24m　全寬：2.38m　全高：2.05m　重量：10.5t
乘員：3名
武裝：2cm機砲KwK38×1門、MG34 7.92mm機槍×1挺
最大裝甲厚度：30mm
引擎：梅巴赫邁巴赫HL66P（180hp）
最大速度：50km/h

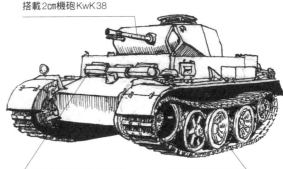

搭載2cm機砲KwK38

左右設置與Ⅲ號戰車G型同款窺視窗（中央窺視窗是假的）

採用扭力桿承載系，單邊配置5個交錯式承載輪。

Ⅱ號戰車H型

重量：10.5t　乘員：3名
武裝：2cm機砲KwK38×1門、MG34 7.92mm機槍×1挺
最大裝甲厚度：30mm
引擎：梅巴赫邁巴赫HL66P（200hp）
最大速度：65km/h

底盤及砲塔形狀與G型類似

Ⅱ號戰車5cm PaK38搭載型

開頂式戰鬥艙

使用Ⅱ號戰車G型底盤

主砲為5cm PaK38

II號戰車J型，於1942年4月開始生產。

其外觀與車內配置與G型相似，全長4.20m、全寬2.90m、全高2.20m。底盤裝甲厚度為正面80㎜/19°、前方頂面50㎜/75°、上層正面80㎜/9°、側面50㎜/0°、頂面20㎜/90°、底面20㎜/90°，砲塔裝甲厚度為正面80㎜/曲面、側面50㎜/24°、頂面20㎜/78～90°，底盤及砲塔皆為重裝甲。由於是以裝甲防護為優先，因此重量增至18t，最大速度僅有31km/h。

行駛裝置與G型相同，採用交錯式扭力桿承載系。由於底盤上層正面裝有與虎I式同型的裝甲窺視窗，因此看起來就像是「迷你虎式」。

II號戰車J型在1942年12月之前製造了22輛，配賦東部戰線的第12裝甲師等單位。

■新型II號戰車H型

1940年6月，兵器局第6處第6課決定繼續發展II號戰車G型，請MAN公司與戴姆勒-賓士公司著手設計速度性能與裝甲防護力皆有提升的VK903。

底盤側面及砲塔側面的裝甲板強化至20㎜，為了應付增加的重量，引擎換成200hp的梅巴赫邁巴赫HL66P，想定最大速度為65km/h。砲塔配備2㎝機砲KwK38×1門與MG34 7.92㎜機槍×1挺，乘員為3人。新型II號戰車H型僅有造出原型車，於1942年9～10月停止研製工作。

■II號戰車5㎝PaK38搭載型

於II號戰車G型底盤設置開頂式戰鬥艙，搭載60倍徑5㎝戰防砲PaK38。此型車詳情不明，有各種說法，也有人認為它才是II號戰車H型，僅停留於試製階段。

■II號戰車L型山貓式

1940年7月，兵器局第6處第6課要求MAN公司、斯柯達公司、BMM公司研製一款13t級偵察戰車。1942年6月，3家廠商的原型車經過評比，由MAN公司設計的VK1303獲選，制式採用為II號戰車L型山貓式。

其底盤及砲塔形狀與新型II號戰車G型、H型（VK901、VK903）酷似，全長4.63m、全寬2.48m、全高2.21m，重量12t。底盤裝甲厚度為正面30㎜/22°、前方頂面20㎜/74°、上層正面30㎜/9°、側面20㎜/0°、頂面10㎜/90°、底面5㎜/90°，砲塔裝甲厚度為正面30㎜/10°、防盾30㎜/曲面、側面20㎜/25°、頂面10㎜/79～90°。

此型車於各部位活用G型、H型的研製經驗，砲塔配備2㎝機砲KwK38×1門與MG34 7.92

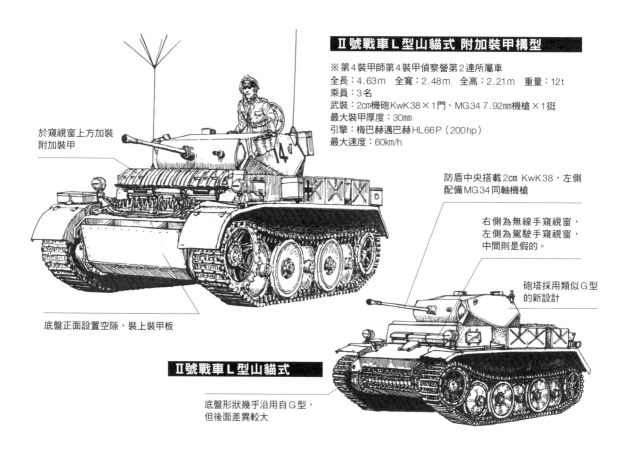

II號戰車L型山貓式 附加裝甲構型

※第4裝甲師第4裝甲偵察營第2連所屬車
全長：4.63m　全寬：2.48m　全高：2.21m　重量：12t
乘員：3名
武裝：2㎝機砲KwK38×1門、MG34 7.92㎜機槍×1挺
最大裝甲厚度：30mm
引擎：梅巴赫邁巴赫HL66P（200hp）
最大速度：60km/h

於窺視窗上方加裝附加裝甲

底盤正面設置空隙，裝上裝甲板

防盾中央搭載2㎝KwK38，左側配備MG34同軸機槍

右側為無線手窺視窗，左側為駕駛手窺視窗，中間則是假的。

砲塔採用類似G型的新設計

II號戰車L型山貓式

底盤形狀幾乎沿用自G型，但後面差異較大

mm機槍。底盤後方動力艙配置200hp的梅巴赫邁巴赫HL66P引擎，採用交錯式承載輪與扭力桿承載系。最大速度60km/h，最大行程為道路260km、越野155km，具備良好機動性能。

山貓式於1942年9月～1944年1月共生產100輛，配賦東部戰線與西部戰線的部隊，相當活躍。

■II號噴火戰車

以II號戰車D型/E型為基礎研改而成，於左右擋泥板前方配置裝有噴火器的小砲塔，砲塔可各自向外旋轉90°（左右射角合計180°），噴嘴的俯仰角為 10～＋20°。左右擋泥板上裝有方形裝甲箱，內置160l圓筒形燃油容器。

其砲塔改成六角形，正面設置機槍架，配備MG34 7.92㎜機

槍。裝甲厚度為正面30㎜/0°、側面20㎜/21°、後面20㎜/30°、頂面10㎜/84～90°。

II號噴火戰車是德軍首款噴火戰車，於1940年1月開始生產，包含改裝自D型/E型的車輛，總共製造155輛。

■II號浮航戰車

為執行預定於1940年9月展開的英國本土登陸作戰「海獅行動」而研製的其中一款登陸用戰車，於II號戰車加裝海上航行用浮筒。

試製車型有兩種，包括在大型船形浮筒中間配置II號戰車的構型，以及在底盤兩側加裝浮筒的構型。它們皆透過戰車主動輪傳輸動力，驅動裝在浮筒後方的螺旋槳。

由於英國登陸作戰宣告中止，

因此II號浮航戰車的研製工作也告停。卸除浮航裝置的II號戰車配賦至東部戰線部隊，當作普通戰車使用。

■II號裝甲架橋車

卸除II號戰車砲塔，於砲塔環開口加裝鋼質門蓋。底盤上層設置車橋與展開裝置。製造數量不明，不過a～C型都有改造成裝甲架橋車，車橋結構也依底盤而有差異。

■II號裝甲救濟車

卸除II號戰車J型砲塔，於底盤上層加裝三角結構吊桿。據說是由第116裝甲師使用，但詳情不明。此非制式車型，為現地部隊改造車。

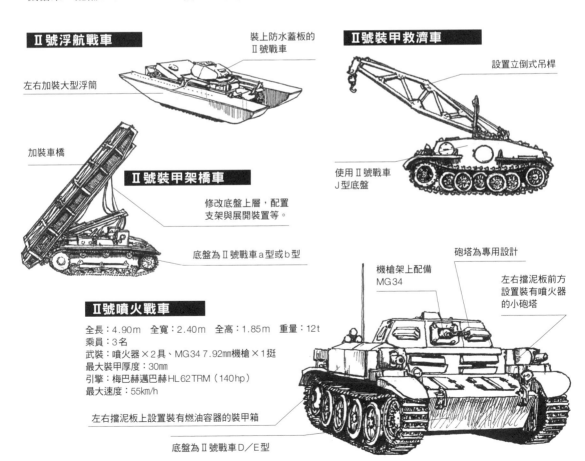

II號浮航戰車

裝上防水蓋板的II號戰車

左右加裝大型浮筒

加裝車橋

II號裝甲架橋車

修改底盤上層，配置支架與展開裝置等

底盤為II號戰車a型或b型

II號裝甲救濟車

設置立倒式吊桿

使用II號戰車J型底盤

II號噴火戰車

全長：4.90m　全寬：2.40m　全高：1.85m　重量：12t
乘員：3名
武裝：噴火器×2具、MG34 7.92㎜機槍×1挺
最大裝甲厚度：30mm
引擎：梅巴赫邁巴赫HL62TRM（140hp）
最大速度：55km/h

砲塔為專用設計

機槍架上配備MG34

左右擋泥板前方設置裝有噴火器的小砲塔

左右擋泥板上設置裝有燃油容器的裝甲箱

底盤為II號戰車D/E型

貂鼠II式自走戰防砲

■II號戰車5cm PaK 38 搭載型

1940年7月，兵器局第6處第6課要求MAN公司與萊茵金屬公司研製一款以II號戰車底盤搭載5cm戰防砲PaK 38的自走戰防砲。前者負責設計底盤，後者處理戰鬥艙與搭載砲。據說完成的車輛於1942年1月交付東部戰線部隊，但詳情不明，連造出幾輛都不知道。PaK 38若使用Pzgr.40鎢芯穿甲彈，於射程500m可貫穿72mm（入射角30°）裝甲板，由此可見它的確是一款能夠擊毀T-34的自走戰防砲。

雖然有公布過在II號戰車A～C型底盤上設置簡易戰鬥艙，並搭載5cm戰防砲PaK 38的車輛照片，但它究竟是制式生產的5cm PaK 38搭載型II號自走戰防砲，抑或是現地部隊參考搭載7.5cm

PaK 40的貂鼠II式製作的車輛則不得而知。

■搭載7.62cm PaK 36(r) 的貂鼠II式

德軍在1941年6月22日展開的德蘇戰役，遭遇比自軍戰車更強的蘇聯T-34、KV-1。不論是III號戰車、IV號戰車，甚至是搭載4.7cm PaK（t）或5cm PaK 38的車型，都很難擊毀這些蘇聯戰車。為此感到頭痛的德軍，除了加緊腳步設法量產正在研製的7.5cm戰防砲PaK 40之外，也趕忙設計能夠搭載該砲的自走戰防砲。

然而，由於最關鍵的PaK 40必須花點時間才有辦法完備量產體制，因此德軍趕緊祭出在德蘇開戰初期大量繳獲的蘇聯製7.62cm師級火砲F-22，以填補戰力空隙。德軍對F-22進行

更換瞄準鏡、變更操作手輪位置、加裝砲口制退器、更換砲栓（擴大藥室）、改良砲彈等構型修改，以配合自軍運用，將之制式採用為7.62mm戰防砲PaK 36（r）。PaK 36（r）用的砲彈藥筒比F-22的原版砲彈大，裝藥量比較多，因此威力遠大於F-22。若使用Pzgr.40鎢芯彈，於射程1,000m可貫穿130mm（垂直）裝甲板，能輕易擊毀T-34或KV-1。

1941年12月20日，兵器局第6處第6課命埃克特公司著手研製將這型PaK 36（r）搭載於II號戰車D型上的自走戰防砲。II號戰車D型移除砲塔後，將底盤上層頂面切開，於中央裝設PaK 36（r）的專用車載砲架Pz.Sfl.1（裝甲自走砲架1型）。配備車載用防盾（14.5mm）的PaK 36

5cm戰防砲PaK 38

口徑：5cm　砲管長：3,173mm　重量：986kg
射角：俯仰角 8°～＋27°、水平角65°
初速：835m／s
裝甲貫穿力：使用Pzgr.40可於射程500m
　　　　　貫穿72mm（入射角30°）

II號戰車5cm PaK 38搭載型

搭載5cm戰防砲PaK 38

應急加裝的戰鬥艙

(r)搭載於砲架上，射角為左右50°、俯仰角 5°～＋16°。

底盤上層以大片裝甲板圍成戰鬥艙（正面30㎜，側面14.5㎜），內側前方裝有砲管行軍鎖，PaK 36(r)的左後方為砲手席，右側為裝填手席。戰鬥艙後端有裝甲板包覆型與金屬網型2種版本。

搭載7.62㎝ PaK 36(r)的貂鼠Ⅱ式（制式名稱為Ⅱ號戰車D1/D2型底盤7.62㎝ PaK 36(r)用裝甲自走車輛）除了研製廠商埃克特公司之外，威格曼公司也有生產。1942年4月～1943年11月，包括新造車與改造自Ⅱ號噴火戰車用D/E型底盤之車輛，總共製造187輛（也有201～202輛的說法）。

■搭載7.5㎝ PaK 40/2的貂鼠Ⅱ式

1942年2月，7.5㎝戰防砲PaK 40終於開始量產，該年5月，搭載PaK 40的自走戰防砲也奉命展開研製，相關作業同樣由設計7.62㎝ PaK 36(r)搭載型的埃克特公司負責。

底盤使用Ⅱ號戰車F型，保留底盤上層前方構造，並大幅切開戰鬥艙空間，於周圍包覆裝甲板，構成開頂式戰鬥艙（正面30㎜，側面10㎜），於戰鬥艙內前方專用砲架搭載附防盾的PaK 40/2（PaK 40的貂鼠Ⅱ式車載型）。該砲射角為左32°/右25°，俯仰角 8°～＋10°。若使用Pzgr.40鎢芯彈，於射程500m可貫穿154㎜（垂直），射程

1,000m可貫穿133㎜裝甲板。

除此之外，在底盤正面還有加裝固定主砲用的行軍鎖，底盤後面動力艙上方則設置砲彈儲放庫。與之前急就章完成的7.62㎝ PaK 36(r)搭載型相比，7.5㎝ PaK 40/2搭載型在設計上顯得洗練許多。

1942年中期，由於萊茵金屬公司已將PaK 40的量產體制整備完成，因此便自1942年7月開始生產7.5㎝ PaK 40/2搭載型貂鼠Ⅱ式（制式名稱為7.5㎝ PaK 40/2搭載型Ⅱ號戰車底盤）。生產工作由FAMO公司、MAN公司、戴姆勒-賓士公司進行，於1943年6月前製造531輛（也有576輛的說法）。由於自1943年7月開

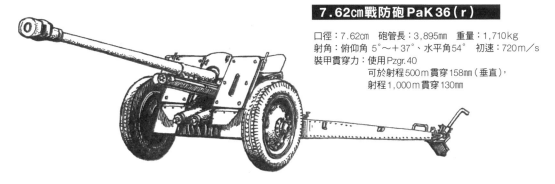

7.62㎝戰防砲PaK 36(r)

口徑：7.62㎝　砲管長：3,895mm　重量：1,710kg
射角：俯仰角 5°～＋37°，水平角54°　初速：720m/s
裝甲貫穿力：使用Pzgr.40
　　　　　　可於射程500m貫穿158㎜（垂直），
　　　　　　射程1,000m貫穿130㎜

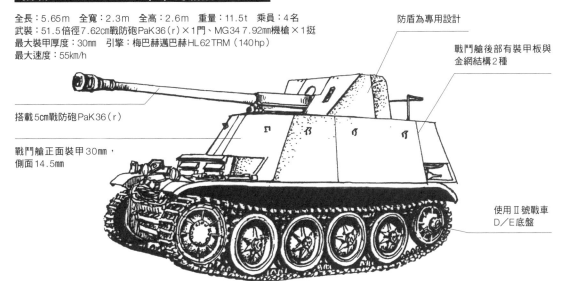

搭載7.62㎝ PaK 36(r) 的貂鼠Ⅱ式

全長：5.65m　全寬：2.3m　全高：2.6m　重量：11.5t　乘員：4名
武裝：51.5倍徑7.62㎝戰防砲PaK 36(r)×1門、MG34 7.92㎜機槍×1挺
最大裝甲厚度：30㎜　引擎：梅巴赫邁巴赫HL 62 TRM（140hp）
最大速度：55km/h

防盾為專用設計

戰鬥艙後部有裝甲板與金網結構2種

搭載5cm戰防砲PaK 36(r)

戰鬥艙正面裝甲30㎜，側面14.5㎜

使用Ⅱ號戰車D/E底盤

Ⅰ號戰車
Ⅱ號戰車
38(t)戰車
Ⅲ號戰車
Ⅳ號戰車
豹式
虎Ⅰ式
虎Ⅱ式
其他的車輛
計畫戰車
戰場戰車

始，II號戰車F型底盤決定全部轉用於10.5cm黃蜂式自走榴彈砲，因此新車生產便告一段落，但自前線送回來進行維修保養的II號戰車仍有持續進行改造，截至1944年3月，又改造出75輛貂鼠II式。

量產車並非全部相同，在生產途中也有實施變更底盤正面備用履帶架形狀、變更頭燈、變更戰鬥艙側面車載工具配置、變更底盤後面配置等構型調整與改良，因此早期量產車與後期量產車在細節上會有若干差異。

另外，到了大戰末期，也有造出配備紅外線夜視儀的夜戰構型。二次大戰期間，德國有在發展夜間戰鬥用的夜視系統，並於大戰末期投入實用，而貂鼠II式便是其中一款測試車輛。

該測試車輛於主砲防盾上加裝紅外線投射燈，砲手瞄準望遠鏡則裝設FG1250夜視鏡。為了讓駕駛能在夜間駕車，右擋泥板前方也裝有紅外線燈，左擋泥板前方則設置FG1250。

雖然不知道有幾輛車被加裝紅外線夜視儀改造成夜戰構型，但為了測試新器材，肯定不只一輛。另外，據說配備紅外線夜視儀的夜戰構型7.5cm PaK40/2搭載型貂鼠II式也有被送往東部戰線進行戰場測試。

搭載7.5cm PaK40/2的貂鼠II式原本用於東部戰線，後來也有投入義大利戰線及西部戰線。到了1945年，擁有優勢火力的7.5cm PaK40/2搭載型貂鼠II式也在德國本土防衛戰中發揮功能。

在緊緻車體上配備7.62cm PaK36(r)與7.5cm PaK40/2的貂鼠II式，確實是一款優秀的自走戰防砲。

7.5cm戰防砲PaK40

口徑：7.5cm　砲管長：3,700mm
重量：1,500kg
射角：俯仰角 5°～＋22°、水平角65°
初速：792m/s
裝甲貫穿力：使用Pzgr.40可於
　　　　　　射程　500m貫穿154mm(垂直)，
　　　　　　射程1,000m貫穿133mm

搭載7.5cm PaK40/2的貂鼠II式

全長：6.36m　全寬：2.28m　全高：2.2m　重量：10.8t　乘員：4名
武裝：46倍徑7.5cm戰防砲PaK40/2×1門、MG34 7.92mm機槍×1挺
最大裝甲厚度：35mm
引擎：梅巴赫邁巴赫HL62TRM（140hp）
最大速度：40km/h

搭載7.5cm戰防砲PaK40/2

防盾直接使用戰防砲型左右加上裝甲板

戰鬥艙裝甲為正面30mm，側面10mm

在動力艙上增加了彈藥收納庫

使用II號戰車F型底盤

Ⅱ號戰車底盤的自走榴彈砲

■10.5cmⅡ號 自走榴彈砲黃蜂式

雖然德軍於二次大戰之前就開始研製數款搭載10.5cm榴彈砲的自走砲,但都只停留在試製階段,並無量產車型。由於開戰後暫時先以自走戰防為優先,因此自走榴彈砲的研製工作就一直沒有進展。即便如此,為了滿足自走式火力支援車輛需求,埃克特公司(負責研製底盤上層及戰鬥艙)與MAN公司(負責研製底盤)仍於1942年初著手研製搭載10.5cm輕榴彈砲leFH18的自走榴彈砲,完成品便是10.5cmⅡ號自走榴彈砲黃蜂式(制式名稱為leFH18/2搭載型Ⅱ號自走砲黃蜂式。稱呼於戰爭期間曾數次變更)。

黃蜂式雖然是以Ⅱ號戰車F型為基礎,但底盤內部配置卻有大幅變更。前方為變速箱與駕駛艙,其後方則配置動力艙,戰鬥艙位於底盤後端。之所以將戰鬥艙配置於後端,是為了縮短包含主砲在內的全車長度,也有利砲彈裝載作業,就自走砲而言是種理想配置。

其全長為4.81m、全寬2.28m、全高2.3m、重量11t。駕駛手位於前方左側的駕駛艙內,車長、砲手、裝填手、無線電手則位於戰鬥艙內。底盤裝甲厚度為正面30mm/15°、前方頂面10mm/75°、下層側面15mm/0°、後面8～15mm/0～70°、底面5mm/90°,駕駛艙正

面20mm/30°、側面20mm/15～22°,戰鬥艙的裝甲厚度為正面12mm/21°、防盾10mm/24°、側面10mm/17～2°、後面8mm/16°。黃蜂式除了行駛裝置以外全部重新設計,且行駛裝置也有進行改良。為了對應增加的重量,第1、第2、第5承載輪的承載臂有加裝減震桿。

10.5cm輕榴彈砲leFH18配置於戰鬥艙前方的動力艙頂面中央位置,射角為左右各30°、俯仰角5°～+42°。可發射FH.Gr(榴彈)、10cm Pzgr(穿甲彈)、10cm Gr39 rot H I(成形裝藥彈)、照明彈、煙幕彈。若使用FH.Gr,最大射程為10,650m。

黃蜂式就輕自走榴彈砲而言火

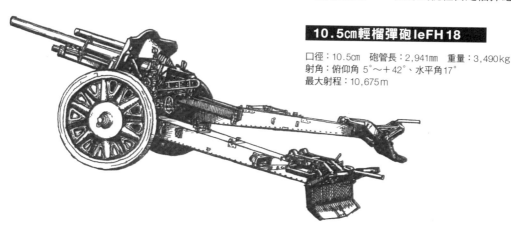

10.5cm輕榴彈砲leFH18

口徑:10.5cm　砲管長:2,941mm　重量:3,490kg
射角:俯仰角5°～+42°、水平角17°
最大射程:10,675m

搭載10.5cm輕榴彈砲leFH18/2

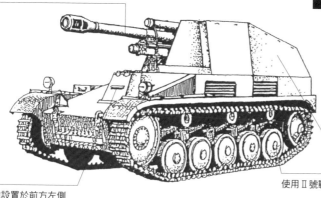

10.5cmⅡ號自走榴彈砲黃蜂式

全長:4.81m　全寬:2.28m　全高:2.3m
重量:11t　乘員:5名
武裝:28倍徑10.5cm輕榴彈砲
　　　leFH18/2×1門、
　　　MG34 7.92mm機槍×1挺
最大裝甲厚度:30mm
引擎:梅巴赫邁巴赫HL62TR(140hp)
最大速度:40km/h

戰鬥艙裝甲正面12mm,側面10mm。

使用Ⅱ號戰車F型底盤

駕駛艙設置於前方左側

Ⅰ號戰車
Ⅱ號戰車
38(t)戰車
Ⅲ號戰車
Ⅳ號戰車
豹式
虎Ⅰ式
虎Ⅱ式
其他的戰車
裝甲車
驅逐戰車

力性能十分強大，且動力使用與II號戰車F型同款的梅巴赫邁巴赫HL62TR引擎（140hp），最大速度可達40km/h，機動性能良好。

黃蜂式的生產工作由FAMO公司負責，自1943年2月開始生產，截至1944年6月總共製造676輛。除此之外，從前線送回來的II號戰車也有進行改裝，1945年1月之前共改造57輛（也有60輛的說法）。自1943年5月起，裝甲師、裝甲擲彈兵師麾下的砲兵團會有1個營開始配賦，作為輕自走榴彈砲的主力車型，一直用到戰爭結束。

■黃蜂式彈藥運輸車

雖然黃蜂式可在戰鬥艙內裝載30發砲彈，但仍有推出一款能夠伴隨黃蜂式的專用彈藥運輸車。該車並非特別設計，而是直接使用黃蜂式的底盤，將主砲卸除，開口部以裝甲板封閉。戰鬥艙經過改裝，可搭載90發砲彈。乘員為3人。

■搭載15cm sIG33的 II號自走重步兵砲

搭載15cm sIG33的I號戰車B型為德軍首款自走重步兵砲，雖然這款急就章完成的車型還算堪用，但I號戰車的底盤尺寸就搭載sIG33而言實在還是太小了一點，這在研製階段已經是個問題。

接續搭載15cm sIG33的I號戰車B型，埃克特公司又著手進行另一款以II號戰車為基礎的自走重步兵砲研製工作。測試用車輛在II號戰車底盤上搭載移除車輪的sIG33，於1940年6月實施砲擊測試。依據測試結果，於1940年10月完成新造原型車。經過測試，發現戰鬥艙內空間較為狹窄，因此量產型便把底盤延長。

完成後的II號自走重步兵砲雖然是以II號戰車F型作為基礎，但有延長底盤，並於後方加裝1對承載輪。除此之外，它還加大車寬、移除底盤上層結構，加裝新的駕駛艙與戰鬥艙。雖說是以II號戰車作為基礎，但變更幅度已可算是新設計的車型。其全長為5.48m、全寬2.6m、全高1.98m，與搭載同型火砲的I號B型自走重步兵砲相比，車高壓低了不少，值得特別一提。

戰鬥艙以正面30mm、側面15mm的裝甲板構成，sIG33搭載於戰鬥艙前方中央。戰鬥艙內有車長、砲手、裝填手3名人員，駕駛手則位於戰鬥艙左前方的駕駛艙內。由於擴大底盤的關係，重量也增至11.2t，因此便把引擎換成150hp的比辛NAG製L8V。

1941年12月完成7輛，1942年1月完成5輛。以完成的12輛車編成第707、第708重步兵砲連，用於北非戰線。

黃蜂式彈藥運輸車

直接使用黃蜂式底盤

卸除主砲，開口部以裝甲板封閉

搭載15cm重步兵砲sIG33

採用壓低車高的設計。戰鬥艙裝甲正面30mm，側面15mm。

車寬比II號戰車大

搭載15cm sIG33的II號自走重步兵砲

全長：5.48m　全寬：2.6m　全高：1.98m
重量：11.2t　乘員：4名
武裝：15cm重步兵砲sIG33×1門
最大裝甲厚度：30mm
引擎：比辛NAG L8V（155hp）
最大速度：45km/h

用於北非戰線。有些車輛會在底盤後方裝載汽油桶。

延長底盤，加裝1對承載輪。

38（t）戰車與衍生型

二次大戰前，德國在併吞捷克斯洛伐克後，便取得優秀的捷克斯洛伐克製輕戰車LTvz.35與LTvz.38。由於它們的性能優於Ⅰ號戰車、Ⅱ號戰車，因此德軍立刻制式採用為35（t）戰車與38（t）戰車，配賦裝甲部隊。特別是38（t）戰車，除了成為二次大戰緒戰的重要戰力，即便退出第一線，底盤也多轉用為貂鼠式自走戰防砲，到了大戰末期甚至還進化成追獵者式輕驅逐戰車。

35(t)戰車

二次大戰前，德國於1939年3月併吞捷克斯洛伐克，除了擴張領土，也藉機取得捷克斯洛伐克的優秀兵器。特別是LTvz.35與LTvz.38這2款戰車，對於Ⅲ號戰車、Ⅳ號戰車等主力車型生產遲遲沒有進展，正為戰車數量不足而苦惱的德軍而言，真是天上掉下來的禮物。

■LTvz.35戰車的研製

LTvz.35是二次大戰前捷克斯洛伐克陸軍的主力戰車，其研製工作始於1934年底。當時捷克斯洛伐克陸軍已制式採用LTvz.34，並且正在配賦部隊，但仍要求斯柯達公司與CKD公司研製一款更強的戰車。斯柯達公司依此推出了S-Ⅱ-a原型車，CKD公司則完成改良自LTvz.34的P-Ⅱ-a原型車。

1935年6月，兩家公司的原型車開始進行測評，最後由斯柯達公司的S-Ⅱ-a雀屏中選。1935年10月，該型車制式採用為LTvz.35，由陸軍訂購160輛。生產工作除了斯柯達公司之外，也交由競爭對手CKD公司進行，各自生產80輛。後來又追加訂購138輛，在1937年底之前，總共製造298輛。LTvz.35採用箱形底盤設計，各裝甲板以當時蔚為標準的鉚釘接合工法進行組裝。底盤前方中央配置變速箱，其右側為駕駛手席，左側為無線電手席，無線電手席的正面機槍架配備MG37(t)7.92㎜機槍。底盤後方為動力艙，配置120hp斯柯達T-11/0引擎。底盤裝甲厚度為正面25㎜、側面上層15㎜、側面下層16㎜、背面16㎜、頂面8㎜、底面8㎜。

砲塔於正面中央搭載37.2㎜砲A-3，其右側機槍架配備ZBvz.37 7.92㎜機槍。裝甲厚度為正面25㎜、側面15㎜、背面15㎜、頂面8㎜。砲塔內的人員僅有車長，車長必須一肩扛起指揮、裝填、射擊工作。

行駛裝置採用小直徑承載輪搭配板狀彈簧構成的台車式，雖然比較舊，但可靠度卻很高。

■德軍制式35(t)戰車

吞併捷克斯洛伐克之後，德軍取得219輛LTvz.35，賦予制式型號35(t)戰車（主武裝以德軍制式型號改稱3.7cm戰車砲KwK34(t)，副武裝也改稱MG37(t)7.92㎜機槍），並且加以修改，以配合自軍運用。

砲塔內部右側加裝座席，新增1名裝填手（乘員增為4名）。雖然

35(t)戰車

全長：4.9m　全寬：2.1m　全高：2.35m
重量：10.5t　乘員：4名
武裝：40倍徑3.7cm戰車砲KwK34(t)×1門、
　　　MG37(t)7.92㎜機槍×2挺
最大裝甲厚度：25㎜
引擎：斯柯達T-11/0（120hp）
最大速度：35km/h

Ⅰ號戰車
Ⅱ號戰車
38（t）戰車
Ⅲ號戰車
Ⅳ號戰車
豹式
虎Ⅰ式
虎Ⅱ式
其他的裝備
計畫戰車
德國戰車

攜彈量因此減少，但卻可以減輕車長作業負擔，讓他能夠專心指揮，戰鬥力因而提升。另外，無線電也從捷克斯洛伐克製品換成德軍標準的Fu2。

35（t）戰車首先投入波蘭戰役，並參與之後的法國戰役、德蘇戰爭。然而，到了1941年底～1942年初，它已顯得落伍，便自第一線退出。

35（t）戰車的衍生型不多，只有在底盤後方加裝框架天線的35（t）指揮戰車以及卸除砲塔的35（t）火砲牽引車等。

● **35（t）戰車的車外裝備**

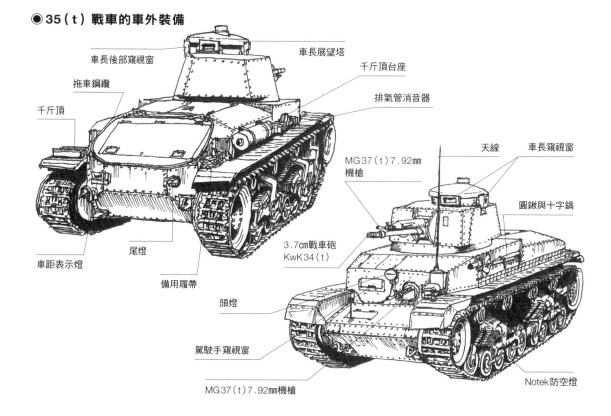

車長後部窺視窗
拖車鋼纜
千斤頂
車長展望塔
千斤頂台座
排氣管消音器
MG37（t）7.92mm機槍
3.7cm戰車砲 KwK34（t）
尾燈
車距表示燈
備用履帶
頭燈
駕駛手窺視窗
MG37（t）7.92mm機槍
天線
車長窺視窗
圓鍬與十字鎬
Notek 防空燈

38（t）戰車

■LTvz.38戰車的研製

捷克斯洛伐克陸軍於1935年10月採用LTvz.35作為主力戰車，但因變速箱與煞車等驅動系的可靠度有問題，對其性能感到不滿。1937年10月，他們又考慮另外採用新型戰車，CKD公司則向軍方提案已在外銷取得成功的TNH型戰車改良版。捷克斯洛伐克陸軍採用CKD公司的這項方案，要求該公司著手打造原型車。原型車TNH-S於1937年底完成，1938年1月中旬開始進行測評，1938年7月決定採用

為LTvz.38，陸軍向CKD公司訂購150輛。

然而，德國卻於1939年3月併吞捷克斯洛伐克，因此完成的150輛全被德軍接收。德軍賦予LTvz.38制式型號38（t）戰車加以採用，並決定繼續生產該型戰車。此外，CKD也將公司名稱改為德文的BMM公司。

■38（t）戰車A型

原本由捷克斯洛伐克陸軍訂購的首批150輛，稱為38（t）戰車A型。

38（t）戰車全長4.61m、全寬2.135m、全高2.252m、重量9.725t。底盤裝甲厚度為正面25mm/14°、前方頂面12mm/76°、上層正面25mm/19°、側面15mm/0°、頂面8mm/90°、底面8mm/90°，砲塔裝甲厚度為正面25mm/10°、側面15mm/9°、頂面8mm/90°。

底盤內部前方中央配置變速箱，其右側為駕駛手席，左側配置無線電手席。砲塔正面中央搭載3.7cm戰車砲KwK38（t），砲塔正面右側與無線電手席正面

機槍架配備MG37（t）7.92㎜機槍。砲塔內部原本只有車長席，但德軍為了配合自軍運用，增設裝填手席。後方右側為車長席（車長兼任射手），左後方設置裝填手席。

底盤後方為動力艙，搭載125hp的布拉格EPA引擎。承載系採用板狀彈簧式獨立懸吊，單邊配置4個大直徑承載輪，可說是38（t）戰車最具特色的部位。

德軍制式採用之際，有將部份車載工具（圓鍬與十字鎬）移設過來，且在生產途中也有加裝發煙筒架與Notek防空燈、車距表示燈等設備。

■38（t）戰車B型

B型是在首批150輛（A型）之後由德軍追加訂購的批次，於1940年1～5月間製造了110輛。

B型配備Notek防空燈與車距表示燈，將無線電換成Fu2，並廢除底盤左側的管狀天線，從一開始便以德軍構型進行生產。

此外，它還有移設車載工具，於右擋泥板中央附近的工具箱上加裝千斤頂，工具箱前方則放置千斤頂台座。

■38（t）戰車C型

1940年5月開始生產的C型，將底盤正面裝甲強化為40㎜，底盤頂面的砲塔環周圍也加裝跳彈塊。C型在該年8月之前生產了110輛。

■38（t）戰車D型

1940年9月開始生產D型。底盤上層正面左端的天線基座及天線換成德軍構型。該年11月前生產了105輛D型。

■38（t）戰車E型

自E型開始有強化裝甲，底盤正面、底盤上層正面以及砲塔正面都有附加裝甲，厚度為25＋25㎜。底盤上層側面也同樣增為15＋15㎜，砲塔側面為30㎜，砲塔背面則換成20㎜的單片裝甲板。

除此之外，底盤上層正面的駕駛手側與無線電手側改成同一塊面板，駕駛手與無線電手窺視窗改成同型。另外，消音器與車距表示燈的位置也有調整，並為發煙筒加上裝甲護蓋。

E型於1940年11月～1941年5月間製造275輛。

■38（t）戰車F型

F型為E型的小改款，兩者幾乎相同。1941年5～10月生產250輛。

■38（t）戰車G型

G型將底盤正面、底盤上層正面、砲塔正面換成單片50㎜裝甲板，藉此強化裝甲防護力。底盤正面及前方頂面左右兩側配置備用履帶，空氣濾清器也有強化。

G型是數量最多的生產型，1941年10月～1942年3月與1942年5～6月總共製造316輛。

■38（t）戰車S型

S型是為瑞典陸軍製造的車型，構型以E/F型為準。底盤與砲塔正面加裝25㎜附加裝甲，砲塔側面與底盤側面則維持15㎜。

S型於1941年5～9月製造了90輛，但卻沒有送往瑞典，而是全數配賦德軍。

38（t）戰車A型

全長：4.61m　全寬：2.135m　全高：2.252m
重量：9.725t　乘員：4名
武裝：47.8倍徑3.7cm戰車砲KwK38（t）×1門、
　　　MG37（t）7.92㎜機槍×2挺
最大裝甲厚度：25㎜
引擎：布拉格EPA（125hp）
最大速度：42km/h

車長周視潛望鏡

管狀天線
（僅A型有的特徵）

3.7cm戰車砲KwK38（t）

車距表示燈
（於生產途中加裝）

MG37（t）7.92㎜機槍

駕駛手窺視窗

MG37（t）7.92㎜機槍
（無線電手用）

拖車鉤

38（t）戰車B型

全長：4.61m 全寬：2.135m 全高：2.252m
重量：9.725t 乘員：4名
武裝：47.8倍徑3.7cm戰車砲KwK38（t）×1門、
　　　MG37（t）7.92mm機槍×2挺
最大裝甲厚度：25mm
引擎：布拉格EPA（125hp）
最大速度：42km/h

移設各種車載工具

車距表示燈在生產時便有配備

A～D型的駕駛手正面板位置較無線電手正面板退後

Notek防空燈

廢除底盤左側管狀天線，僅保留天線基座。

38（t）戰車E型

全長：4.61m　全寬：2.135m　全高：2.252m　重量：9.85t　乘員：4名
武裝：47.8倍徑3.7cm戰車砲KwK38（t）×1門、MG37（t）7.92mm機槍×2挺
最大裝甲厚度：50mm　引擎：布拉格EPA（125hp）　最大速度：42km/h

砲塔正面加裝25mm附加裝甲

上層正面也加裝25mm附加裝甲。右側向前方移動，改成單一平面。

變更窺視窗形狀

底盤正面也加裝25mm附加裝甲

無線電手這邊也加裝窺視窗

底盤側面加裝15mm附加裝甲

砲塔側面強化為30mm

自C型開始在砲塔下層周圍加裝保護用跳彈塊

消音器往上移

設置大型儲物箱

將天線及天線基座換成德軍構型

38（t）戰車S型

砲塔側面與D型同15mm

底盤側面也與D型同為15mm

自B型開始配備千斤頂

全長：4.61m　全寬：2.135m　全高：2.252m　重量：9.85t乘員：4名
武裝：47.8倍徑3.7cm戰車砲KwK38（t）×1門、MG37（t）7.92mm機槍×2挺
最大裝甲厚度：50mm引擎：布拉格EPA（125hp）　最大速度：42km/h

駕駛手窺視窗至D型皆為同型

無線電手窺視窗同樣至D型皆同

底盤正面為25＋25mm

上層正面為25＋25mm，但E／F型的鉚釘配置與數量不同

38（t）戰車G型

全長：4.61m　全寬：2.135m　全高：2.252m　重量：9.85t　乘員：4名
武裝：47.8倍徑3.7cm戰車砲KwK38（t）×1門、MG37（t）7.92mm機槍×2挺
最大裝甲厚度：50mm　引擎：布拉格EPA（125hp）　最大速度：42km/h

砲塔正面改成單片50mm裝甲板，強化裝甲防護力。

上層正面也換成單片50mm裝甲板

底盤正面與前方頂面左右兩側設置掛架，配置備用履帶。

底盤正面也改成單片50mm裝甲板

● 38（t）戰車E型／F型細節

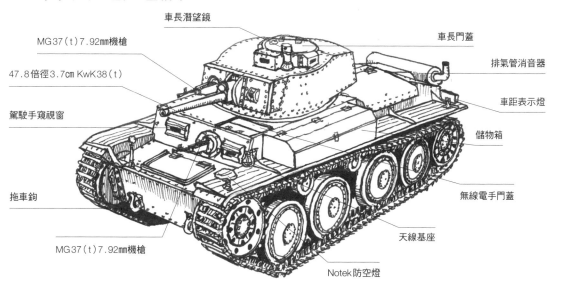

MG37（t）7.92mm機槍

47.8倍徑3.7cm KwK38（t）

駕駛手窺視窗

拖車鉤

MG37（t）7.92mm機槍

車長潛望鏡

車長門蓋

排氣管消音器

車距表示燈

儲物箱

無線電手門蓋

天線基座

Notek防空燈

● 38（t）戰車底盤後方的變遷

底盤後方也有變化喔！

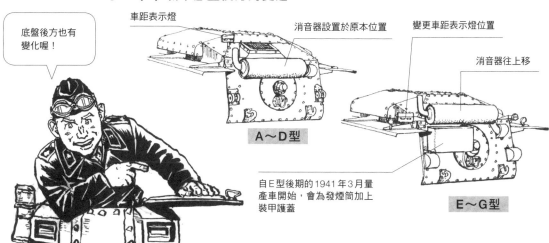

車距表示燈

消音器設置於原本位置

變更車距表示燈位置

消音器往上移

A～D型

自E型後期的1941年3月量產車開始，會為發煙筒加上裝甲護蓋

E～G型

I號戰車

II號戰車

38（t）戰車

III號戰車

IV號戰車

豹式

虎I式

虎II式

其他的戰車

驅逐戰車

突擊戰車

貂鼠Ⅲ式自走戰防砲

■搭載7.62㎝PaK36(r)的貂鼠Ⅲ式

1941年夏季以降，德軍前線急需火力足以對抗蘇聯戰車的戰鬥車輛。兵器局第6處第6課除了利用Ⅱ號戰車D型底盤研改出貂鼠Ⅱ式，也同時下令BMM公司設法在同為落伍車型的38(t)戰車底盤裝上7.62㎝戰防砲PaK36(r)，將它變成自走戰防砲。

1942年1月完成原型車後，立刻自2月開始生產以38(t)戰車G型為基礎的量產型。由於搭載PaK36(r)的貂鼠Ⅲ式（搭載7.62㎝36式(r)戰防砲38(t)自走戰防砲）是以急就章的方式進行研改，因此底盤上層並未進行大幅更動，僅將G型底盤駕駛艙～戰鬥艙的頂板移除，於上層以厚16㎜的裝甲板圍成戰鬥艙。另外，為了方便乘員操作主砲，動力艙頂面保留中央部位，左右兩側也鋪成平面，右側配置車長

席，左側配置裝填手席。

戰鬥艙內於中央設置專為貂鼠Ⅲ式設計的Pz.Sfl.2（裝甲自走砲架2型），用以搭載PaK36(r)。該砲為車載構型，配備專門設計的11㎜防盾（雖然形狀與貂鼠Ⅱ式相當類似，但卻是不同設計）。另外也有設置砲彈架，可儲放30發砲彈。

其全長為5.85m、全寬2.16m、全高2.5m、重量10.67t。底盤結構與38(t)戰車G型相同，裝甲厚度也一樣，底盤正面裝甲為50㎜、前方頂面12㎜、上層正面50㎜。底盤前方配置變速箱，其後方右側為駕駛手席，左側為無線電手席，無線電手這邊的球形槍架也保留MG37(t)7.92㎜機槍。底盤後方動力艙內搭載布拉格EPA引擎（125hp）（1942年7月以降的量產車換用150hp的AC引擎）。雖然重量增加，但最大速度仍有42km/h，機動力並未變差。

搭載PaK36(r)的貂鼠Ⅲ式，

在1942年10月之前由BMM公司生產了344輛，之後也有改裝自前線送回的38(t)戰車，製造了84輛。雖然它與利用Ⅱ號戰車D型底盤搭載同型火砲的貂鼠Ⅱ式一樣，都是緊急改造上場的車型，但卻充分發揮自走戰防砲功能，在北非戰線、東部戰線滿足德軍需求，擊毀大量盟軍戰車。

■搭載7.5㎝PaK40／3的貂鼠Ⅲ式H型

1942年3月，兵器局第6處第6課又要BMM公司以38(t)戰車為基礎，將搭載火砲由7.62㎝PaK36(r)換成Ⅲ號突擊砲F型用的7.5㎝砲StuK40，構成自走戰防砲。

原型車於該月底便迅速完成，但它卻不是正式版性能測試車，只是用來驗證主砲操作性與戰鬥艙內部配置的模擬車。有鑑於此，它的戰鬥艙並非使用裝甲鋼

搭載7.62㎝PaK36(r)的貂鼠Ⅲ式

全長：5.85m　全寬：2.16m　全高：2.5m
重量：10.67t　乘員：4名
武裝：51.5倍徑7.62㎝戰車砲PaK36(r)×1門、
　　　MG37(t)7.92㎜機槍×1挺
最大裝甲厚度：50㎜
引擎：布拉格EPA（125hp）　最大速度：42km/h

搭載7.62㎝戰防砲PaK36(r)

設置固定主砲用的行軍鎖

防盾為車載型專用設計，厚11㎜

使用38(t)戰車G型底盤

戰鬥艙裝甲厚16㎜

板，而是以木板拼成，StuK40主砲的砲尾及砲架也直接取自Ⅲ號突擊砲。

雖然它的外觀看起來頗大，但戰鬥艙的內部空間卻很狹窄，火砲操作性並不良好。BMM公司除了製作搭載StuK40的原型車，也逕自向兵器局第6處第6課提出搭載7.5cm戰防砲PaK40的設計案。

1942年5月，兵器局第6處第6課認可BMM公司的PaK40搭載案，令其著手研製搭載PaK40的自走戰防砲。此項作業是利用搭載7.5cm StuK40的模擬車進行改造，7月便完成以38(t)戰車底盤搭載PaK40/3（PaK40的貂鼠Ⅲ式車載型）的原型車。兵器局第6處第6課對原型車的完成度感到滿意，因此便下令BMM公司立刻開始量產。

搭載7.5cm PaK40/3的貂鼠Ⅲ式H型（原本的制式名稱為38(t)自走戰防砲H型。1944年3月才改稱貂鼠Ⅲ式）與PaK36(r)搭載型一樣，都是使用38(t)戰車G型底盤，移除底盤上層駕駛

艙後方至動力艙前方引擎隔板的頂面裝甲板，於該處設置戰鬥艙，不過設計更為洗練。

戰鬥艙以15mm裝甲板構成，戰鬥艙前方搭載PaK40/3。該砲射角為俯仰角5°～＋22°、左右角60°，若使用Pzgr.40鎢芯彈，於射程500m可貫穿154mm（垂直），射程1,000m可貫穿133mm裝甲板。即便使用標準型的Pzgr39穿甲彈，也能在射程1,000m貫穿116mm裝甲板。

乘員有4名，底盤前方右側為駕駛手，左側為無線電手，戰鬥艙內左側為車長（兼任射手），右側為裝填手。底盤結構與裝甲厚度、行駛裝置皆與38(t)戰車G型無異，但引擎換成1942年7月開始採用的布拉格AC（150hp）。

1942年10月底開始進行生產，在1943年5月之前完成了275輛，從前線送回來保養修理的38(t)戰車也有進行改造，改出了336輛。

搭載7.5cm PaK40/3的貂鼠Ⅲ式H型，自1942年12月開

始投入東部戰線，1943年送往突尼西亞戰線，後來也參與義大利戰線，1944年以降在西部戰線、東部戰線都是充分有效的自走戰防砲。

■搭載7.5cm PaK40/3 的貂鼠Ⅲ式M型

到了1943年，BMM公司在埃克特公司的協助下，將38(t)戰車底盤改造成自走砲專用構造。其成果包括搭載15cm重步兵砲sIG33的自走重步兵砲用底盤K型、搭載2cm防空機砲的防空砲車用底盤L型，以及搭載7.5cm戰防砲PaK40的自走戰防砲用底盤M型。其中又以優先度最高的M型底盤首先完成，該年4月便造出搭載PaK40的自走戰防砲原型車。這款新型自走戰防砲稱為貂鼠Ⅲ式M型（原本的制式名稱為搭載7.5cm PaK40/3的38(t)自走戰防砲M型），雖然它也是利用38(t)戰車底盤，但卻改造成自走砲專用構型，與貂鼠Ⅲ式H型相比，完成度又更上一層樓。

搭載7.5cm PaK40/3的貂鼠Ⅲ式H型

全長：5.85m　全寬：2.16m　全高2.5m　重量：10.67t　乘員：4名
武裝：46倍徑7.5cm戰防砲PaK40/3×1門、MG37式7.92mm機槍×1挺
最大裝甲厚度：50mm　引擎：布拉格AC（150hp）　最大速度：35km/h

主砲為PaK40的貂鼠Ⅲ式車載型PaK40/3

設置砲管行軍鎖

戰鬥艙裝甲厚15mm

為方便乘員作業，動力艙左右加裝開有減重孔的鋼板，後部加裝鋼管置物架。

使用38(t)戰車G型底盤，但引擎換成布拉格AC（150hp）

底盤前方頂面改成大幅傾斜，右側有駕駛手席突出構造。底盤中央配置動力艙，搭載布拉格AC引擎（150hp）。由於它是自走砲，因此裝甲與戰車型相比，整體來說會比較薄。底盤裝甲厚度為正面15mm／15°、前方頂面11mm／67°、駕駛艙15mm（鑄造型早期量產車）、側面15mm／0°、頂面8mm／90°、下面10mm／90°、背面10mm／0～41°。

底盤後方的戰鬥艙以10mm裝甲板構成，前方搭載PaK40／3。主砲射角為俯仰角5°～＋13°、水平角42°。戰鬥艙內右側前方為車長（兼任無線電手），右側後方為裝填手，左側為射手。左右壁面設置彈藥架，可儲放27發砲彈。之所以將戰鬥艙配置於後方，是為了抑制全長，與搭載同型主

砲的貂鼠Ⅲ式H型相比，成功縮短了長度（H型為5.77m，M型為4.96m）。除此之外，這樣也能方便進行砲彈裝載作業。

之前的H型是一款在緊緻底盤上搭載強大7.5cm戰防砲PaK40／3的優異自走戰防砲，而M型變更底盤配置後，又進一步提升了實用性。就搭載PaK40的自走戰防砲而言，貂鼠Ⅲ式M型的性能十分亮眼，於1943年5月立即投入量產，但卻在1944年6月便告停產，生產數量比原本預定要少，只有942輛。之所以會如此，是因為同樣使用38（t）戰車底盤、搭載同級48倍徑7.5cm砲PaK39，且具備完全封閉式傾斜裝甲，防護力更加優異的追獵者式驅逐戰車於1944年4月開始生產的緣故。

雖然貂鼠Ⅲ式M型的生產期

間僅約1年，但與其他德軍戰鬥車輛一樣，它也有進行改良。1943年底開始生產的後期量產車，將底盤正面裝甲板從15mm強化至20mm，且為了改善量產性，把駕駛艙的鑄造裝甲頂蓋改成焊接構造，突出於底盤側面的引擎進氣口護蓋也從鉚接式改成焊接式。此外，排氣管也改成自底盤右後方排氣柵門背面伸出，與後方消音器結合。

貂鼠Ⅲ式M型除了普通型，也有配備Fu8無線電的指揮車型。除此之外，還有將早期量產車卸除主砲改裝而成的彈藥運輸車，以及液態瓦斯燃料測試車、迫擊砲搭載車等試製車型。貂鼠Ⅲ式M型配賦裝甲師、裝甲擲彈兵師，以及步兵師的反戰車營，一直活躍至戰爭結束。

搭載7.5cm PaK40／3的貂鼠Ⅲ式M型 早期量產車

全長：4.96m　全寬：2.15m　全高：2.48m
重量：10.5t　乘員：4名
武裝：46倍徑7.5cm戰車砲PaK40／3×1門、
　　　MG34 7.92mm機槍×1挺
最大裝甲厚度：20mm　引擎：布拉格AC（150hp）
最大速度：42km/h

主砲為PaK40／3

戰鬥艙裝甲厚度為10mm

駕駛艙的裝甲頂蓋原本是鑄造品，後期量產車則改成以平面裝甲板焊接而成。

底盤使用專為自走戰防砲研改的自走砲專用底盤M型

後期量產車將底盤正面裝甲自15mm強化為20mm

搭載15cm sIG33／1的蟋蟀式H型

全長：5.6m　全寬：2.15m　全高：2.4m
重量：11.5t　乘員：5名
武裝：12倍徑15cm重步兵砲sIG33／1×1門
最大裝甲厚度：50mm　引擎：布拉格AC（150hp）
最大速度：42km/h

戰鬥艙裝甲厚度為正面25mm、側面／背面15mm

搭載15cm重步兵砲sIG33的車載型sIG33／1

砲管行軍鎖

主砲搖高時用以保護空隙的裝甲護蓋

使用38（t）戰車G型底盤，引擎換裝為150hp的布拉格AC。

搭載15cm sIG33的自走重步兵砲

■搭載15cm sIG33／1的38（t）自走砲蟋蟀式 H型

1942年3月的陸軍會議，決定比照以38（t）戰車底盤搭載7.5cm戰防砲PaK40構成自走戰防砲的模式，在38（t）戰車底盤上搭載15cm重步兵砲sIG33，構成自走重步兵砲。

38（t）戰車的生產廠商BMM公司在研改自走戰防砲（搭載7.5cm PaK40／3的貂鼠Ⅲ式H型）的同時，也著手發展自走重步兵砲。這款搭載15cm sIG33／1的38（t）自走砲命名為蟋蟀式H型，於1943年2月開始生產。早在1942年7月，38（t）戰車底盤便已決定全數轉用為自走砲。

蟋蟀式H型使用38（t）戰車底盤，將底盤上層正面至動力艙前方的頂面裝甲板卸除，再以裝甲板圍成戰鬥艙。戰鬥艙裝甲板正面厚25mm、側面15mm、背面15mm，以鉚釘接合。為了設置戰鬥艙，廢除了底盤上層正面左側的前方機槍，不過配置變速箱的底盤前方與搭載布拉格AC引擎（150hp）的後方動力艙仍與戰車型相同。

搭載於戰鬥艙前方的15cm重步兵砲sIG33俯仰角為 3°～＋72°，左右射角10°。由於主砲大幅上揚之際，戰鬥艙正面的砲管下方會出現空隙，因此裝上可動式防彈板加以防護。火砲本身的性能與使用Ⅰ號戰車、Ⅱ號戰車底盤的自走重步兵砲相仿，但由於戰鬥艙內空間較寬敞，因此火砲操作性有所改善。

戰鬥艙內前方右側為駕駛手，其後為車長（兼任無線電手），再往後則是裝填手，左側為射手，其後方則有另1名裝填手。右側戰鬥艙壁有4個儲彈架，後方動力艙上則設置儲彈庫，總共可以搭載16發砲彈。

蟋蟀式H型於1943年2月～1944年9月製造了396輛。

■搭載15cm sIG33／2的38（t）自走砲蟋蟀式 K型

搭載15cm重步兵砲sIG33的蟋蟀式H型正在生產的1943年11月，在埃克特公司協助下研製而成的自走砲用專用底盤K型，也搭載15cm重步兵砲sIG33完成原型車。此型車命名為搭載15cm sIG33／2的38（t）自走砲蟋蟀式K型，自12月開始與蟋蟀式H型一起進行生產。

其底盤結構與裝甲厚度和採用共通設計的貂鼠Ⅲ式M型相同，不過戰鬥艙是專為搭載sIG33而設計。戰鬥艙以10mm裝甲板構成，右側前方為車長（兼任無線電手），其後方為裝填手，左側前方為射手，其後方則有另1名裝填手。戰鬥艙內設置儲彈架與儲彈庫，總共可以攜帶18發砲彈。

搭載15cm sIG33／2的38（t）自走砲蟋蟀式K型，在1944年9月之前生產了164輛，與蟋蟀式H型一起配賦至裝甲師與裝甲擲彈兵師的裝甲擲彈兵團重步兵砲連。

蟋蟀式K型的衍生型，包括卸除主砲後設置可放40發砲彈儲彈庫的彈藥運輸車，以及應該是由現地部隊自行改造，搭載3cm防空機砲Flak103／38的防空砲車。

搭載15cm sIG33／2的蟋蟀式K型

全長：4.835m　全寬：2.15m　全高：2.4m
重量：11.5t　乘員：5名
武裝：12倍徑15cm重步兵砲sIG33／2×1門
最大裝甲厚度：50mm
引擎：布拉格AC（150hp）
最大速度：42km/h

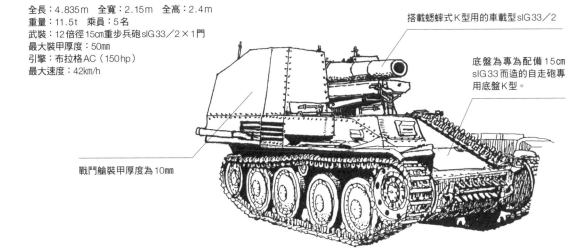

搭載蟋蟀式K型用的車載型sIG33／2

底盤為專為配備15cm sIG33而造的自走砲專用底盤K型。

戰鬥艙裝甲厚度為10mm

38(t)戰車的衍生型

■38(t)指揮戰車

車內搭載Fu5與Fu8無線電收發機的裝甲無線通信連指揮車，有部份車輛以Fu7代替Fu8。它使用B型以降的底盤，卸除上層正面左側的前方機槍，以圓形鋼板封閉開口，於動力艙上方加裝大型框架天線。

■38(t)防空砲車

1943年後期，由於IV號防空砲車遲遲無法完成，必須盡快做出一款替代車輛，因此便決定使用38(t)戰車底盤研改防空砲車。BMM公司在防空砲車用的自走砲專用底盤L型上搭載2cm防空機砲FlaK38，完成車型研改。

戰鬥艙以10mm裝甲板構成，上層裝甲板做成可以展開的構造。裝在全周迴轉砲架上的FlaK38，俯仰角為 20°～+90°，發射速度180～200發/分，最大射程為水平4,800m、垂直3,670m。戰鬥艙內有車長、射手、裝填手3名人員。38(t)防空砲車（制式名稱為搭載2cm防空機砲FlaK38的38(t)戰車L型）於1943年11月開始生產，至1944年2月完成141輛，供西部戰線與義大利戰線部隊使用。

■38(t)戰車n.A

1940年7月，兵器局第6處第6課要求MAN公司、斯柯達公司、BMM公司研製一款偵察戰車。需求條件為重量12～13t，最大速度50km/h。MAN公司推出VK1303新型II號戰車，斯柯達公司以35(t)戰車為基礎打造T-15，BMM公司則將38(t)戰

38(t) 防空砲車

機砲搖下之際限制俯角用的護桿

使用防空砲車用的自走砲專用底盤L型

搭載2cm防空機砲FlaK38

戰鬥艙裝甲厚10mm，上層裝甲板可向外側展開

全長：4.16m　全寬：2.15m
全高：2.25m　重量：9.7t
乘員：4名
武裝：112.5倍徑2cm防空機砲
　　　FlaK38×1門
最大裝甲厚度：20mm
引擎：布拉格AC（150hp）
最大速度：48km/h

38(t) 偵察戰車

全長：4.51m　全寬：2.14m　全高：2.17m
重量：9.75t　乘員：4名
武裝：55倍徑2cm戰車砲KwK38×1門、
　　　MG42 7.92mm機槍×1挺
最大裝甲厚度：50mm
引擎：布拉格AC（180hp）　最大速度：45km/h

與Sd.Kfz.234／1 8輪重裝甲車同型的開頂式六角形砲塔

戰鬥艙高度與左右寬度有擴大

使用搭載布拉格AC引擎的38(t)戰車G型底盤

38(t) 戰車n.A

全長：5.0m　全寬：2.5m　全高：2.14m
重量：14.8t　乘員：4名
武裝：47.8倍徑3.7cm戰車砲KwK38(t)×1門、
　　　MG34 7.92mm機槍×1挺
最大裝甲厚度：30mm
引擎：布拉格V-8（220hp）　最大速度：62km/h

搭載3.7cm KwK38(t)

底盤、砲塔皆為新設計

Ⅰ號戰車

Ⅱ號戰車

38（t）戰車

Ⅲ號戰車

Ⅳ號戰車

豹式

虎Ⅰ式

虎Ⅱ式

其他的車輛

計畫戰車

戰時車輛

車發展為38（t）戰車n.A（TNH. n.A）。1941年12月～1942年4月，這些原型車實施性能評比，最後雖然是BMM公司的38（t）戰車n.A性能表現最為優秀，但仍決定採用MAN公司的VK1303為Ⅱ號戰車L型山貓式。

■38（t）偵察戰車

1942年7月以降，38（t）戰車底盤決定全部轉用為自走砲等車型，其中也有做出使用38（t）戰車底盤的偵察戰車。

底盤上層結構加上裝甲板，擴大高度與左右寬度，以做出搭載無線電等設備的空間。底盤頂面搭載與Sd.Kfz.234／1同型的開頂式六角形砲塔。砲塔配備2cm戰車砲KwK38×1門、MG42 7.92mm機槍×1挺。由於砲塔上已有MG42，因此底盤上層正面左側的機槍架開口便以圓形鋼板封閉。引擎使用180hp的布拉格AC，最大速度45km/h。

1943年9月開始生產，截至1944年3月製造了130輛。

■搭載24倍徑7.5cm砲的偵察戰車

為了伴隨搭載2cm KwK38的38（t）偵察戰車，為其提供火力支援，又做出一款搭載24倍徑7.5cm砲的車型。底盤上方設置開頂式戰鬥艙，戰鬥艙前方搭載24倍徑7.5砲。

底盤前方有2種構型，分別為與38（t）戰車同型，以及採用傾斜裝甲的構型，皆未配備機槍。前者應該只有1輛原型車，後者則停留在模擬車階段。

38（t）指揮戰車B型

全長：4.61m　全寬：2.135m　全高：2.252m
重量：9.725t　乘員：4名
武裝：47.8倍徑3.7cm戰車砲KwK38（t）×1門、
　　　MG37（t）7.92mm機槍×1挺
最大裝甲厚度：25mm
引擎：布拉格EPA（125hp）　最大速度：42km/h

也有製造以非B型為基礎的指揮戰車

於動力艙上層加裝框架天線

卸除前方機槍，以裝甲板封閉

搭載24倍徑7.5cm砲的偵察戰車

全長：4.61m　乘員：4名
武裝：24倍徑7.5cm戰車砲×1門
最大裝甲厚度：50mm
引擎：布拉格AC（150hp）
最大速度：42km/h

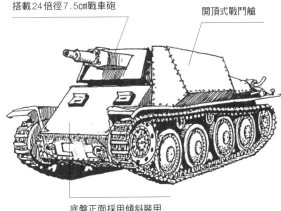

搭載24倍徑7.5cm戰車砲

開頂式戰鬥艙

底盤正面採用傾斜裝甲

搭載24倍徑7.5cm砲的偵察戰車

全長：4.61m　乘員：4名
武裝：24倍徑7.5cm戰車砲×1門
最大裝甲厚度：50mm
引擎：布拉格AC（150hp）
最大速度：42km/h

搭載24倍徑7.5cm戰車砲

開頂式戰鬥艙

使用搭載布拉格AC引擎的38（t）戰車G型底盤

驅逐戰車38(t)追獵者式

■驅逐戰車38(t)的研製

1943年10月以降，埃克特公司的生產工廠開始遭到盟軍空襲，損失陸續擴大。這對當時作為德軍主要戰力之一的Ⅲ號突擊砲生產工作造成嚴重影響，生產數量急遽減少。

Ⅲ號突擊砲的產能降低對德軍而言是個嚴重的問題，因此兵器局第6處第6課便於12月6日對當時正在生產貂鼠Ⅲ式的BMM公司下達指示，要他們接手Ⅲ號突擊砲的生產工作。然而，由於BMM公司的生產設備只能製造重量13t以下的車輛，因此該公司便提出替代方案，以自家生產的38(t)戰車底盤研改出新型突擊砲。

這款車輛命名為38(t)戰車18型或38(t)突擊砲，底盤以傾斜裝甲包覆，搭載與Ⅲ號突擊砲同等威力的48倍徑7.5cm PaK39。1944年1月26日開始製作木模型，3月底便完成3輛

原型車。它立即制式採用為驅逐戰車38(t)，於該年4月開始量產。

另外，追獵者式是在該型車配賦部隊之後由前線部隊自行使用的稱呼，到1944年底才獲得官方認可。

■追獵者式的結構與性能

追獵者式全長6.38m、全寬2.63m、全高2.17m、車重15.75t，底盤被四面傾斜裝甲包覆，裝甲厚度為戰鬥艙正面60mm/60°、戰鬥艙側面20mm/40°、頂面8mm/90°、下層正面60mm/40°、下層側面20mm/15°、背面20mm/15°、底面10mm/90°，就輕戰車級而言，裝甲防護相當堅固。

戰鬥艙內於前方設置轉向裝置與變速箱，駕駛手席與38(t)戰車不同，採德國式的左側配置。駕駛手席後方為射手席，再往後為裝填手席，右側後方配置車長

席。

主砲為48倍徑7.5cm砲PaK39，偏置於戰鬥艙正面右側，射角為右11°、左5°，右側射角較廣，俯仰角則為6°～+10°。戰鬥艙頂面左側配置車內操作式的MG34 7.92mm機槍做為副武裝。

PaK39若使用Pzgr39穿甲彈，可於射程1,000m貫穿85mm裝甲，若使用鎢芯穿甲彈，可於射程1,000m貫穿97mm裝甲。

雖然追獵者式是款極為緊緻的車輛，但它的攻擊力除了IS-2史達林重戰車、M26重戰車、螢火蟲式之外，幾乎可以輕易擊毀各型盟軍戰車。

底盤後方的動力艙內搭載200hp布拉格AC2800引擎。行駛裝置乍看之下與38(t)戰車相同，但主動輪換成改良型，承載輪直徑則從775mm改成825mm，惰輪直徑也從535mm擴大為620mm。除此之外，它的履帶也

換成35cm寬的新型。承載系的板狀彈簧使用貂鼠III式M型用的強化型，最大速度42km/h，機動性能良好。

追獵者式自1944年4月開始由BMM公司進行量產，該年7月也由斯柯達公司進行生產，總共製造超過2,827輛。

■追獵者式的變遷

自1944年4月開始量產的追獵者式，於5月至7月廢除裝設砲口制退器用的螺紋，並於戰鬥艙頂面3處加裝2t吊桿裝設基座、砲隊鏡護蓋後方設置小門蓋，動力艙右後端加裝冷卻水注入口護蓋，左後端則設置燃油注入口護蓋，並將排氣管口護蓋由鑄造改為焊接製品。

追獵者式的細部構型也會依生

產時期而異，可分成早期型、中期型、後期型。1944年4～7月生產的車型，會使用側面像被削掉的防盾，此為早期型。

至於1944年8～9月生產的中期型，除了變更防盾、砲架裝甲護蓋形狀之外，為了簡化生產，採用新型承載輪與惰輪，並強化前方板狀承載彈簧（自7mm增厚為9mm）以對應車頭重量增加。

1944年10月以降的量產車則稱為後期型，廢除駕駛手潛望鏡的裝甲塊，僅保留開口，並於其上加裝護蓋。另外，動力艙後部的消音器形狀也有變更，拖車用眼環板的形狀有調整並加裝補強板，戰鬥艙內各處也有實施改良。

■驅逐戰車38(t)Starr

追獵者式依原本研製計畫，是

採用將主砲固定，以底盤吸收射擊後座力的設計。然而，固定式主砲卻遲遲無法實用化，因此只能先生產搭載一般火砲的車型。

在量產追獵者式的同時，固定式主砲的測試也持續進行，並於1944年5月12日完成以追獵者式後期量產車改造而成的固定砲型「Starr」原型車。之後又製造了2輛原型車，並於該年12月完成5輛Starr型先導量產車，1945年1月再完成5輛。

Starr量產型原本預定將汽油引擎換成柴油引擎，於1945年4月完成1輛搭載太脫拉928柴油引擎的車輛。Starr型才是追獵者式原本應有的面貌，搭載柴油引擎的車輛同時也是追獵者式後繼車款「驅逐戰車38D」的雛型。

驅逐戰車38(t) 追獵者式

全長：6.38m　全寬：2.63m　全高：2.17m　重量：15.75t　乘員：4名
武裝：48倍徑戰車砲PaK39×1門、MG34 7.92mm機槍×1挺
最大裝甲厚度：60mm
引擎：布拉格AC2800（200hp）
最大速度：42km/h

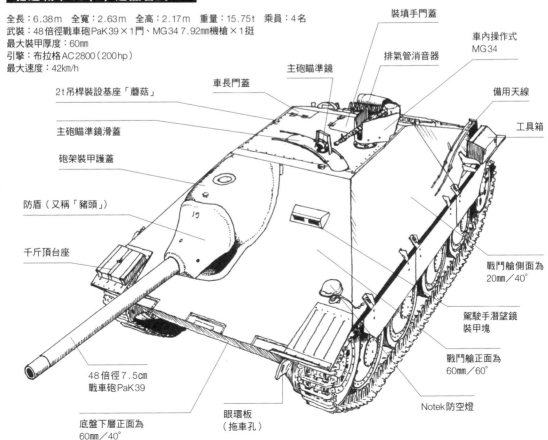

裝填手門蓋

車內操作式 MG34

排氣管消音器

主砲瞄準鏡

車長門蓋

備用天線

工具箱

2t吊桿裝設基座「蘑菇」

主砲瞄準鏡滑蓋

砲架裝甲護蓋

防盾（又稱「豬頭」）

千斤頂台座

48倍徑7.5cm戰車砲PaK39

戰鬥艙側面為 20mm／40°

駕駛手潛望鏡裝甲塊

戰鬥艙正面為 60mm／60°

Notek防空燈

底盤下層正面為 60mm／40°

眼環板（拖車孔）

◉ 驅逐戰車38（t）追獵者式的內部結構

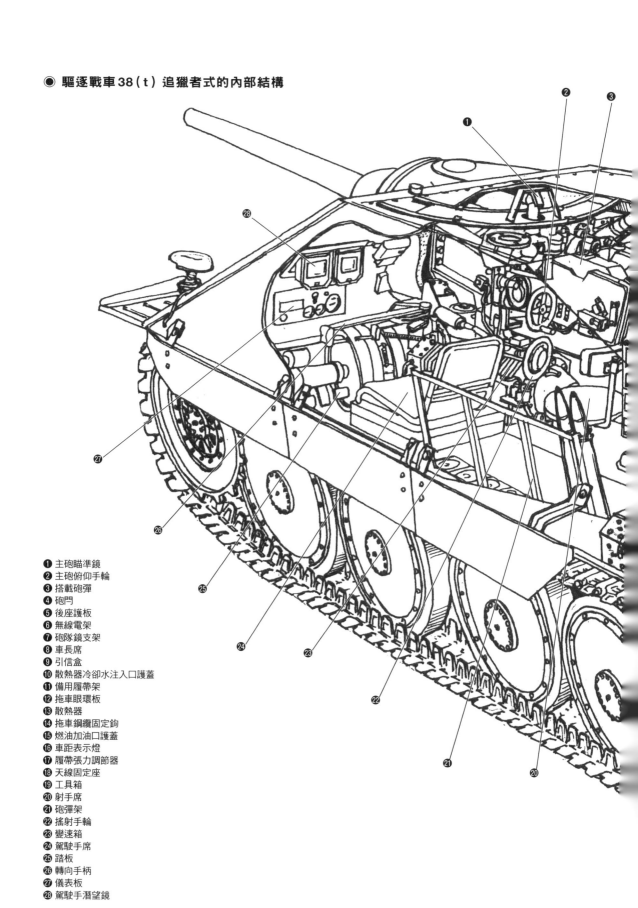

❶ 主砲瞄準鏡
❷ 主砲俯仰手輪
❸ 搭載砲彈
❹ 砲門
❺ 後座護板
❻ 無線電架
❼ 砲隊鏡支架
❽ 車長席
❾ 引信盒
❿ 散熱器冷卻水注入口護蓋
⓫ 備用履帶架
⓬ 拖車眼環板
⓭ 散熱器
⓮ 拖車鋼纜固定鉤
⓯ 燃油加油口護蓋
⓰ 車距表示燈
⓱ 履帶張力調節器
⓲ 天線固定座
⓳ 工具箱
⓴ 射手席
㉑ 砲彈架
㉒ 搖射手輪
㉓ 變速箱
㉔ 駕駛手席
㉕ 踏板
㉖ 轉向手柄
㉗ 儀表板
㉘ 駕駛手潛望鏡

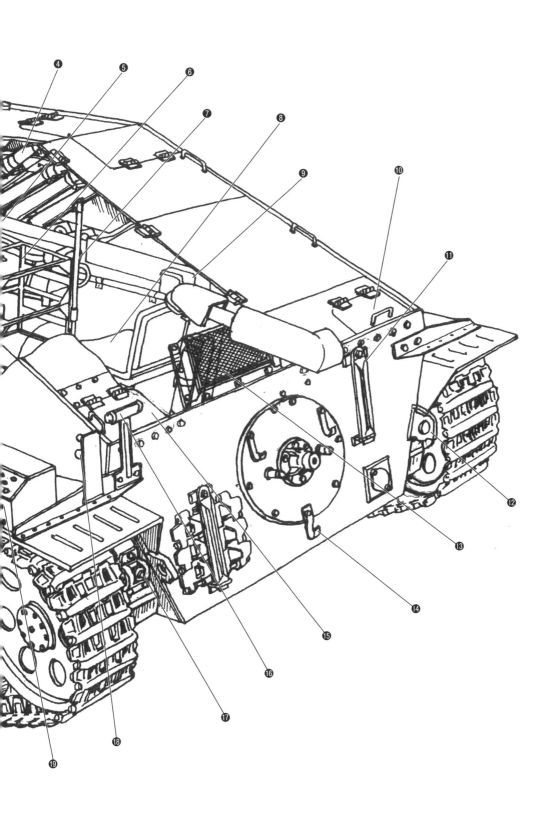

④ ⑤ ⑥ ⑦ ⑧ ⑨ ⑩ ⑪ ⑫ ⑬ ⑭ ⑮ ⑯ ⑰ ⑱ ⑲

I號戰車

II號戰車

38（t）戰車

III號戰車

IV號戰車

豹式

虎I式

虎II式

其他的車輛

計畫戰車

戰鬥裝備

●防盾及砲架裝甲護蓋的變遷

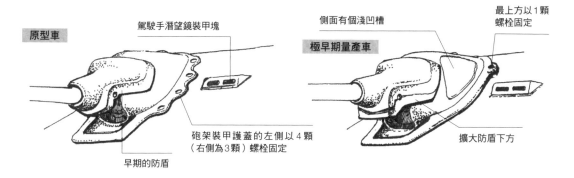

原型車
駕駛手潛望鏡裝甲塊
砲架裝甲護蓋的左側以4顆
（右側為3顆）螺栓固定
早期的防盾

極早期量產車
側面有個淺凹槽
最上方以1顆
螺栓固定
擴大防盾下方

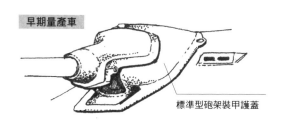

早期量產車
標準型砲架裝甲護蓋

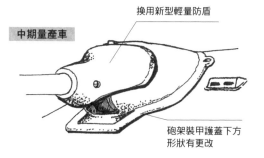

中期量產車
換用新型輕量防盾
砲架裝甲護蓋下方
形狀有更改

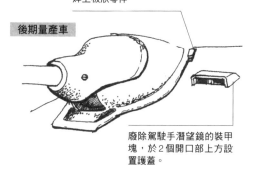

後期量產車
砲架裝甲護蓋凸緣上端
焊上板狀零件
廢除駕駛手潛望鏡的裝甲
塊，於2個開口部上方設
置護蓋。

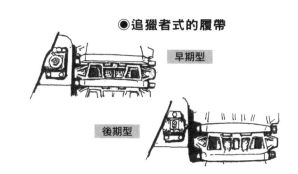

●追獵者式的履帶

早期型

後期型

●動力艙頂面的變遷

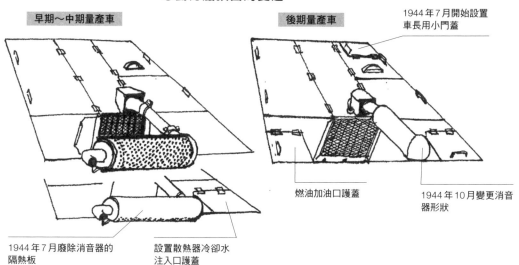

早期～中期量產車
1944年7月廢除消音器的
隔熱板
設置散熱器冷卻水
注入口護蓋

後期量產車
1944年7月開始設置
車長用小門蓋
燃油加油口護蓋
1944年10月變更消音
器形狀

追獵者式衍生型與武器搬運車

■38(t)追獵者式噴火戰車

為了1944年12月16日的「守望萊茵」作戰（阿登戰役），將20輛追獵者式改造成噴火戰車。卸除PaK 39，搭載科比式噴火器（射程50～60m）。戰鬥艙內加裝7001燃料箱。

■38(t)追獵者式裝甲救濟車

以追獵者式底盤研改而成的裝甲救濟車，將車高降低至正面左側駕駛手潛望鏡的裝甲塊頂部位置，底盤側面配備組裝式吊桿，底盤後方設置拖車具與收放式駐鋤。開頂式戰鬥艙內加裝絞盤。

1944年5月開始生產，製造181輛。

■38(t)追獵者式偵察戰車

以追獵者式底盤製成的偵察戰車原型車。戰鬥艙比追獵者式低，並改為開頂式。於前方中央設置24倍徑7.5cm砲，戰鬥艙上層以裝甲板圍住。製作於1944年9月左右。

■搭載15cm sIG 33／2的 38(t)驅逐戰車

改造自追獵者式的火力支援車型，1944年12月～1945年2月生產6輛，並有將前線送

回的追獵者式進行改造，製造39輛。

戰鬥艙比照裝甲救濟車，將高度切至駕駛手潛望鏡裝甲塊的位置，於上層以裝甲板圍成開頂式戰鬥艙。底盤前方中央搭載15cm sIG 33的車載型sIG 33／2。

■搭載8.8cm PaK 43的 武器搬運車

1944年2月，兵器局第6處第6課決定研製一款可搭載8.8cm戰防砲PaK 43、10.5cm輕榴彈砲leFH 18／40、5.5cm防空機砲Gerät 58等各型火砲的武器搬運車，要求阿德爾特公司、斯泰爾

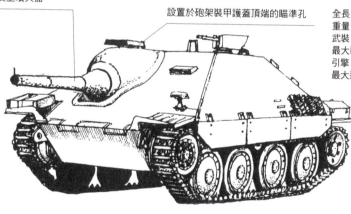

卸除PaK 39，
裝上噴火器

設置於砲架裝甲護蓋頂端的瞄準孔

38(t)追獵者式噴火戰車

全長：4.87m 全寬：2.63m 全高：2.17m
重量：15.5t 乘員：4名
武裝：噴火器41×1門、MG34 7.92mm機槍×1挺
最大裝甲厚度：60mm
引擎：布拉格AC2800（200hp）
最大速度：42km/h

38(t)追獵者式裝甲救濟車

全長：4.87m 全寬：2.63m 全高：1.71m
重量：14.5t 乘員：4名
武裝：MG34 7.92mm機槍×1挺
最大裝甲厚度：60mm
引擎：布拉格AC2800（200hp）
最大速度：42km/h

戰鬥艙為開頂式，
內部加裝絞盤。

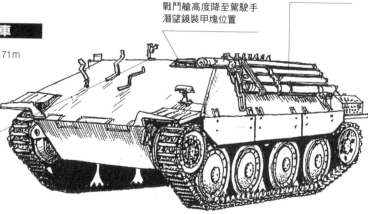

車體側面配備
組裝式吊桿

戰鬥艙高度降至駕駛手
潛望鏡裝甲塊位置

公司製作底盤，克虜伯公司、萊茵金屬公司製作主砲構成部份。搭載火砲可全周迴轉，並且能夠卸下，底盤尺寸及結構等細節也已定案，以驅逐戰車型為最優先，持續進行發展。

1944年4月，阿德爾特／萊茵金屬的原型車打造完成，5月中旬阿德爾特／克虜伯的原型車完成，6月底斯泰爾／克虜伯的原型車也製作完成。經過評比，構造最簡易的阿德爾特／克虜伯型獲得採用。阿德爾特／克虜伯型的武器搬運車僅完成2輛原型車與10輛左右的量產型，有數輛量產型於1945年5月的柏林戰役投入實戰。

38（t）偵察戰車追獵者式

全長：4.87m　全寬：2.63m　乘員：4名
武裝：24倍徑7.5cm砲×1門、MG34 7.92mm機槍×1挺
最大裝甲厚度：60mm
引擎：布拉格AC2800（200hp）
最大速度：42km/h

搭載15cm sIG33／2的38（t）驅逐戰車

全長：4.87m　全寬：2.63m　全高：2.2m
重量：16.5t　乘員：4名
武裝：12倍徑15cm重步兵砲sIG33／2×1門、
　　　MG34 7.92mm機槍×1挺
最大裝甲厚度：60mm
引擎：布拉格AC2800（200hp）
最大速度：32km/h

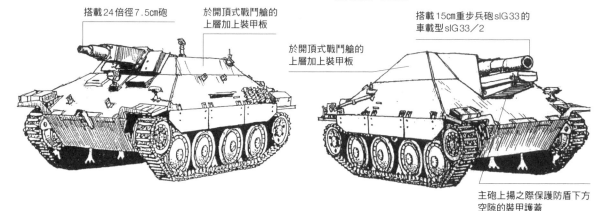

搭載24倍徑7.5cm砲

於開頂式戰鬥艙的上層加上裝甲板

搭載15cm重步兵砲sIG33的車載型sIG33／2

於開頂式戰鬥艙的上層加上裝甲板

主砲上揚之際保護防盾下方空隙的裝甲護蓋

搭載8.8cm PaK43的武器搬運車 斯泰爾／克虜伯型

採用開頂式旋轉砲塔

搭載8.8cm戰防砲PaK43

使用內嵌橡膠型的鋼質承載輪

搭載8.8cm PaK43的武器搬運車 阿德爾特／克虜伯型

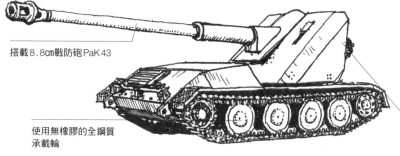

搭載8.8cm戰防砲PaK43

使用無橡膠的全鋼質承載輪

全長：6.53m　全寬：3.16m
全高：2.25m　重量：13.5t
乘員：4名
武裝：71倍徑8.8cm戰防砲
　　　PaK43×1門
最大裝甲厚度：20mm
引擎：布拉格AC2800（200hp）
最大速度：35km/h

防盾側面追加裝甲板

Ⅲ號戰車與衍生型

Ⅲ號戰車是二次大戰前期的德軍主力戰車，有A～N型，不斷實施改良，自閃擊戰至東部戰線、巴爾幹半島、北非戰線等各個戰場皆展現活躍。另外，以Ⅲ號戰車為基礎研改而成的Ⅲ號突擊砲，也在大戰中盤以降與Ⅳ號戰車一起作為德軍主力車型，擊毀敵戰車數量遠超越自身損失，發揮傑出戰鬥能力。

Ⅲ號戰車A～N型

■Ⅲ號戰車的研製

1934年1月27日，Ⅲ號戰車以ZW（排長車）作為保密名稱，開始進行研製。兵器局第6處第6課要戴姆勒-賓士公司、萊茵金屬公司、MAN公司、克虜伯公司參與研製案，最後決定由戴姆勒-賓士公司設計底盤，克虜伯公司負責砲塔。1935年8月完成原型車，經過測評，於1937年10月制式採用為Ⅲ號戰車A型。

■Ⅲ號戰車A型

A型配備當時蔚為標準的3.7cm戰車砲，底盤為全焊接結構，全長5.80m、全寬2.82m、全高2.36m、重量15t。底盤前方左側為駕駛手，右側為無線電手，砲塔內有車長、射手、裝填手，乘員配置極富機能性。底盤裝甲厚度為正面14.5mm/20°、正面上層14.5mm/50°、上層正面14.5mm/9°、側面14.5mm/0°、頂面10mm/90°、底面5mm/90°，砲塔裝甲厚度為正面14.5mm/5°、防盾16mm/曲面、側面14.5mm/25°、頂面10mm/83～90°，防護力並不怎麼高。

引擎採用250hp的梅巴赫邁巴赫HL108T，行駛裝置為主動輪在前、惰輪在後，配備5對大型承載輪與2對頂支輪，採用螺旋彈簧式承載系。A型的生產數量僅有10輛。

■Ⅲ號戰車B型

B型為A型的改良型，為改善行駛性能而將行駛裝置進行大幅變更，是其最大特徵。承載輪以2個為1組構成台車，配置8個小直徑車輪，2組台車使用1組板狀彈簧懸架。另外，主動輪、惰輪的形狀也有調整，頂支輪則改成3對。

底盤正面檢修門與駕駛手用窺視窗、車長展望塔的形狀也有變動，動力艙側面的進氣口改置於頂面，動力艙頂面的進氣/排氣柵門與檢修門形狀也有調整。

雖然B型接到15輛訂單，不過1937年11～12月僅完成10輛，其他5輛則轉用為Ⅲ號突擊砲原型車底盤。

■Ⅲ號戰車C型

C型的基本形狀與B型幾乎相同，變更點在於底盤正面檢修門、砲塔車長展望塔、底盤背面的消音器與牽引具等，不過最大的改良則在於行駛裝置。它改良了前/後部的台車結構，主動輪與惰輪也有調整。

C型於1937年底～1938年初製造了15輛。

■Ⅲ號戰車D型

D型與C型並行生產，除了改良承載系，也有變更若干細節。另外，其動力艙的進氣/排氣口也改設置於側面，並將散熱器移至引擎後方，底盤後方形狀也有大幅調整。

■Ⅲ號戰車D型/ B型砲塔搭載型

D型在1938年9月之前僅生產25輛便告結束，但由於轉用為突擊砲原型車的B型有剩下砲塔，因此便將B型砲塔裝在D型底盤上構成混合型，於1940年10月製造5輛。

A～D型可算是追加原型車或先導量產型，參與波蘭戰役後，便送回本土用於訓練。其中有些D型底盤/B型砲塔搭載型曾配賦於挪威、芬蘭方面行動的第40特編戰車營，用於1941～1942的冬季戰鬥。

■Ⅲ號戰車E型

1938年12月登場的E型，不僅將底盤設計全面更新，整車也有進行大幅改良、變更。

E型全長5.380m、全寬2.910m、全高2.435m、重量19.8t，底盤裝甲厚度為正面30㎜/21°、正面上層30㎜/52°、上層正面30㎜/9°、側面30㎜/0°、頂面16㎜/90°、底面15㎜/90°，砲塔裝甲厚度為正面30㎜/15°、防盾30㎜/曲面、側面30㎜/25°、頂面10㎜/83°。

行駛裝置採用先進的扭力桿承載系，引擎換裝HL108R的功率提升型HL120TR，最大速度增至67km/h。

投入緒戰波蘭戰役的E型僅有17輛，而正式版E型投入實戰則始於1940年5月的法國戰役。E型在法國戰役以降仍持續使用，投入巴爾幹半島戰線、東部戰線。

E型的生產工作除戴姆勒-賓士

▊Ⅲ號戰車A型

全長：5.80m　全寬：2.82m　全高：2.36m
重量：15t　乘員：5名
武裝：46.5倍徑3.7cm戰車砲KwK×1門、
　　　MG34 7.92㎜機槍×3挺
最大裝甲厚度：14.5mm
引擎：梅巴赫邁巴赫HL108TR（250hp）
最大速度：35km/h

雙聯裝MG34 7.92㎜同軸機槍

雙聯裝MG34 7.92㎜同軸機槍

A型的動力艙採獨具特色配置

配置5對大型承載輪，採用螺旋彈簧式承載系。

主砲、同軸機槍與A型相同

車長展望塔形狀有變更

正面檢修門改成有鉸鍊的圓形門蓋

動力艙配置也有變更

▊Ⅲ號戰車B型

全長：5.665m　全寬：2.82m　全高：2.387m
重量：16t　乘員：5名
武裝：46.5倍徑3.7cm戰車砲KwK×1門、
　　　MG34 7.92㎜機槍×3挺
最大裝甲厚度：14.5mm
引擎：梅巴赫邁巴赫HL108TR（250hp）
最大速度：40km/h

改成以2個小承載輪構成1組台車的型式

公司之外，亨舍爾公司、MAN公司也有參與，至1939年10月製造了96輛。生產完畢後，也有回饋F型/G型的改良、變更點，針對各部進行修改與變更。除有加裝Notek防空燈的車輛，也有比照F型於砲塔前方的底盤頂面加裝跳彈塊、於底盤正面上方設置煞車冷卻用通風口護蓋的車輛。

■Ⅲ號戰車F型

接續E型，將引擎換成改良型的HL120TRM，F型於1939年8月完成最早期量產車。F型剛投產時，除引擎之外構型基本上與E型後期量產車相同，但在生產的同時也有進行改良，於底盤正面上方加裝煞車冷卻用通風口護蓋，砲塔前方的底盤頂面加裝跳彈塊。

自F型開始，正式版Ⅲ號戰車

的量產體制完成整備，除戴姆勒-賓士公司、MAN公司、亨舍爾公司之外，埃克特公司、FAMO公司也有參與生產工作。

自1940年6月開始生產搭載5cm戰車砲的G型之後，並行生產的F型也決定改用5cm戰車砲。3.7cm戰車砲搭載型於該年7月結束生產，於7月底～8月初改為生產配備42倍徑5cm戰車砲的F型。除此之外，G型採用的一些改良、變更點也有回饋至F型，最後讓它的構型進化至與搭載5cm戰車砲的G型幾乎相同。

F型與之前的車型不同，有進行大量生產，在1941年5月之前製造了435輛，其中約有100輛是5cm戰車砲搭載型。

■Ⅲ號戰車G型

1940年2月，G型開始與F型

並行生產。G型將駕駛手窺視窗由滑開式改成轉開式，底盤背面裝甲強化至30mm，並有更動一些細節。主砲原本採用3.7cm戰車砲，但從1940年6月開始改用5cm戰車砲。

除此之外，在生產途中也換用新型承載輪，並增厚砲塔側面門蓋上的窺視窗、加裝附加裝甲、換用新型展望塔。另外，也有在動力艙檢修門加裝通風口護蓋，做出熱帶（北非戰線）構型。G型在1941年5月之前生產了600輛。

■Ⅲ號戰車H型

H型於1940年10月登場，它從一開始便配備5cm砲，並隨之擴大砲塔後部容積，變更後部形狀。

加裝於F型/G型的底盤正面30mm附加裝甲列為標準配備，底盤正面與前方頂面、底盤上層

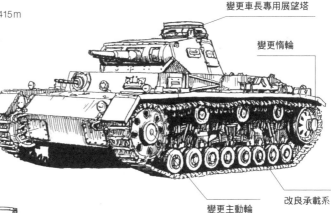

Ⅲ號戰車C型

全長：5.85m　全寬：2.82m　全高：2.415m
重量：16t　乘員：5名
武裝：46.5倍徑3.7cm戰車砲KwK×1門、
　　　MG34 7.92mm機槍×3挺
最大裝甲厚度：14.5mm
引擎：梅巴赫邁巴赫HL108TR（250hp）
最大速度：40km/h

變更車長專用展望塔

變更惰輪

改良承載系

變更主動輪

檢修門改成以螺栓固定的四方形

變更動力艙頂面結構

動力艙側面設置進氣口

Ⅲ號戰車D型

全長：5.92m　全寬：2.82m　全高：2.415m
重量：16t　乘員：5名
武裝：46.5倍徑3.7cm戰車砲KwK×1門、
　　　MG34 7.92mm機槍×3挺
最大裝甲厚度：14.5mm
引擎：梅巴赫邁巴赫HL108TR（250hp）
最大速度：40km/h

對承載系進行改良

正面裝甲厚度因此達到30＋30mm。為了對應底盤前方的重量增加，將第1頂支輪移往前方。除此之外，它還改用40cm寬履帶，以及新型主動輪與惰輪。G型熱帶構型的動力艙頂面檢修門通風口及其裝甲護蓋也列為標準。

H型在1941年4月之前製造了286輛，與搭載5cm戰車砲的F型/G型一起作為主力戰車，活躍於東部戰線、北非戰線。

■Ⅲ號戰車J型

1941年3月開始生產的J型，基本構型幾乎承襲之前的H型，特色在於提升了防護力。J型將底盤正面、前方頂面、底盤上層正面以及砲塔正面改成單片50mm裝甲板（早期量產車的砲塔正面裝來不及變更，因此與H型同為30mm）。

另外，之前的球形機槍架為了配合50mm附加裝甲，改成新設計的半球形，駕駛手窺視窗同樣換成新型，砲塔防盾裝甲厚度也從30mm強化為50mm。

位於底盤正面與背面的拖鉤座變更為將開孔設於側面裝甲板延長突起部的簡易型眼環板式，藉提高生產性，並調整底盤後部形狀。

J型在1942年2月之前製造超過1,500輛，是Ⅲ號戰車數量最多的量產型。J型在生產期間也有隨時進行改良與調整，除比照G型/H型推出在動力艙檢修門配置通風口及其裝甲護蓋的熱帶構型外，自4月的量產車開始也將砲塔後方的儲物箱與右擋泥板前方的履帶保修工具箱列為標準配備，並於前方球形機槍架設置防塵護蓋裝設環（6月）、採用新型履帶（7月）、於底盤背面排氣口下方加裝排氣整流板、設置備用承載輪架、採用附加裝甲（9～10月）、於底盤正面設置備用履帶架（11月）等。

■Ⅲ號戰車L型

1941年12月開始生產將J型主砲換成60倍徑5cm戰車砲KwK 39以強化火力的長砲管型，起先是與42倍徑5cm戰車砲搭載型並行生產。自1942年4月起，Ⅲ號戰車的生產線完全換成60倍徑5cm戰車砲搭載型，此款長砲管型稱為L型。

60倍徑5cm戰車砲KwK 39若使用初速835m/s的Pzgr 39覆帽被帽穿甲彈，於射程距離100m可貫穿69mm（入射角30°）的裝甲板；若使用貫穿力更佳的Pzgr 40鎢芯穿甲彈，於同射程可貫穿130mm的裝甲板。除了

Ⅲ號戰車E／F型

全長：5.38m　全寬：2.91m　全高：2.435m
重量：19.8t　乘員：5名
武裝：46.5倍徑3.7cm戰車砲KwK×1門、
　　　MG34 7.92mm機槍×3挺
最大裝甲厚度：30mm
引擎：梅巴赫邁巴赫HL120TR（300hp）
最大速度：40km/h

砲塔重新設計

底盤形狀也有變更，並強化裝甲

主動輪、承載輪、惰輪皆換新，採用扭力桿承載系。

Ⅲ號戰車G型5cm砲搭載型

全長：5.38m　全寬：2.91m　全高：2.435m　重量：20.5t　乘員：5名
武裝：42倍徑5cm戰車砲KwK×1門、MG34 7.92mm機槍×2挺
最大裝甲厚度：30mm
引擎：梅巴赫邁巴赫HL120TR（300hp）
最大速度：40km/h

自1940年6月開始換用42倍徑5cm砲

駕駛手窺視窗改成轉開式

剛開始生產便將車長展望塔換成新型

加長砲管之外，它的動力艙檢修門也改成單片式，通風口及其裝甲護蓋也列為標準配備。另外，自1942年4月起，會在底盤上層正面加上20㎜附加裝甲，到了8月連防盾也開始加上20㎜附加裝甲。在生產的同時，1～5月廢除防盾右側與砲塔兩側前方的窺視窗，以及擋泥板上的車距標示燈、喇叭。自6月的量產車開始，廢除砲塔前方的跳彈塊、底盤下層側面的逃生門，9月以降則廢除Notek防空燈，改成Bosch防空燈，並於砲塔側面加裝煙幕彈發射器。

L型也有大量生產，在1942年10月之前製造大約1,470輛。

■Ⅲ號戰車K型

在面對蘇聯戰車時，即便是Ⅲ號戰車的60倍徑5㎝戰車砲KwK39也使不上力，為了迅速強化火力，便直接將配備43倍徑7.5㎝戰車砲KwK40的Ⅳ號戰車G型砲塔裝在Ⅲ號戰車底盤上進行測試。

當初原本預定要將這款搭載Ⅳ號砲塔的車型當作Ⅲ號戰車K型進行生產，但經過測試，發現它的重量過大，必須大幅修改，因此K型的研製工作便告中止。

■Ⅲ號戰車M型

接在L型之後生產的是M型，構型基本上與L型的後期量產車相同。其底盤、砲塔各部有進行防水處理，改善渡河能力，將L型之前的80㎝涉渡深度大幅提升至160㎝。

M型自1942年10月至1943年1月由MAN公司、MNH公司、亨舍爾公司、MIAG公司合計生產517輛。M型從一開始便將底盤上層正面與防盾上的附加裝甲列為標準配備，且為了進一步提升防護力，在生產結束後的1943年5月，又加裝從N型開始採用的戰防槍彈防護用裙板裝甲。

■Ⅲ號戰車N型

N型是Ⅲ號戰車的最終量產型，其最大特徵在於換用24倍徑7.5㎝戰車砲。

雖然搭載60倍徑5㎝戰車砲KwK39的Ⅲ號戰車L型/M型火力已比之前大幅強化，但仍不足以對付蘇聯戰車T-34/76，必須進一步提升火力。由於砲塔尺寸的關係，它無法搭載長砲管的7.5㎝戰車砲，因此便趁Ⅳ號戰車換成長砲管型的機會，將多出的24倍徑7.5㎝戰車砲用作主砲。24倍徑7.5㎝戰車砲雖是短

■Ⅲ號戰車H型

全長：5.38m　全寬：2.95m
全高：2.50m　重量：21.5t
乘員：5名
武裝：42倍徑5㎝戰車砲KwK×1門、
　　　MG34 7.92㎜機槍×2挺
最大裝甲厚度：60mm（30＋30mm）
引擎：梅巴赫邁巴赫HL120TR（300hp）
最大速度：40km/h

變更砲塔後部形狀

上層正面加裝
30mm附加裝甲

生產後加裝儲物箱

底盤正面也加裝
30mm附加裝甲

使用40㎝寬履帶

主動輪、惰輪為新型

■Ⅲ號戰車J型

全長：5.52m　全寬：2.95m　全高：2.50m
重量：21.6t　乘員：5名
武裝：42倍徑5㎝戰車砲KwK×1門、
　　　MG34 7.92㎜機槍×2挺
最大裝甲厚度：50mm
引擎：梅巴赫邁巴赫HL120TR（300hp）
最大速度：40km/h

防盾與砲塔正面為50mm

配合50mm裝甲改成
半球形機槍架

底盤前方裝甲也強化為50mm

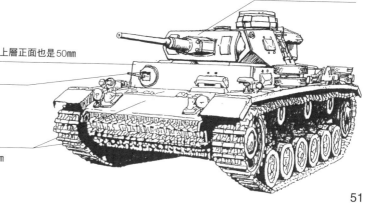

砲管，但若使用成形裝藥彈，貫穿力仍高於60倍徑5cm戰車砲，且還能使用高爆榴彈。

由於N型是以J型/L型/M型底盤為基礎製造而成，因此車燈配置、展望塔門蓋形狀、動力艙側面進氣口有無防水護蓋、底盤後方有無開閉護蓋、消音器形狀等處會因底盤型號而有差異。

另外，它從1943年5月開始會加裝裙板，在外觀上形成變化。一直用到戰爭結束的第211戰車營、挪威裝甲旅等單位的N型，則由部隊自行加上防磁紋塗層。

N型於1942年6月～1943年8月製造663輛（以J型為基礎3輛、L型為基礎447輛、M型為基礎213輛），又於1943年7月～1944年3月將前線送回來修理的37輛Ⅲ號戰車（其中還包括早期量產型的F型）改裝成N型。

N型奮戰於東部戰線、突尼西亞戰線，後來也在西部戰線、挪威戰線展現活躍，一直用到戰爭結束。

Ⅲ號戰車L型

全長：6.27m　全寬：2.95m　全高：2.50m
重量：23t　乘員：5名
武裝：60倍徑5cm戰車砲KwK39×1門、
　　　MG34 7.92mm機槍×2挺
最大裝甲厚度：50＋20mm
引擎：梅巴赫邁巴赫HL120TR（300hp）
最大速度：40km/h

主砲為60倍徑5cm
KwK39

1942年8月開始於防盾加裝
20mm附加裝甲

生產後不久便廢除窺視窗

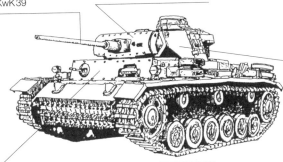

1942年4月開始在底盤上層正面加裝20mm附加裝甲

Ⅲ號戰車M型

全長：6.412m　全寬：2.97m　全高：2.50m
重量：23t　乘員：5名
武裝：60倍徑5cm戰車砲KwK39×1門、
　　　MG34 7.92mm機槍×2挺
最大裝甲厚度：50＋20mm
引擎：梅巴赫邁巴赫HL120TR（300hp）
最大速度：40km/h

1942年9月開始在砲塔前方配備
3聯裝煙幕彈發射器

1943年5月開始在
砲塔周圍與底盤側
面加裝裙板

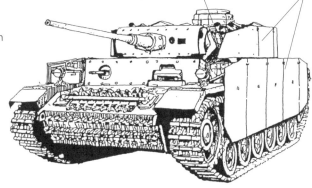

以Ⅲ號戰車J型／
L型／M型為基礎

主砲換裝24倍徑
7.5cm KwK37

Ⅲ號戰車N型

全長：5.65m　全寬：2.97m
全高：2.50m　重量：23t
乘員：5名
武裝：24倍徑7.5cm戰車砲
　　　KwK37×1門、
　　　MG34 7.92mm機槍×2挺
最大裝甲厚度：50＋20mm
引擎：梅巴赫邁巴赫
　　　HL120TR（300hp）
最大速度：40km/h

◉ **砲塔後部的變化**

F型後期量產車～G型早期
量產車的車長展望塔

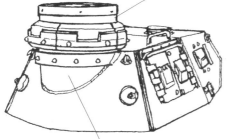

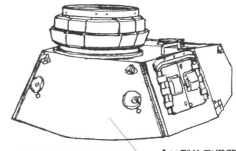

展望塔下方有外突構造

【F型／G型的砲塔背面】

砲塔背面的左右兩側有擴大，
因此沒有外突構造

【H型的砲塔背面】

◉ **E型～M型的動力艙頂面**

E型／F型

與後來的G型相比，拖車
鋼纜扣具的配置不同。

設置發煙筒架

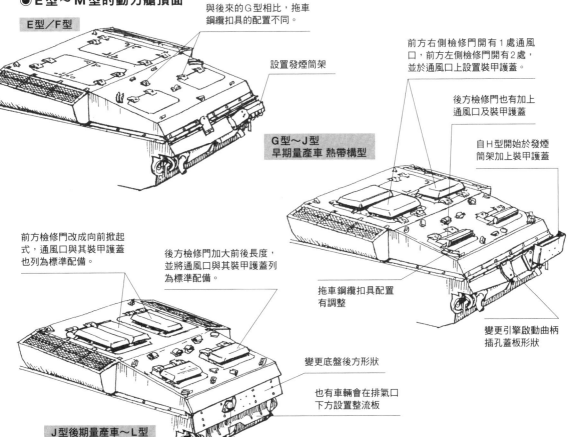

前方右側檢修門開有1處通風
口，前方左側檢修門開有2處，
並於通風口上設置裝甲護蓋。

後方檢修門也有加上
通風口及裝甲護蓋

G型～J型
早期量產車 熱帶構型

自H型開始於發煙
筒架加上裝甲護蓋

前方檢修門改成向前掀起
式，通風口與其裝甲護蓋
也列為標準配備。

後方檢修門加大前後長度，
並將通風口與其裝甲護蓋列
為標準配備。

拖車鋼纜扣具配置
有調整

變更引擎啟動曲柄
插孔蓋板形狀

變更底盤後方形狀

也有車輛會在排氣口
下方設置整流板

J型後期量產車～L型

引擎啟動曲柄插孔蓋板形狀也有變更

M型

上方加裝反跳式
防水閥門

左右進氣口上方加裝開閉式防水蓋

底盤上層外突部分的下面改成
密閉式，裝設排氣管消音器。

I號戰車
II號戰車
38(t)戰車
III號戰車
IV號戰車
豹式
虎I式
虎II式
其他的車輛
計畫戰車
戰後戰車

●Ⅲ號戰車 J 型的細節

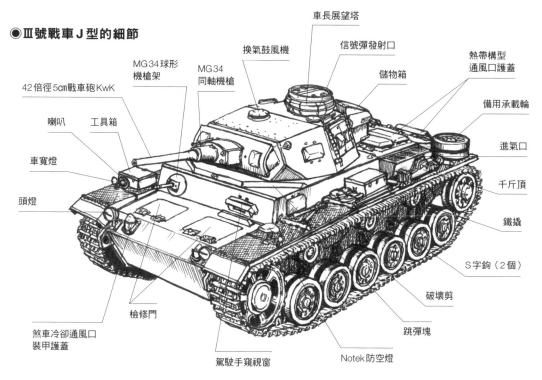

車長展望塔
換氣鼓風機
信號彈發射口
熱帶構型通風口護蓋
MG34球形機槍架
MG34同軸機槍
42倍徑5cm戰車砲KwK
儲物箱
備用承載輪
喇叭
工具箱
進氣口
車寬燈
千斤頂
頭燈
鐵撬
S字鉤（2個）
檢修門
破壞剪
煞車冷卻通風口裝甲護蓋
跳彈塊
駕駛手窺視窗
Notek防空燈

●Ⅲ號戰車 J 型的細節

❶ 60倍徑5cm戰車砲KwK39
❷ 防盾附加裝甲（20mm）
❸ 附加裝甲裝設板
❹ 直接瞄準鏡
❺ 煙幕彈發射器
❻ 換氣鼓風機
❼ 後座護板
❽ 側面前方門蓋窺視窗
❾ 側面後方門蓋射口
❿ 展望塔窺視窗
⓫ 車長展望塔
⓬ 儲物箱
⓭ 通風口裝甲護蓋
⓮ 邁巴赫HL120TRM引擎
⓯ 通風口裝甲護蓋
⓰ 排氣口
⓱ 消音器
⓲ 排氣管
⓳ 發電機
⓴ 車長席
㉑ 扭力桿
㉒ 傳動軸
㉓ 射手席
㉔ 主砲俯仰手輪
㉕ 手動搖砲手輪
㉖ 駕駛手席
㉗ 變速桿
㉘ 轉向桿
㉙ 煞車踏板
㉚ 眼環板
㉛ 通風口
㉜ 頭燈
㉝ 變速箱
㉞ MG34機槍
㉟ 駕駛手窺視窗
㊱ 附加裝甲（20mm）
㊲ 球形機槍架

內部配置充滿機能性
很有德國戰車風格喔

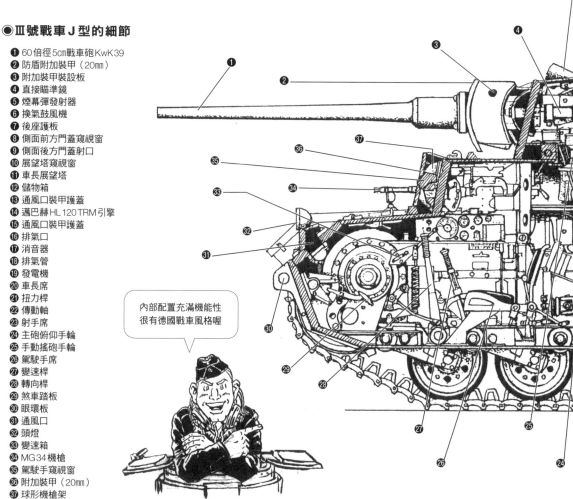

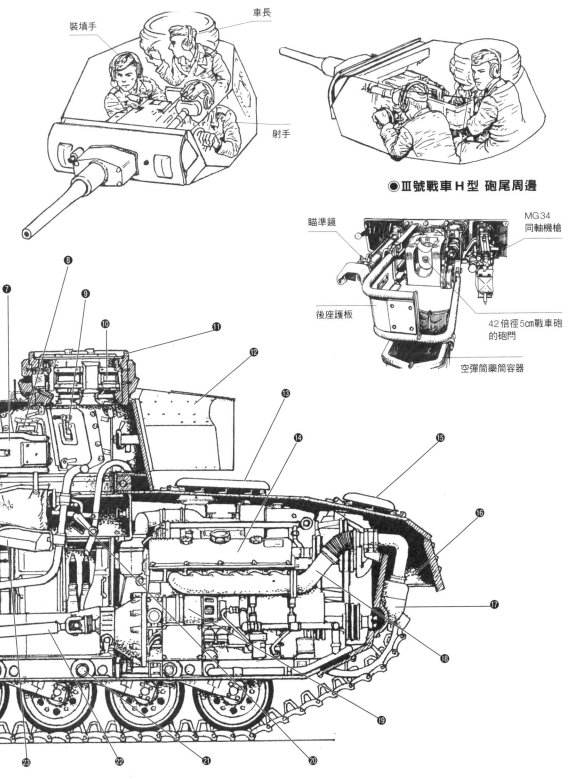

●Ⅲ號戰車Ｈ型砲塔內部的乘員配置

裝填手

車長

射手

●Ⅲ號戰車Ｈ型 砲尾周邊

瞄準鏡

MG34 同軸機槍

後座護板

42倍徑5cm戰車砲 的砲門

空彈筒藥筒容器

Ⅰ號戰車

Ⅱ號戰車

38（t）戰車

Ⅲ號戰車

Ⅳ號戰車

豹式

虎Ⅰ式

虎Ⅱ式

其他的戰車

驅逐戰車

突擊砲

Ⅲ號戰車的衍生型

■指揮戰車
D1型／E型／H型

戴姆勒-賓士公司有利用Ⅲ號戰車研改出指揮戰車，以D型為基礎的指揮戰車D1型首先於1938年6月～1939年3月生產30輛，以E型為基礎的指揮戰車E型於1939年7月～1940年2月生產45輛，以H型為基礎的指揮戰車H型則於1940年11月～1942年1月生產175輛。

這些車型會因底盤不同而在細節上有差異，但都卸除主砲，並且裝上假砲管。砲塔改為固定式，於砲塔內部搭載指揮用無線電，動力艙頂面加裝大型框架天線，底盤左側則加裝桿狀天線。

固定武裝僅有砲塔正面右側機槍架配備MG34 7.92㎜機槍，底盤上層正面右側的球形機槍架則改成手槍射口，並於底盤左右側面加裝手槍射口。

■搭載42倍徑5㎝砲的指揮戰車

由於在戰場上活動的指揮戰車也變得必須與戰車型具備同等火力，因此新造搭載42倍徑5㎝戰車砲的指揮戰車。以J型為基礎，減少攜彈量，搭載指揮用無線電，於底盤左側加裝天線與天線容器，動力艙後部則加裝星形天線用基座。

搭載42倍徑5㎝砲的指揮戰車，於1942年8～11月生產81輛，又在1943年3～5月改裝戰車型的J型，造出104輛。另外，後來也在L型／M型加裝同等設備，製造少量搭載60倍徑5㎝砲的指揮戰車。

■指揮戰車K型

隨著戰鬥日益激烈，指揮戰車也必須進行火力強化，因此便造出與Ⅲ號戰車L型／M型配備同

款60倍徑5㎝戰車砲KwK 39的指揮戰車K型。指揮戰車K型的研製工作汲取停留於計畫階段的Ⅲ號戰車K型研製經驗，為了在砲塔內部加裝指揮通信器材並搭載5㎝砲，改用尺寸比Ⅲ號戰車砲塔大上一圈的Ⅳ號戰車F型砲塔，搭載於Ⅲ號戰車M型底盤上。底盤左側面有加裝桿狀天線與天線容器，動力艙後部也新增星形天線用基座。

指揮戰車K型於1942年12月開始生產，但在M型結束生產後也隨之停產，1943年1月前僅造出50輛。指揮戰車K型有些車輛的裝備與裝設位置會有差異，有些車輛則會加裝裙板、大型儲物箱等，細節構型有一些變化。

■Ⅲ號潛水戰車

德國為了在1940年夏季實施登陸英國本土的「海獅作戰」，

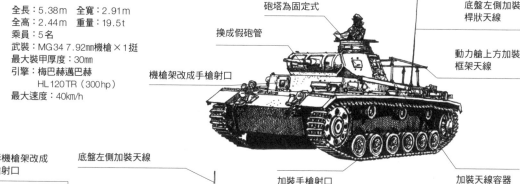

指揮戰車E型

全長：5.38m　全寬：2.91m
全高：2.44m　重量：19.5t
乘員：5名
武裝：MG34 7.92㎜機槍×1挺
最大裝甲厚度：30mm
引擎：梅巴赫邁巴赫
　　　HL120TR（300hp）
最大速度：40km/h

砲塔為固定式
換成假砲管
機槍架改成手槍射口
底盤左側加裝桿狀天線
動力艙上方加裝框架天線
加裝手槍射口
加裝天線容器

球形機槍架改成手槍射口
底盤左側加裝天線
加裝天線容器
改裝自Ⅲ號戰車J型

搭載42倍徑5㎝砲的指揮戰車

全長：6.28m　全寬：2.95m
全高：2.50m　重量：21.5t
乘員：5名
武裝：42倍徑5㎝戰車砲KwK×1門、
　　　MG34 7.92㎜機槍×1挺
最大裝甲厚度：70mm（50＋20mm）
引擎：梅巴赫邁巴赫
　　　HL120TRM（300hp）
最大速度：40km/h

以Ⅲ號戰車與Ⅳ號戰車為基礎研製潛水戰車。潛水戰車將砲塔環與各門蓋以橡膠密封，主砲防盾、前方機槍、動力艙進氣口也加裝防水套，於各部位實施防水加工。

為了在海底行駛，它也有加裝特殊裝備。於海底行駛時，必須透過18m長的呼吸軟管讓引擎進排氣，並透過裝在車內的慣性導航儀與呼吸管末端浮標上的天線確認行進路線。

Ⅲ號潛水戰車改造自Ⅲ號戰車F型/G型/H型及指揮戰車E型，造了168輛。然而，隨著海獅作戰宣告中止，大半配賦至第4裝甲師、第18裝甲師等單位的潛水戰車幾乎都被當成一般戰車使用。不過第18裝甲師的車輛在1941年春季入侵蘇聯時，也曾發揮它的潛水能力渡過西布格河。

■Ⅲ號砲兵觀測戰車

1943年，德軍決定研製一款能夠伴隨砲兵部隊，用以確認砲擊目標區並且進行彈著觀測的砲兵部隊用觀測車輛。1943年2月～1944年4月，克虜伯公司以Ⅲ號戰車E型/F型/G型/H型改裝出262輛Ⅲ號砲兵觀測戰車。

為了在砲塔內部搭載專用的Fu 4中程收訊機以及通信範圍達

指揮戰車K型

全長：6.41m　全寬：2.95m　全高：2.51m
重量：23t　乘員：5名
武裝：60倍徑5cm戰車砲KwK39×1門、
　　　MG34 7.92mm機槍×1挺
最大裝甲厚度：70mm（50＋20mm）
引擎：梅巴赫邁巴赫HL120TRM（300hp）
最大速度：40km/h

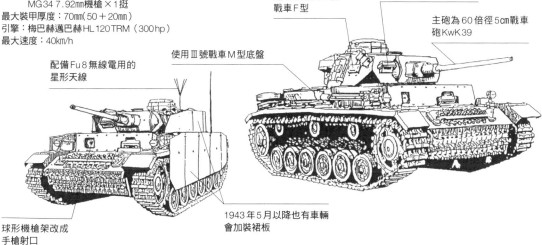

配備Fu8無線電用的星形天線

使用Ⅲ號戰車M型底盤

砲塔改造自Ⅳ號戰車F型

設置裝甲護蓋窺視窗

主砲為60倍徑5cm戰車砲KwK39

球形機槍架改成手槍射口

1943年5月以降也有車輛會加裝裙板

Ⅲ號潛水戰車

乍看之下會覺得荒誕無稽，但在1940年7～8月曾實施海底行駛測試，驗證過實用性！

裝在車長展望塔上的固定式呼吸管

登陸時會以火藥炸開砲口與槍口的防水栓

以海面上的浮標確認前進路徑

登陸時

駕駛手窺視窗防水蓋（潛水時也能向外窺探）

裝上防水套

潛水行駛時

呼吸軟管（18m）

20km的Fu 8收發訊機，將主砲卸除，改裝設MG 34球形機槍架作為固定武裝。防盾右側裝有假砲管，砲塔頂面新增TBF 2觀測潛望鏡用護蓋，展望塔內則設置SF 14 Z砲隊鏡與TSR 1周視潛望鏡用架台。

III號砲兵觀測戰車主要配賦使用10.5cm黃蜂式自走榴彈砲與15cm野蜂式自走榴彈砲的砲兵連。

■III號無線遙控指揮戰車

I號指揮戰車曾是用來遙控B.I/B.II地雷處理車與B.IV彈藥運輸車等車輛的指揮車，但它的裝甲較薄，且僅配備MG 34 7.92㎜機槍，很難在砲火交加的戰場上生存。為此，便以III號戰車J型/L型/N型為基礎，研改出III號無線遙控指揮戰車。

III號無線遙控指揮戰車保留基礎戰車型的武裝，卸除砲塔後方儲物箱，改裝上放置無線遙控器材的容器。此外，右擋泥板前方也加裝大型儲物箱，並隨之調整車外裝備品的配置。

III號無線遙控指揮戰車於1942年春～1943年中期配賦至操作B.I/B.II地雷處理車以及B.IV炸藥運輸車的熱帶（遙控）實驗分遣隊、第300（遙控）戰車營、第301（遙控）戰車營、第313（遙控）戰車連。

■III號戰車（噴火型）

基於史達林格勒戰役的教訓，於1942年11月開始以III號戰車M型為基礎，著手研製噴火戰車。

它將60倍徑5cm戰車砲KwK 39換成噴火器，乘員減為兼任噴火器操作的車長以及無線電手、駕駛手共3人，車內設置用以驅動噴射加壓幫浦的ZW 1101引擎以及2個裝有1,0201噴火燃料的油箱。噴火器的有效射程約為60m，每次可噴出火焰2～3秒，約可進行80次噴射。

1943年2～3月，威格曼公司將100輛M型改裝為噴火型，配賦至大德意志裝甲擲彈兵師以及第1、第6、第14、第16、第24、第26裝甲師等單位的噴火排。當初原本稱為III號噴火戰車，後來則改稱III號戰車（噴火型）。

■III號裝甲救濟車

1944年3月～1945年3月，改裝自III號戰車J型/L型/M型

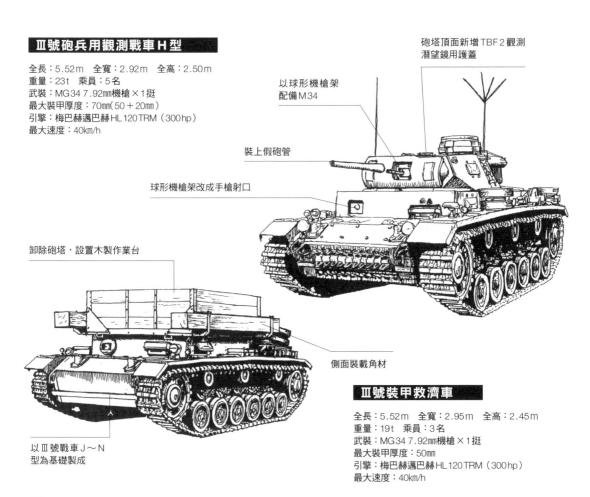

III號砲兵用觀測戰車H型

全長：5.52m　全寬：2.92m　全高：2.50m
重量：23t　乘員：5名
武裝：MG 34 7.92mm機槍×1挺
最大裝甲厚度：70mm（50＋20mm）
引擎：梅巴赫邁巴赫HL 120 TRM（300hp）
最大速度：40km/h

砲塔頂面新增TBF 2觀測潛望鏡用護蓋

以球形機槍架配備M 34

裝上假砲管

球形機槍架改成手槍射口

卸除砲塔，設置木製作業台

側面裝載角材

以III號戰車J～N型為基礎製成

III號裝甲救濟車

全長：5.52m　全寬：2.95m　全高：2.45m
重量：19t　乘員：3名
武裝：MG 34 7.92mm機槍×1挺
最大裝甲厚度：50mm
引擎：梅巴赫邁巴赫HL 120 TRM（300hp）
最大速度：40km/h

I 號戰車
II 號戰車
38 (t) 戰車
III 號戰車
IV 號戰車
豹式
虎 I 式
虎 II 式
其他的戰車
計畫戰車
戰鬥裝甲車

/N型，造出176輛III號裝甲救濟車，配賦裝甲師、裝甲擲彈兵師、步兵師、突擊砲旅、戰車驅逐營、國民擲彈兵師等單位。

III號裝甲救濟車將砲塔卸除，於底盤頂部以木板圍出簡易架台。架台兩側放置角材或圓木，於動力艙側面加上2t簡易吊桿的裝設基座，底盤背面下層則加裝大型拖車用具。

■III號除雷戰車

1940年，克虜伯公司以III號戰車E型或F型的底盤製作除雷戰車。III號除雷戰車卸除了砲塔，並加高承載系以減輕地雷爆炸對底盤的傷害，於底盤前方裝設6個除雷滾輪。

經過測試，它的操縱性與除雷滾輪操作性都有問題，因此僅停留於試製階段，原型車應該只有1輛。

■III號防空砲車

大戰後半期，完全喪失制空權的德軍製作出各種防空砲車，配賦戰車、驅逐戰車、裝甲擲彈兵等各個部隊。然而，突擊砲部隊卻幾乎沒有配備。由於突擊砲部隊也非常想要防空砲車，因此便於1944年10月為突擊砲部隊研製一款防空砲車。

考量到零件供應以及保修方便性，決定使用自前線送回來修理的III號戰車底盤進行改裝，搭載配備3.7cm FlaK 43的IV號防空砲車東風式的砲塔。砲塔由東方建築工程公司進行生產，底盤改

裝工作則由突擊砲學校保修部門負責。

III號防空砲車於1945年3月開始生產，於西部戰線作戰的第341突擊砲旅配賦8輛、第244突擊砲旅配賦2輛、第667突擊砲旅配賦4輛。

■交錯式配置衝壓承載輪型

III號戰車採用先進的扭力桿承載系，為了進一步提高機動性，於1940年底利用搭載H型砲塔的G型底盤，將承載輪換成輕量型的衝壓製品，並改用能夠平均分散接地壓的交錯式配置，造出原型車。

原型車僅供測試，並未採用，後來轉用於訓練。

■III號除雷戰車

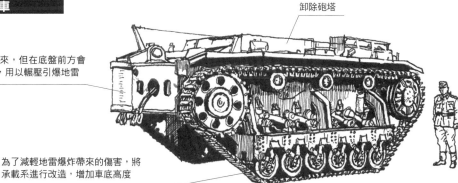

卸除砲塔

雖然此圖沒有畫出來，但在底盤前方會裝上6個大型滾輪，用以輾壓引爆地雷

為了減輕地雷爆炸帶來的傷害，將承載系進行改造，增加車底高度

■III號戰車（噴火型）

全長：6.41m　全寬：2.95m　全高：2.50m
重量：23t　乘員：3名
武裝：噴火器×1具、MG34 7.92mm機槍×1挺
最大裝甲厚度：70mm（50＋20mm）
引擎：梅巴赫邁巴赫HL120 TRM（300hp）
最大速度：40km/h

卸除主砲，配備噴火器

加裝直接瞄準具

以III號戰車M型改造而成

配備3.7cm防空機砲FlaK 43

搭載IV號防空砲車東風式的砲塔

以送回來修理的III號戰車底盤進行改裝

■III號防空砲車

全長：5.65m　全寬：2.95m　乘員：5名
武裝：60倍徑3.7cm防空機砲FlaK 43×1門、
　　　MG34 7.92mm機槍×1挺
最大裝甲厚度：70mm（50＋20mm）
引擎：梅巴赫邁巴赫HL120 TRM（300hp）
最大速度：40km/h

Ⅲ號突擊砲與突擊榴彈砲

■Ⅲ號突擊砲的研製

1935年,陸軍參謀本部作戰部長埃里希 馮 曼施坦因要兵器局研製一款裝甲自走砲供突擊砲兵使用,底盤交由戴姆勒-賓士公司負責,搭載砲則由克虜伯公司處理。1936年夏季,以當時戴姆勒-賓士公司正在研製的Ⅲ號戰車底盤搭載克虜伯24倍徑7.5㎝砲的突擊砲車開始進行發展。

■原型車Ⅴ系列

Ⅲ號突擊砲的原型車Ⅴ系列(O系列),於1938年初利用Ⅲ號戰車B型(2/ZW)底盤改裝出5輛。它們原本是採開頂式設計,且其中4輛只是裝上木製戰

鬥艙的全尺寸模型,用以驗證戰鬥艙內的火砲操作與結構設計。到了1939年中旬,所有車輛才改用軟鐵材質構成密閉式戰鬥艙。

Ⅴ系列的戰鬥艙相當低矮,配備24倍徑7.5㎝突擊加農砲StuK37,除了動力艙與行駛裝置等處為Ⅲ號戰車B型的特有設計之外,基本構型與之後的量產型已經很接近。由於這5輛Ⅴ系列的戰鬥艙為軟鐵材質,因此沒有用於實戰,而是送往猶特波格的突擊砲兵學校充當訓練車與教材使用。

■Ⅲ號突擊砲A型

Ⅲ號突擊砲在製作5輛原型車Ⅴ系列之後,由戴姆勒-賓士公司

於1940年1月開始生產最早的量產型A型。

Ⅲ號突擊砲A型全長5.38m、全寬2.92m、全高1.95m、重量19.5t,底盤正面裝甲為50mm,戰鬥艙正面為50mm、側面30mm、背面30mm、頂面10mm。

底盤前方配置專為突擊砲研製的SRG328-145變速箱,其左側為駕駛手席,戰鬥艙內前方左側為射手席,其後方為車長席,右側後方則是裝填手席。24倍徑7.5㎝突擊加農砲StuK37搭載於戰鬥艙前方中央,射角為水平角24°、俯仰角 10～＋20°。StuK37可發射Kgr.rotPz雙披帽曳光穿甲彈、Gr34高爆榴彈、GL38HL戰防榴彈以及煙幕彈。

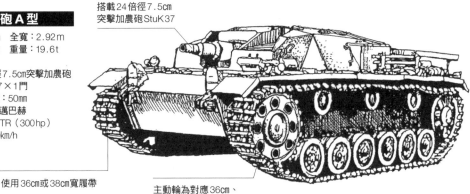

搭載24倍徑7.5㎝突擊加農砲StuK37

使用Ⅲ號戰車B型底盤

Ⅲ號突擊砲 Ⅴ系列原型車
全長:5.665m　全寬:2.81m
重量:16t　乘員:4名
武裝:24倍徑7.5㎝突擊加農砲StuK37×1門
最大裝甲厚度:14.5mm
引擎:梅巴赫邁巴赫 HL108TR(250hp)
最大速度:35km/h

此承載系是Ⅴ系列的特徵

Ⅲ號突擊砲A型
全長:5.38m　全寬:2.92m
全高:1.95m　重量:19.6t
乘員:4名
武裝:24倍徑7.5㎝突擊加農砲 StuK37×1門
最大裝甲厚度:50mm
引擎:梅巴赫邁巴赫 HL120TR(300hp)
最大速度:40km/h

搭載24倍徑7.5㎝突擊加農砲StuK37

使用36㎝或38㎝寬履帶

主動輪為對應36㎝、38㎝寬履帶的舊型

底盤後方的動力艙搭載梅巴赫邁巴赫HL120TRM（300hp）引擎，最大速度40km/h，最大行程為道路155km、越野95km。

A型於該年9月前僅製造50輛，雖然在Ⅲ號突擊砲系列中較不起眼，但知名的「虎式王牌」米歇爾‧魏特曼在巴巴羅薩作戰時便是搭乘Ⅲ號突擊砲A型，對付T-34等蘇聯戰車。

■Ⅲ號突擊砲B型

Ⅲ號突擊砲B型是接續A型的量產型，但由於A型比較像是先導量產型，因此B型可說是Ⅲ號突擊砲真正意義上的最早量產型。

1940年6月，改良自A型的Ⅲ號突擊砲B型開始生產。B型的基本外觀與A型相仿，但仍有變更瞄準鏡蓋板形狀、廢除底盤後方工具箱、換用40cm寬履帶（A型使用36cm與38cm寬履帶）、採用新型主動輪、加裝Notek防空燈與車距表示燈、變更引擎與變速箱等。

自B型開始，Ⅲ號突擊砲的生產工作交由埃克特公司負責，在1941年5月前造出250輛B型。

1941年4月執行巴爾幹半島入侵作戰時，Ⅲ號突擊砲B型首

●直接瞄準鏡用開口的變化

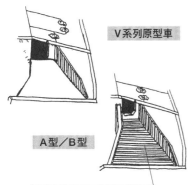

V系列原型車

A型／B型

兩側與下面設有3處防跳彈用的落差

Ⅲ號突擊砲B型

全長：5.4m　全寬：2.93m　全高：1.98m
重量：20.2t　乘員：4名
武裝：24倍徑7.5cm突擊加農砲StuK37×1門
最大裝甲厚度：50mm
引擎：梅巴赫邁巴赫HL120TR（300hp）
最大速度：40km/h

變更戰鬥艙頂面左側最前方的直接瞄準鏡用蓋板形狀

主動輪換成對應40cm寬履帶的新型

使用40cm寬履帶

●A型的射手席頂門蓋

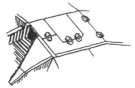

前／後門蓋形狀不同

●頭燈

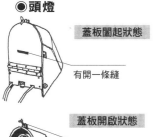

蓋板闔起狀態

有開一條縫

蓋板開啟狀態

蓋板扣具

裡面裝有車燈

●Ⅲ號突擊砲B型的底盤上層

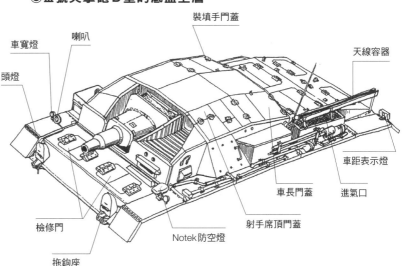

裝填手門蓋

喇叭

車寬燈

天線容器

頭燈

車距表示燈

車長門蓋

進氣口

檢修門

射手席頂門蓋

拖鉤座

Notek防空燈

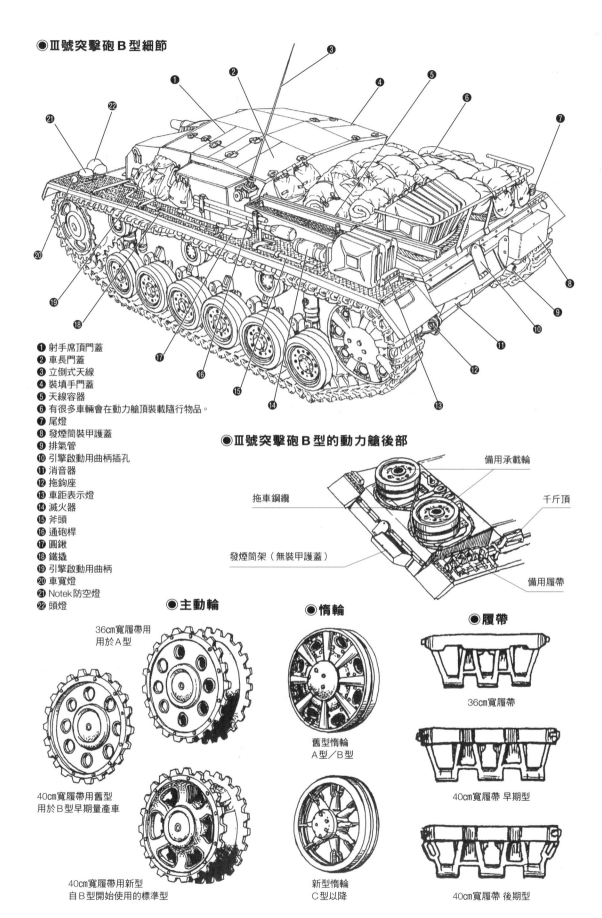

●Ⅲ號突擊砲 B 型細節

❶ 射手席頂門蓋
❷ 車長門蓋
❸ 立倒式天線
❹ 裝填手門蓋
❺ 天線容器
❻ 有很多車輛會在動力艙頂裝載隨行物品。
❼ 尾燈
❽ 發煙筒裝甲護蓋
❾ 排氣管
❿ 引擎啟動用曲柄插孔
⓫ 消音器
⓬ 拖鉤座
⓭ 車距表示燈
⓮ 滅火器
⓯ 斧頭
⓰ 通砲桿
⓱ 圓鍬
⓲ 鐵撬
⓳ 引擎啟動用曲柄
⓴ 車寬燈
㉑ Notek 防空燈
㉒ 頭燈

●Ⅲ號突擊砲 B 型的動力艙後部

備用承載輪
千斤頂
拖車鋼纜
發煙筒架（無裝甲護蓋）
備用履帶

●主動輪

36cm寬履帶用
用於A型

40cm寬履帶用舊型
用於B型早期量產車

40cm寬履帶用新型
自B型開始使用的標準型

●惰輪

舊型惰輪
A型／B型

新型惰輪
C型以降

●履帶

36cm寬履帶

40cm寬履帶 早期型

40cm寬履帶 後期型

次參與實戰，以該型車編成的第184、第190、第191突擊砲營與大德意志裝甲擲彈兵師突擊砲連參與戰鬥。

■Ⅲ號突擊砲C型

接在B型之後生產的C型，最大的變更點在於採用新型的Sfl. ZF.1潛望式瞄準鏡，因此廢除原本設置於戰鬥艙正面左側的瞄準口，改善了防護力。C型的基本結構與設計和B型並無太大差異，僅因變更瞄準鏡而使戰鬥艙前方形狀改變較多。C型於1941年3月至5月生產100輛。

■Ⅲ號突擊砲C型L/48 7.5㎝StuK 40搭載型

以舊型底盤換裝新型主砲，藉此強化火力；這種升級方式對二次大戰的德軍而言並不罕見，Ⅲ號突擊砲也比照辦理。1945年4月，用於柯尼斯堡之役的Ⅲ號突擊砲C型，卸除了原本的短砲管24倍徑7.5㎝StuK 37，換用F型後期量產車開始採用的長砲管48倍徑7.5㎝StuK 40。

長砲管的Ⅲ號突擊砲C型數量不明，應該是當地部隊自行改造的車輛。

■Ⅲ號突擊砲D型

C型之後接著生產D型，除了對底盤正面裝甲板進行硬化處理，並將戰鬥艙內的傳聲管換成電話式之外，在外觀上幾乎沒有差異。

D型自1941年5月開始生產，於該年9月前製造150輛，投入東部戰線、巴爾幹半島戰線及北非戰線。其中送往南俄羅斯、巴爾幹半島、北非戰線的車輛，在工廠組裝時會特別進行「熱帶構型」修改，在動力艙檢修門開設通風口，並於其上加裝護蓋。除

Ⅰ號戰車

Ⅱ號戰車

38（t）戰車

Ⅲ號戰車

Ⅳ號戰車

豹式

虎Ⅰ式

虎Ⅱ式

其他的車輛

計畫車輛

鐵路戰車

■Ⅲ號突擊砲C型／D型

全長：5.4m　全寬：2.93m
全高：1.98m　重量：20.2t
乘員：4名
武裝：24倍徑7.5㎝突擊加農砲StuK37×1門
最大裝甲厚度：50mm
引擎：梅巴赫邁巴赫L120TRM（300hp）
最大速度：40km/h

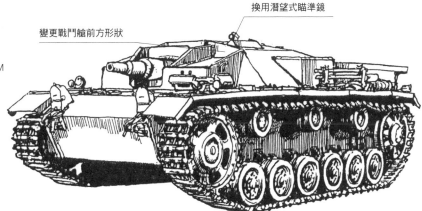

變更戰鬥艙前方形狀

換用潛望式瞄準鏡

■Ⅲ號突擊砲E型

全長：5.4m　全寬：2.93m
全高：1.98m　重量：20.8t
乘員：4名
武裝：24倍徑7.5㎝突擊加農砲StuK37×1門
最大裝甲厚度：50mm
引擎：梅巴赫邁巴赫HL120TR（300hp）
最大速度：40km/h

戰鬥艙側面前方形狀也有變更

變更前方頂部檢修門構造

此之外，動力艙側面的進氣口也會加裝空氣濾清器。

原本是用來支援步兵的Ⅲ號突擊砲，在戰場上卻陸續投入反戰車戰鬥，因而造出長砲管型。然而，即便是在長砲管型登場後，使用24倍徑短砲管的部隊仍所在多有，例如德軍管理下的捷克，到了大戰末期的1945年5月，仍能看見使用B型或C型／D型的部隊。

■Ⅲ號突擊砲E型

接在C/D型之後製造的是加裝無線電收發機，也能當作指揮車運用的E型。在D型之前僅搭載Fu15超短波收訊機，自E型開始則加裝Fu16超短波收發機。戰鬥艙左右兩側因此新增大型箱狀外突構造，左右也各新增1根天線。E型自1941年9月開始與D型並行生產，至1942年2月生產284輛。

■Ⅲ號突擊砲F型

Ⅲ號突擊砲原本是設計成步兵支援車輛，不過也有計畫搭載長砲管7.5㎝砲。德國入侵蘇聯後，便遭遇強敵T-34，使得Ⅲ號突擊砲也得面臨火力強化，必須趕緊推出長砲管7.5㎝砲搭載型。

從1942年3月開始生產的F型將7.5㎝砲改成長砲管，F型登場後，Ⅲ號突擊砲便由步兵支援

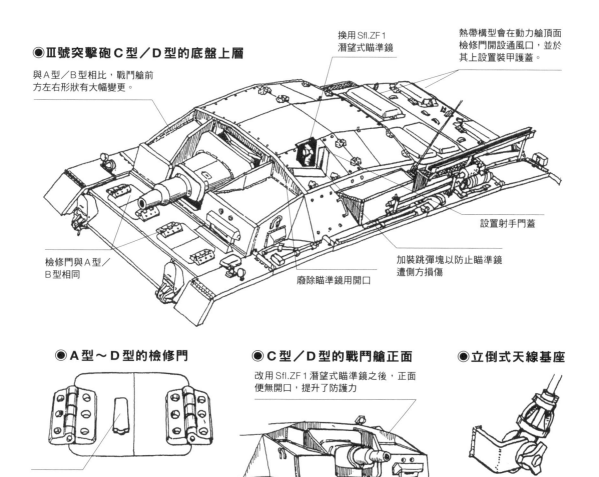

●Ⅲ號突擊砲C型／D型的底盤上層

與A型／B型相比，戰鬥艙前方左右形狀有大幅變更。

換用Sfl.ZF1潛望式瞄準鏡

熱帶構型會在動力艙頂面檢修門開設通風口，並於其上設置裝甲護蓋。

檢修門與A型／B型相同

設置射手門蓋

廢除瞄準鏡用開口

加裝跳彈塊以防止瞄準鏡遭側方損傷

●A型～D型的檢修門

鑰匙孔護蓋

●C型／D型的戰鬥艙正面

改用Sfl.ZF1潛望式瞄準鏡之後，正面便無開口，提升了防護力

●立倒式天線基座

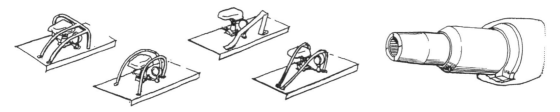

●當地部隊加裝的各種車燈護欄

●24倍徑7.5㎝突擊加農砲StuK37

車輛搖身一變，成為強大的反戰車戰鬥用車輛。

F型雖然也是使用E型底盤，但由於換用43倍徑的7.5cm StuK40，為了確保主砲俯角，於戰鬥艙後部中央設置大型突起結構，並於其上加裝換氣鼓風機。另外，瞄準鏡也換成改良型的Sfl.ZF.1a，戰鬥艙頂面的瞄準鏡用開口與門蓋形狀也有調整。

F型自生產途中的1942年7月開始，又換用砲管更長的48倍徑7.5cm StuK40 L/48，藉此強化火力。自6月下旬的量產車開始，於底盤正面與戰鬥艙正面左右加裝30㎜附加裝甲，並廢除頭燈蓋板。自8月的量產車開始，變更戰鬥艙前方頂面的傾斜裝甲板角度，藉此改善防護力。F型在該年9月前生產了364輛。

■Ⅲ號突擊砲F／8型

在生產長砲管F型的同時，於1942年5月也著手進行使用Ⅲ號戰車J型（8/ZW：Ⅲ號戰車第8生產系列）底盤的F/8型生產工作。

F/8型的戰鬥艙與F型最後期量產車相同，主砲從一開始便搭載48倍徑的StuK40 L/48。F/8型在該年12月前製造250輛。

Ⅲ號突擊砲F/8型也會依生產時期實施若干構型變更；1942年10月，為了提高生產性，將底盤正面與戰鬥艙正面的附加裝甲改成螺栓固定式，並開始使用冬季寬版履帶「Winterkette」。1942年12月，於裝填手門蓋前加上可裝設MG34 7.92㎜機槍用的立倒式防彈板。

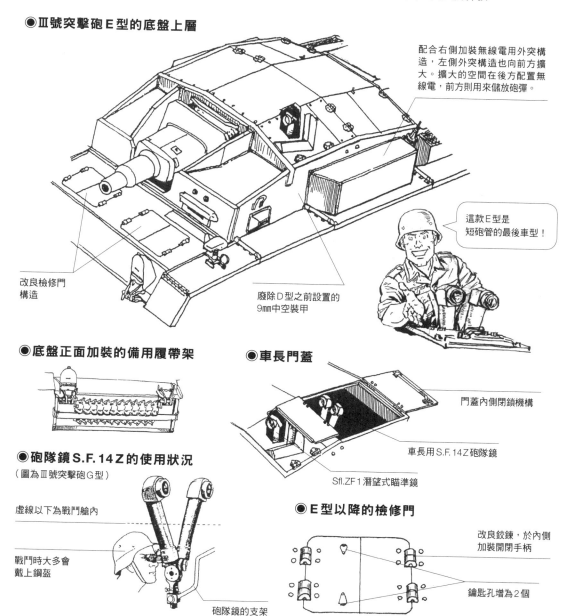

◉Ⅲ號突擊砲E型的底盤上層

配合右側加裝無線電用外突構造，左側外突構造也向前方擴大。擴大的空間在後方配置無線電，前方則用來儲放砲彈。

這款E型是短砲管的最後車型！

改良檢修門構造

廢除D型之前設置的9mm中空裝甲

◉底盤正面加裝的備用履帶架

◉車長門蓋

門蓋內側閉鎖機構

車長用S.F.14Z砲隊鏡

Sfl.ZF1潛望式瞄準鏡

◉砲隊鏡S.F.14Z的使用狀況
（圖為Ⅲ號突擊砲G型）

虛線以下為戰鬥艙內

戰鬥時大多會戴上鋼盔

砲隊鏡的支架

◉E型以降的檢修門

改良鉸鏈，於內側加裝開閉手柄

鑰匙孔增為2個

●Ⅲ號突擊砲C型／D型的內部結構

❶ 車寬燈
❷ 喇叭
❸ 24倍徑7.5cm StuK37
❹ 制退復進機裝甲護蓋
❺ 砲耳
❻ 砲尾
❼ 主砲俯仰齒輪
❽ 後座護板
❾ 水準器
❿ 後部儲彈箱
⓫ 砲隊鏡支架
⓬ 減震桿
⓭ Fu15收訊無線電
⓮ 車長席
⓯ 減震桿
⓰ 主砲俯仰手輪
⓱ 射手席
⓲ 主砲發射扳機
⓳ 主砲旋轉手輪
⓴ 駕駛手席
㉑ 主砲迴旋齒輪
㉒ 啟動手柄
㉓ 轉向桿
㉔ 煞車踏板
㉕ 油門踏板
㉖ 儀表板
㉗ 變速箱
㉘ 轉向裝置
㉙ 砲彈儲放庫

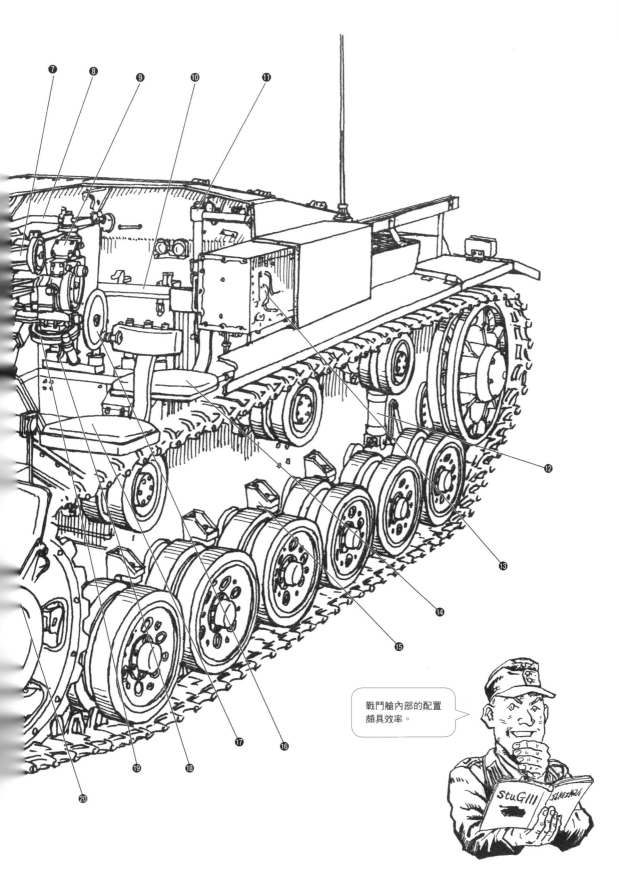

戰鬥艙內部的配置
頗具效率。

Ⅰ號戰車

Ⅱ號戰車

38（t）戰車

Ⅲ號戰車

Ⅳ號戰車

豹式

虎Ⅰ式

虎Ⅱ式

其他的車輛

計畫戰車

歐洲戰車

StuGIII SAKURA

到了後來，也有出現比照G型裝上裙板的車輛，以及少數比照D型於底盤後方左右通風口側面加裝圓筒形空氣濾清器的車輛。

■Ⅲ號突擊砲G型

接在F型及F/8型之後，於1942年11月開始生產Ⅲ號突擊砲G型，它是最後一款量產型，堪稱決定版。G型與F/8型最大的差異，在於它全面更新了戰鬥艙設計，並採用可全周觀察的車長展望塔。

除此之外，它在防護力、生產性方面也有大幅改善，進化成一款更能適應實戰的車輛。G型從一開始便將底盤正面與戰鬥艙正面裝甲強化為50＋30㎜。

由於Ⅲ號突擊砲G型是大戰後半期德國陸軍的核心戰力，因此生產數量龐大，於1942年11月至1945年4月製造約7,799輛。

Ⅲ號突擊砲的生產工作原本僅由埃克特公司執行，但隨著戰局推演，必須生產更多數量，因此結束生產Ⅲ號戰車的MIAG公司也於1943年1月開始量產Ⅲ號突擊砲。

到了1943年2月，MAN公司生產的Ⅲ號戰車M型底盤也決定轉用於突擊砲，因此MAN公司製造的Ⅲ號戰車底盤便送往埃克特公司與MIAG公司，讓它們裝上戰鬥艙，完成突擊砲。自Ⅲ號戰車M型底盤轉用的Ⅲ號突擊砲G型在10月之前生產了142輛，到了1944年4～7月，自前線送回來維修的Ⅲ號戰車也有169輛被改裝成Ⅲ號突擊砲G型。

Ⅲ號突擊砲G型才剛開始投入生產，便迅速進行改良，於1942年12月修改戰鬥艙側面

Ⅲ號突擊砲F型

全長：6.31m　全寬：2.92m　全高：2.15m
重量：21.6t　乘員：4名
武裝：43或48倍徑7.5㎝突擊加農砲StuK40×1門
最大裝甲厚度：50mm
引擎：梅巴赫邁巴赫 HL120TRM（300hp）
最大速度：40km/h

自1942年7月開始配備48倍徑7.5㎝StuK40

戰鬥艙頂面中央後部設有外突構造，上方設置換氣鼓風機

Ⅲ號突擊砲F／8型

全長：6.77m　全寬：2.92m　全高：2.15m
重量：23.2t　乘員：4名
武裝：48倍徑7.5㎝突擊加農砲StuK40×1門
最大裝甲厚度：80mm
引擎：梅巴赫邁巴赫 HL120TRM（300hp）
最大速度：40km/h

使用Ⅲ號戰車J型底盤

從一開始便配備48倍徑7.5㎝StuK40

戰鬥艙正面焊上30mm附加裝甲

底盤正面也加裝30mm附加裝甲

前方的外突構造形狀，增加傾斜角以強化防護力。另外，自該月的量產車開始，也在裝填手門蓋前方加裝機槍防盾。自1943年1月的量產車開始，於戰鬥艙頂面的瞄準鏡口加裝滑開式蓋板，換氣鼓風機則移至戰鬥艙背面。2月，於戰鬥艙側面前方加裝煙幕彈發射器，並廢除駕駛手窺視窗上的KFF2雙眼式潛望鏡。自4月的量產車開始會將底盤正面裝甲板強化為80mm單片式，並於底盤側面加裝裙板。依據生產時期，會有不同改良與構型變更，

而外觀上最大的變化，就是採用一種稱為「豬頭」的鑄造防盾。鑄造防盾自1943年11月由埃克特公司生產的量產車開始採用，以此新型防盾為界，可概略將之區分為早期型／後期型，但G型後期量產車之後仍有實施不少改良與變更。

1944年3月，裝填手門蓋前的MG34改成車內操作式，4月將戰鬥艙正面裝甲板 也強化為80mm單片式，5月開始配備近迫防禦武器，7月於戰鬥艙頂面加裝2t吊桿基座，底盤前方加裝砲

管行軍鎖。自12月的量產車開始，於底盤背面下層設置大型牽引器，到了1945年則開始使用簡化為圓筒形的砲口制退器。

■Ⅲ號突擊砲G型的衍生型

Ⅲ號突擊砲G型也有發展出許多衍生車型，包括將戰鬥艙內無線電自Fu16換成收發距離較長的Fu8，改成Ⅲ號突擊砲G型指揮戰車。

Ⅲ號突擊砲G型也比照Ⅲ號遙控指揮戰車，改造出能遙控B.I／B.II地雷處理車和B.IV炸藥運輸

Ⅲ號突擊砲G型

全長：6.77m 全寬：2.95m 全高：2.16m
重量：23.9t 乘員：4名
武裝：48倍徑7.5cm突擊加農砲StuK40×1門、
　　　MG34 7.92mm機槍×1挺
最大裝甲厚度：80mm
引擎：梅巴赫邁巴赫HL120TRM（300hp）
最大速度：40km/h

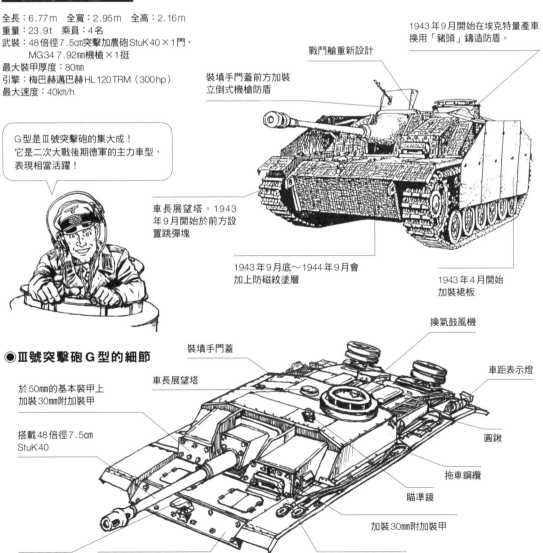

> G型是Ⅲ號突擊砲的集大成！
> 它是二次大戰後期德軍的主力車型，
> 表現相當活躍！

戰鬥艙重新設計

裝填手門蓋前方加裝立倒式機槍防盾

1943年9月開始在埃克特量產車換用「豬頭」鑄造防盾。

車長展望塔。1943年9月開始於前方設置跳彈塊

1943年9月底～1944年9月會加上防磁紋塗層

1943年4月開始加裝裙板

●Ⅲ號突擊砲G型的細節

裝填手門蓋

車長展望塔

換氣鼓風機

車距表示燈

於50mm的基本裝甲上加裝30mm附加裝甲

搭載48倍徑7.5cm StuK40

圓鍬

拖車鋼纜

瞄準鏡

加裝30mm附加裝甲

Notek防空燈

加裝30mm附加裝甲

駕駛手窺視窗

I號戰車
II號戰車
38（t）戰車
III號戰車
IV號戰車
豹式
虎I式
虎II式
其他的車輛
計畫車輛
軼事趣聞

車的車型，於戰鬥艙頂面左前方加裝遙控天線，戰鬥艙內則搭載電波發訊機與電源供給器等遙控設備，約改造出100輛遙控指揮車。

G型比較特別的版本則是液化瓦斯燃料車，這是為了解決燃油不足的問題而製造的替代燃料車型，但卻沒有投入戰場，僅於艾森納赫的第300戰車實驗/補充營充當訓練車使用。

■Ⅲ號突擊砲 噴火戰車

1943年5～6月由Ⅲ號突擊砲改造出10輛噴火戰車，它們

卸除主砲，加裝噴火器。想當然耳，戰鬥艙內應該也有裝上燃料箱。這些車輛並未配賦實戰部隊，而是交給第1裝甲兵學校。不久之後，它們又再度被改回Ⅲ號突擊砲。

■33B型突擊步兵砲

1942年9月10～22日的會議，決定研製一款突擊步兵砲用於史達林格勒的城鎮戰。

研改工作交由埃克特公司負責，1942年10月以Ⅲ號突擊砲E型底盤進行轉用，搭載15cm重

步兵砲sIG33改出12輛33B型突擊步兵砲，11月又轉用F/8型底盤造出12輛。

最早的12輛配賦第177突擊砲營，參與史達林格勒戰役，於激戰中全數喪失。剩下的12輛則配賦第17軍的教導營突擊步兵砲連，後來轉交給第23裝甲師第201戰車團，最後全數戰損。

33B型突擊步兵砲僅於底盤上搭載簡易箱形戰鬥艙，屬於勉強趕出來的應急車型，但它強大的15cm重步兵砲sIG33以及80mm

■Ⅲ號突擊砲G型 後期型

全長：6.77m　全寬：2.95m　全高：2.16m
重量：23.9t　乘員：4名
武裝：48倍徑7.5cm突擊加農砲StuK40×1門、
　　　MG34 7.92mm機槍×1挺
最大裝甲厚度：80mm
引擎：梅巴赫邁巴赫HL120TRM（300hp）
最大速度：40km/h

1944年6月開始配備固定主砲用的行軍鎖

1944年3月開始將MG34改成車內操作式

為了加強戰鬥艙前方的防護力，有些車輛還會敷上水泥

■Ⅲ號突擊砲 噴火戰車

全長：5.4m　全寬：2.93m　全高：2.15m
乘員：3名
武裝：噴火器×1具
最大裝甲厚度：80mm
引擎：梅巴赫邁巴赫HL120TR（300hp）
最大速度：40km/h

戰鬥艙中央加裝箱狀裝甲護蓋

卸除主砲，換成噴火器。

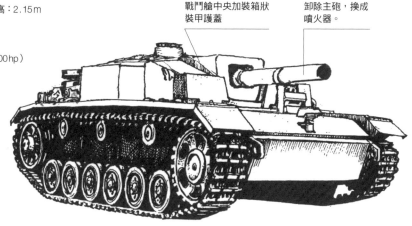

的最大裝甲厚度仍能在戰場上充分發揮火力與防護力，對後來出現的Ⅳ號突擊戰車灰熊式的研製帶來影響。

■ **10.5㎝突擊榴彈砲42型**

配合戰況趨勢，Ⅲ號突擊砲從原本的24倍徑短砲管逐步換用43倍徑、48倍徑長砲管，任務也由步兵支援轉變為反戰車戰鬥專用。然而，戰場上卻仍需要支援步兵用的突擊砲，1942年10月13日，應希特勒要求，將10.5㎝ leFH18榴彈砲改造成車載型，開始製造12輛在Ⅲ號突擊砲上搭載10.5㎝ StuH42的先導量產型Ⅴ系列。

於1943年1月完成的先導量產型是以Ⅲ號突擊砲E型/F型改造而成，不過量產型則是以G型為基礎，保留底盤與戰鬥艙，僅將主砲換成10.5㎝的StuH42。

由萊茵金屬公司研製的10.5㎝ StuH42依使用彈藥種類而有10,640～12,325m的最大射程，若發射成形裝藥彈，也能用來對付戰車。

10.5㎝突擊榴彈砲42型的生產工作由埃克特公司負責，於1943年3月至1945年4月製造1,299輛。

Ⅰ號戰車
Ⅱ號戰車
38（t）戰車
Ⅲ號戰車
Ⅳ號戰車
豹式
虎Ⅰ式
虎Ⅱ式
其他的裝備
計畫戰車
戰場戰車

33B型突擊步兵砲

全長：5.4m　全寬：2.95m　全高：2.16m　重量：21t　乘員：5名
武裝：11倍徑15cm重步兵砲sIG33×1門、MG34 7.92mm機槍×1挺
最大裝甲厚度：80mm
引擎：梅巴赫邁巴赫HL120TRM（300hp）
最大速度：20km/h

戰鬥艙頂面僅設置換氣鼓風機與門蓋

搭載15cm重步兵砲sIG33

前方機槍架配備MG34

使用Ⅲ號突擊砲E型底盤，加裝戰鬥艙。

10.5㎝突擊榴彈砲42型　先導量產車

全長：6.14m　全寬：2.92m　全高：2.15m
重量：24t　乘員：4名
武裝：28倍徑10.5cm突擊榴彈砲StuH42×1門
最大裝甲厚度：50mm
引擎：梅巴赫邁巴赫HL120TRM（300hp）
最大速度：40km/h

搭載10.5cm StuH42

改造自Ⅲ號突擊砲F型

10.5㎝突擊榴彈砲42型

全長：6.14m　全寬：2.95m　全高：2.16m
重量：24t　乘員：4名
武裝：28倍徑10.5cm突擊榴彈砲StuH42×1門、
　　　MG34 7.92mm機槍×1挺
最大裝甲厚度：80mm
引擎：梅巴赫邁巴赫HL120TRM（300hp）
最大速度：40km/h

搭載10.5cm StuH42

量產型改造自Ⅲ號突擊砲G型

二次大戰最活躍的戰車
IV號戰車與衍生型

　　IV號戰車是整個二次大戰期間最為活躍的德國戰車，它原本是設計成一款支援戰車，但是到了1942年以降，搭載長砲管 7.5cm砲的IV號戰車卻取代III號戰車成為主力戰車。另外，IV號戰車也發展出自走戰防砲、自走榴彈砲、驅逐戰車、突擊砲、防空砲車、支援車等多種衍生型，它們都是德軍裝甲部隊相當倚重的戰鬥車輛。

IV號戰車A～J型

■IV號戰車的研製

　　1935年2月底，兵器局第6處第6課要求萊茵金屬公司與克虜伯公司著手研製支援戰車（BW）。1936年春季，兩家公司皆完成了原型車。經過各種測試，克虜伯公司的車輛獲得選用，於1936年12月決定制式採用為IV號戰車。

■IV號戰車A型

　　A型是IV號戰車的首款量產型，於1937年11月完成1號量產車。其全長為5.92m、全寬2.83m、全高2.68m、重量18t，搭乘5名人員。雖然A型算是確立了IV號戰車的基本構型，但它的特性仍比較偏向試製型或先導量產型，裝甲厚度為底盤正面14.5mm/14°、前方頂面10mm/72°、上層正面14.5mm/9°、側面14.5°/0°、頂面11mm/85～90°、底面8mm/90°，砲塔為正面16mm/10°、側面14.5mm/25°、頂面10mm/83～90°。

　　底盤前方配置轉向裝置與變速箱，其左後方為駕駛手席，右側為無線電手席。中央是戰鬥艙，上方搭載砲塔。砲塔正面配置24倍徑7.5cm戰車砲KwK37，右側有MG34 7.92mm同軸機槍。與之後的量產型（D型以降）不同，防盾為內裝式。

　　砲塔內部左側為射手席，右側為裝填手席，後方為車長席。頂面後方有車長展望塔，側面分別為射手、裝填手門蓋。

　　底盤後方為動力艙，右側搭載230hp的梅巴赫邁巴赫HL108TR引擎，左側為散熱器。進氣口設置於動力艙左側，排氣口位於右側。在行駛裝置方面，前方為主動輪，後方為惰輪，左右兩側各有8個承載輪，以2個為1組透過板狀彈簧構成台車式承載系。

　　A型在1938年6月之前造了35輛，但5～6月的量產車已換用B型的裝甲強化型底盤（於底盤正面加裝2片30mm裝甲板）。

　　除此之外，在完成之後，也於擋泥板上加裝Notek防空燈與車距表示燈，底盤背面加裝發煙筒架，砲塔背面加裝儲物箱等。

■IV號戰車A型

全長：5.92m　全寬：2.83m　全高：2.68m　重量：18t　乘員：5名
武裝：24倍徑7.5cm戰車砲KwK37×1門、MG34 7.92mm機槍×2挺
最大裝甲厚度：14.5mm
引擎：梅巴赫邁巴赫HL108TR（230hp）
最大速度：32.4km/h

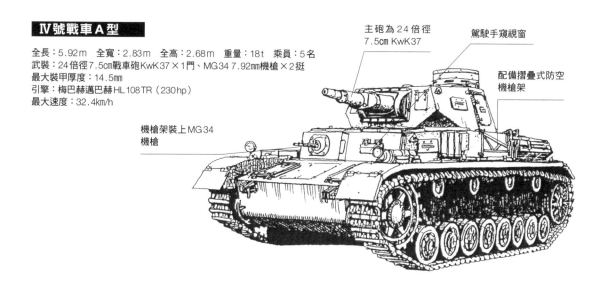

主砲為24倍徑 7.5cm KwK37

駕駛手窺視窗

配備摺疊式防空機槍架

機槍架裝上MG34機槍

■IV號戰車B型

自1938年5月開始生產的B型，基本設計與A型相同，但將底盤正面與砲塔正面及防盾的裝甲強化為30㎜，車長展望塔也增厚為30㎜（A型為12㎜），大幅改善防護力。變速箱換成新型的SSG76，引擎也換用功率更大的HL120TR（300hp）。除此之外，底盤、砲塔各部也有不少變更。

B型在1938年10月前造了42輛，投入波蘭戰役、法國戰役，以及蘇聯入侵作戰。雖然B型僅生產42輛，但使用期間卻很長，1944年6月參與諾曼第戰役的第21裝甲師第22戰車團第2營仍有配備數輛B型（以及C型）。到了大戰後期，短砲管的B型雖然在性能方面已力有未

逮，但將主動輪、承載輪等消耗品換成新款之後，仍能繼續使用。另外，在同時期的東部戰線，戈梅利附近的後方部隊仍有少量B型參與實戰。

B型在生產之後也有在駕駛手窺視窗上方加裝排雨槽，並設置Notek防空燈、車距表示燈，以及在底盤正面加裝30㎜附加裝甲等。

■IV號戰車C型

C型自1938年10月開始生產，改良點僅包括變更防盾開口大小、同軸機槍加上裝甲護套、變更車長展望塔、換用改良型引擎等，外觀與B型幾乎相同。

C型於1939年8月前製造134輛，生產後也比照B型實施改良。

■IV號戰車D型

1939年10月，大幅改良底盤、砲塔各部的D型開始生產。D型變更了底盤上層正面裝甲板形狀，採用表面硬化型裝甲，增厚側面及背面裝甲，並改用外裝式防盾（35㎜），藉此提升防護力。

除此之外，它也加裝正面球形機槍架與駕駛手用手槍射口，並調整動力艙側面的進氣／排氣口形狀、換用功率更大的梅巴赫邁巴赫120TRM引擎、使用新型履帶等。

D型自法國戰役開始參與實戰，在1940年10月前總共生產232輛，並於生產途中加裝Notek防空燈、在底盤上層正面／側面加裝30㎜附加裝甲等。另

■IV號戰車B型

全長：5.92m　全寬：2.83m　全高：2.68m
重量：18.5t　乘員：5名
武裝：24倍徑7.5cm戰車砲KwK37×1門、
　　　MG34 7.92㎜機槍×1挺
最大裝甲厚度：30mm
引擎：梅巴赫邁巴赫HL120TR（300hp）
最大速度：40km/h

修改駕駛手窺視窗

車長展望塔與窺視窗等細節有調整

廢除防空機槍架

變更底盤上層正面形狀

無線電手席正面改成手槍射口與窺視窗

正面裝甲增厚至30mm

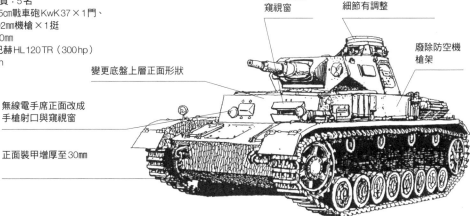

修改底盤上層正面形狀（無線電手這邊的裝甲板向後移），加裝手槍射口

加裝天線撥桿

防盾換成外裝式

加裝Notek防空燈

設置MG34用球形機槍架

變更進氣／排氣柵口形狀

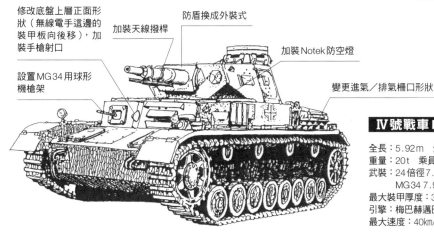

■IV號戰車D型

全長：5.92m　全寬：2.84m　全高：2.68m
重量：20t　乘員：5名
武裝：24倍徑7.5cm戰車砲KwK37×1門、
　　　MG34 7.92㎜機槍×2挺
最大裝甲厚度：30mm
引擎：梅巴赫邁巴赫HL120TR（300hp）
最大速度：40km/h

外，量產車有部份被改成潛水戰車（48輛）與北非戰線用的熱帶構型（30輛），還有改造出43倍徑7.5cm戰車砲搭載型等。

■IV號戰車E型

接在D型之後，於1940年9月開始生產將重點擺在裝甲強化的改良型E型。E型把底盤正面裝甲增厚至50mm（D型後期量產車為30mm基本裝甲＋30mm附加裝甲），底盤上層正面也從一開始就加裝30mm附加裝甲。

除此之外，它也變更煞車檢修門與駕駛窺視窗的形狀，並採用新型車長展望塔（與III號戰車G型同款）、變更砲塔後部形狀等。它還廢除位於砲塔頂面前方的換氣口護蓋與信號彈射口護蓋、加裝

換氣鼓風機、採用新型主動輪與承載輪輪轂蓋、於底盤背面的發煙筒架加上裝甲護蓋、設置儲物箱、推出熱帶構型等。

E型在1941年4月前製造200輛（僅戰車型），並於1942年7月比照D型改造出43倍徑7.5cm戰車砲搭載型。

■IV號戰車F型

於1941年5月開始生產的F型，進一步強化裝甲防護力，除底盤正面之外，底盤上層正面、砲塔正面、防盾也都增厚為50mm，底盤側面與砲塔側面則改成30mm（之前為20mm）。

底盤上層正面的球形機槍架換成對應50mm裝甲板的新型，為配合強化裝甲後增加的重量，將履

帶寬度由38cm改成40cm，以防止機動力變差，並採用新型主動輪、承載輪、惰輪。

除此之外，它也在煞車檢修門開設通風口，並將砲塔側面門蓋改成2片式等，實施諸多改良。F型在1942年之前生產了470輛。

■IV號戰車D型60倍徑

5cm戰車砲KwK39搭載型

在德蘇戰爆發前的1941年2月，IV號戰車已經開始實施火力強化。該年10月，D型比照III號戰車L型，推出換用60倍徑5cm戰車砲KwK39的原型車，並且展開測試。

由於IV號戰車的砲塔容積與砲塔環尺寸皆比III號戰車大，因此操作5cm戰車砲並不構成問題。

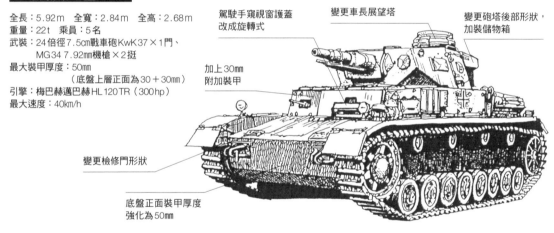

IV號戰車E型

全長：5.92m 全寬：2.84m 全高：2.68m
重量：22t 乘員：5名
武裝：24倍徑7.5cm戰車砲KwK37×1門、
　　　MG34 7.92mm機槍×2挺
最大裝甲厚度：50mm
　　　　　　　（底盤上層正面為30＋30mm）
引擎：梅巴赫邁巴赫HL120TR（300hp）
最大速度：40km/h

駕駛手窺視窗護蓋改成旋轉式

變更車長展望塔

變更砲塔後部形狀，加裝儲物箱

加上30mm附加裝甲

變更檢修門形狀

底盤正面裝甲厚度強化為50mm

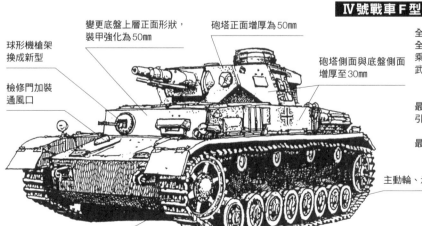

變更底盤上層正面形狀，裝甲強化為50mm

砲塔正面增厚為50mm

球形機槍架換成新型

檢修門加裝通風口

砲塔側面與底盤側面增厚至30mm

IV號戰車F型

全長：5.92m 全寬：2.88m
全高：2.68m 重量：22.3t
乘員：5名
武裝：24倍徑7.5cm戰車砲
　　　KwK37×1門、MG34
　　　7.92mm機槍×2挺
最大裝甲厚度：50mm
引擎：梅巴赫邁巴赫
　　　HL120TR（300hp）
最大速度：40km/h

主動輪、承載輪、惰輪換成新型

履帶寬度自38cm改成40cm

然而，它在面對蘇聯KV重戰車與T-34時仍嫌威力不足，因此並未採用。

■IV號戰車D型／E型43倍徑7.5㎝戰車砲KwK40搭載型

1942年3月，搭載長砲管43倍徑7.5㎝戰車砲KwK40，備受期待的F2型（G型）開始生產，但由於德軍急需長砲管型的IV號戰車，因此也決定把落伍的D型／E型主砲換成43倍徑7.5㎝戰車砲KwK40，於1942年7月開始對剩下的D型／E型實施KwK40換裝作業。

此外，為了強化火力與防護力，1943年5月也在砲塔及底盤加裝裙板。由於長砲管修改型有改造出一定數量，因此除了配賦義大利戰線、東部戰線的實戰部隊之外，主要負責駕駛訓練的NSKK（屬於準軍事組織的國家社會主義汽車軍團）也會使用。

■附加裝甲型Vorpanzer

1941年7月7日，為了強化IV號戰車的防護力，除底盤正面之外，砲塔正面也依令加上附加裝甲，對D型、E型、部份F型實施改造。

這些附加裝甲型會稱為Vorpanzer，於砲塔正面至側面前方加上20㎜裝甲板，且附加裝甲與基本裝甲之間會留出空隙，構成中空裝甲，藉此提高防護力。

◉砲塔形狀的變化

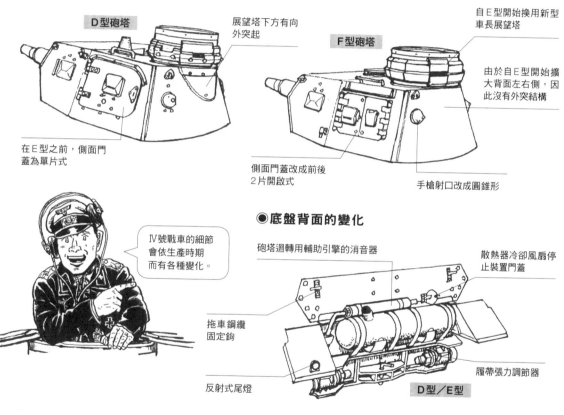

D型砲塔

展望塔下方有向外突起

在E型之前，側面門蓋為單片式

F型砲塔

自E型開始換用新型車長展望塔

由於自E型開始擴大背面左右側，因此沒有外突結構

側面門蓋改成前後2片開啟式

手槍射口改成圓錐形

IV號戰車的細節會依生產時期而有各種變化。

◉底盤背面的變化

砲塔迴轉用輔助引擎的消音器

散熱器冷卻風扇停止裝置門蓋

拖車鋼纜固定鉤

履帶張力調節器

反射式尾燈

D型／E型

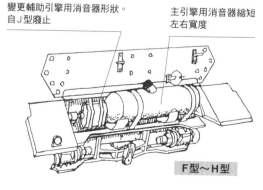

變更輔助引擎用消音器形狀。自J型廢止

主引擎用消音器縮短左右寬度

F型～H型

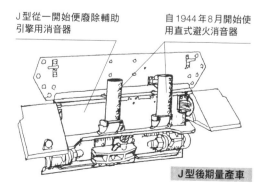

J型從一開始便廢除輔助引擎用消音器

自1944年8月開始使用直式避火消音器

J型後期量產車

●Ⅳ號戰車D型的內部結構

1. 頭燈
2. MG34 7.92㎜機槍
3. 駕駛手窺視窗
4. 天線撥桿
5. 24倍徑7.5㎝戰車砲KwK37
6. 制退復進機裝甲護蓋
7. 直接瞄準鏡
8. 主砲俯仰手輪
9. 砲閂
10. 信號塔
11. 裝填手用窺視窗
12. 車長展望塔
13. 車長窺視窗
14. 裝填手側門蓋
15. 閉門門
16. 車長席
17. 散熱器冷卻水注入口護蓋
18. 冷卻風扇
19. 邁巴赫HL120TRM引擎
20. 砲塔迴轉用輔助引擎消音器
21. 主引擎用消音器
22. 履帶張力調節器
23. 拖鉤座
24. 發電機
25. 板狀彈簧承載系
26. 傳動軸
27. 砲手席
28. 砲塔迴轉用馬達
29. 空彈筒藥筒容器
30. 燃油箱
31. 砲塔籃底面
32. 砲彈儲放庫
33. 駕駛手席
34. 主儀表板
35. 變速桿
36. 轉向桿
37. 煞車單元
38. 拖鉤座

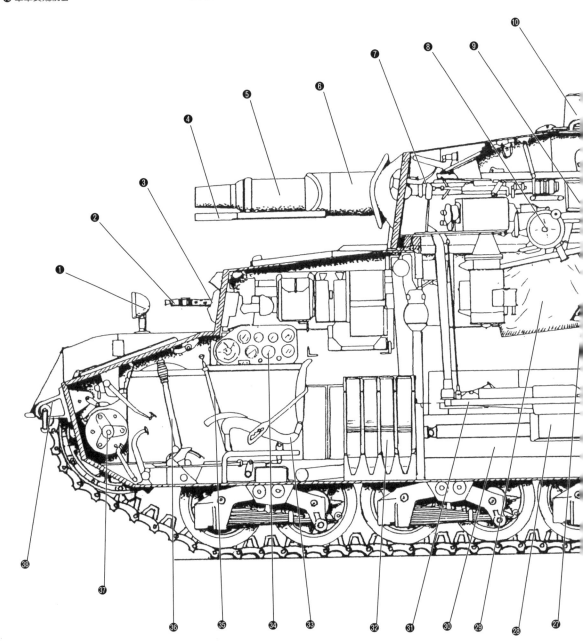

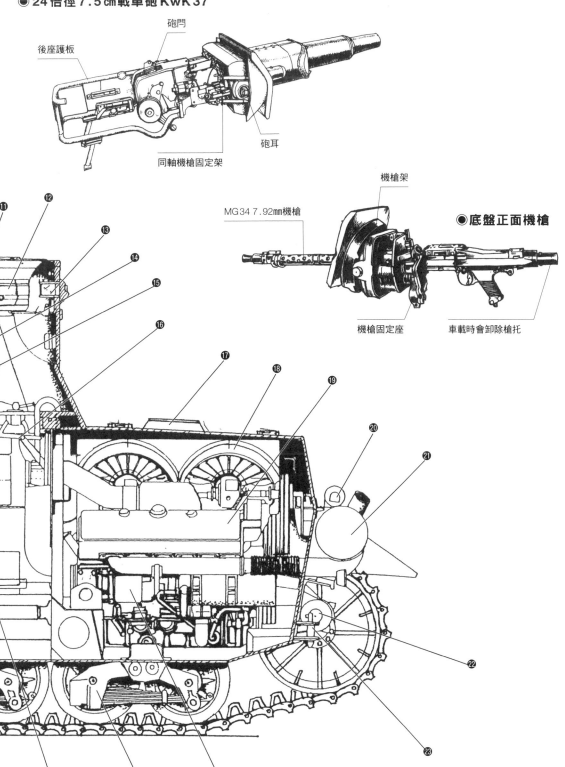

● **24倍徑7.5㎝戰車砲KwK37**

砲門

後座護板

砲耳

同軸機槍固定架

機槍架

MG34 7.92mm機槍

● **底盤正面機槍**

機槍固定座

車載時會卸除槍托

⑪ ⑫ ⑬ ⑭ ⑮ ⑯ ⑰ ⑱ ⑲ ⑳ ㉑ ㉒ ㉓ ㉔ ㉕ ㉖

I號戰車

II號戰車

38（t）戰車

III號戰車

IV號戰車

豹式

虎I式

虎II式

其他的車輛

計畫戰車

戰後戰車

■IV號戰車G型

1941年6月22日爆發德蘇戰後，德軍很快就遭遇到蘇軍的新型戰車T-34。由於T-34的火力與防護力皆優於德軍的III號戰車及IV號戰車，因此德軍便得趕緊強化III號戰車、IV號戰車的火力。

IV號戰車的火力強化工作，在德蘇戰爆發前的1941年2月便已展開。當初造出的是搭載60倍徑5cm砲與搭載34.5倍徑7.5cm砲的原型車，但皆因威力不足而未採用，只得繼續研製火力更強的7.5cm砲。1942年初，43倍徑的KwK40研製完成，該年3月便開始生產將F型主砲換成KwK40砲的G型（剛開始生產時稱為F2型）。

43倍徑的KwK40於射程1,000m可貫穿63mm傾斜裝甲板，性能足以對抗T-34/76，但由於火力需要進一步強化，因此自1943年4月開始又換用貫穿力更強的48倍徑7.5cm戰車砲KwK40。

除了加長砲管之外，G型也在生產途中變更砲口制退器、廢除砲塔側面窺視窗、加裝備用承載輪架、移動車載工具位置等。到了1942年夏季，底盤正面及底盤上層正面會加裝30mm附加裝甲，1943年4月開始配備裙板，5月則加裝空氣濾清器，使G型後期量產車幾乎等同於H型早期量產車的構型。

G型在1943年6月之前製造了1,930輛。

自1942年4月起，廢除砲塔正面右側與側面前方的窺視窗。

裝上雙孔式砲口制退器

■IV號戰車G型 中期量產車

全長：6.63m　全寬：2.88m
全高：2.68m　重量：23.6t
乘員：5名
武裝：43倍徑7.5cm戰車砲KwK40×1門、
　　　MG34 7.92mm機槍×2挺
最大裝甲厚度：50mm
引擎：梅巴赫邁巴赫HL120TR（300hp）
最大速度：40km/h

1942年7月將Notek防空燈換成Bosch防空燈，到了9月則於右側加裝同款防空燈。

底盤正面與頂面加裝備用履帶架

加裝擋泥板支架

■IV號戰車G型 早期量產車（F2型）

全長：6.63m　全寬：2.88m　全高：2.68m
重量：23.6t　乘員：5名
武裝：43倍徑7.5cm戰車砲KwK40×1門、
　　　MG34 7.92mm機槍×2挺
最大裝甲厚度：50mm
引擎：梅巴赫邁巴赫HL120TR（300hp）
最大速度：40km/h

使用單孔式砲口制退器

主砲為43倍徑7.5cm戰車砲KwK40

除主砲之外與F型相同

1943年5月廢除砲塔側面前方的3聯裝煙幕彈發射器（裝備期間為該年3～4月）

1943年4月開始換裝48倍徑7.5cm戰車砲KwK40

1943年4月開始加裝裙板

1943年1月開始對所有量產車加裝30mm附加裝甲

■IV號戰車G型 後期量產車

全長：7.02m　全寬：2.88m　全高：2.68m
重量：25t　乘員：5名
武裝：48倍徑7.5cm戰車砲KwK40×1門、
　　　MG34 7.92mm機槍×2挺
最大裝甲厚度：80mm（50＋30mm）
引擎：梅巴赫邁巴赫HL120TR（300hp）
最大速度：40km/h

■Ⅳ號戰車 H 型

Ⅳ號戰車的長砲管型，在 G 型之後於 1943 年 4 月開始生產的 H 型達到完成領域。H 型在研製時曾擬定在底盤前方至戰鬥艙採用傾斜裝甲的新型底盤上層設計案，但由於會增加重量而未採用。

最後，它僅以增厚裝甲板的方式提升防護力，自 1943 年 6 月的量產車開始將原本 50mm＋30mm 的底盤正面及底盤上層正面裝甲板強化為單片 80mm 裝甲板，且從一開始便將抵擋戰防槍與成形裝藥彈用的裙板列為標準配備。

另外，它在生產期間也有變更主動輪與承載輪輪轂蓋、變更減震桿、換用鋼質頂支輪。

H 型除了強化火力、防護力之外，也簡化了生產程序，藉此提高量產性。它廢除底盤上層側面前方的窺視窗以及砲塔後方左右側的手槍射口，並將底盤背面底部形狀進一步簡化。

在 1944 年 2 月之前，H 型約生產了 2,322 輛。

■Ⅳ號戰車 J 型

雖然Ⅳ號戰車在幾經改良的 H 型可說已經達到完成領域，但在遼闊的東部戰線進行運用，仍有最大行程不足的問題。為此，自 1944 年 2 月開始又改為生產增加最大行程的 J 型。

J 型卸除砲塔迴轉用輔助引擎與發電機，加裝 200ℓ 容量的燃油箱，使最大行程從 H 型的 210km 增加至 320km（T-34/85 的最大行程約為 300km）。然而，由於卸除砲塔迴轉用輔助引擎的緣故，使得砲塔只能靠手動迴轉，增加射手與裝填手的工作負擔。若單就戰鬥力而論，J 型算是減分比較多，可見在遼闊的東部戰線，最大行程（戰術機動力）是何等重要。

除此之外，J 型也進一步簡化生產工程，使得 1945 年 4 月之前造出的 J 型達到 3,150 輛。Ⅳ號戰車 H 型/J 型於大戰後半期與豹式一起擔綱德軍裝甲部隊主力，並肩力抗盟軍戰車。

Ⅳ號戰車 H 型

1943 年 6 月開始將底盤上層正面裝甲強化為 80mm 單片式

1943 年 9 月開始塗布防磁紋塗層

全長：7.02m　全寬：2.88m
全高：2.68m　重量：25t
乘員：5名
武裝：48倍徑7.5㎝戰車砲
　　　KwK40×1門、MG34 7.92mm
　　　機槍×2挺
最大裝甲厚度：80mm
引擎：梅巴赫邁巴赫
　　　HL 120 TR（300hp）
　　　最大速度：40km/h

廢除右側 Bosch 防空燈

生產時便於砲塔與底盤側面裝設裙板

底盤正面裝甲也強化為 80mm

Ⅳ號戰車 J 型

全長：7.02m　全寬：2.88m
全高：2.68m　重量：25t
乘員：5名
武裝：48倍徑7.5㎝戰車砲
　　　KwK40×1門、MG34 7.92mm
　　　機槍×2挺
最大裝甲厚度：80mm
引擎：梅巴赫邁巴赫
　　　HL 120 TR（300hp）
　　　最大速度：40km/h

1944 年 9 月開始採用金網型裙板

1944 年 9 月開始廢除防磁紋塗層

1944 年 12 月開始將頂支輪從 4 對改成 3 對

●Ⅳ號指揮戰車

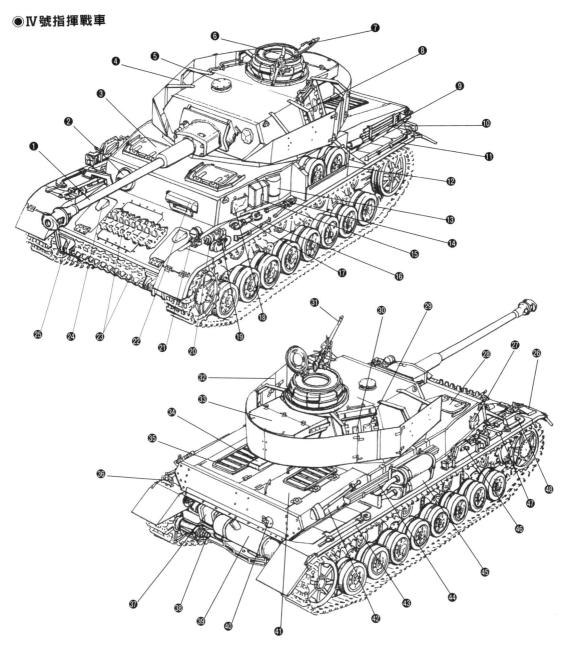

❶ 48倍徑7.5㎝戰車砲KwK40
❷ MG34球形機槍架
❸ 無線電手門蓋
❹ 裙板
❺ 換氣鼓風機
❻ 車長展望塔
❼ 展望塔門蓋
❽ 射手門蓋
❾ 天線基座
❿ 通砲桿
⓫ 鐵撬
⓬ 備用承載輪架（可放2個承載輪）
⓭ 通風口裝甲護蓋
⓮ 破壞剪
⓯ 千斤頂台座
⓰ 鐵撬
⓱ 板手

⓲ 駕駛手窺視窗
⓳ C形扣環（2個）
⓴ 滅火器
㉑ Bosch防空燈
㉒ 駕駛手窺視窗
㉓ 備用履帶架
㉔ 通風口裝甲護蓋
㉕ 拖鉤座
㉖ 斧頭
㉗ 無線電手窺視窗
㉘ 無線電手門蓋
㉙ 窺視窗（裝填手門蓋前方）
㉚ 射口裝甲護蓋（裝填手門蓋後方）
㉛ MG34 7.92㎜機槍
㉜ 裙板側面開閉板
㉝ 儲物箱
㉞ 散熱器冷卻水注入口護蓋

㉟ 散熱器檢修門
㊱ 車距表示燈
㊲ 砲塔迴轉用輔助引擎消音器
㊳ 履帶張力調節器
㊴ 主引擎用消音器
㊵ 散熱器冷卻風扇停止裝置護蓋
㊶ 冷卻風扇檢修門
㊷ 圓鍬
㊸ 履帶張力調節工具
㊹ 天線容器
㊺ 空氣濾清器
㊻ 千斤頂
㊼ 引擎啟動用曲柄
㊽ 履帶更換工具

80

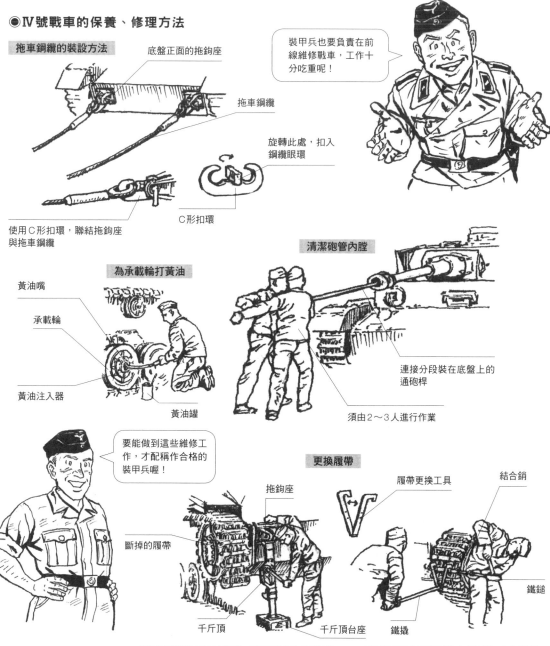

●Ⅳ號戰車的保養、修理方法

拖車鋼纜的裝設方法

底盤正面的拖鉤座

拖車鋼纜

旋轉此處，扣入
鋼纜眼環

C形扣環

使用C形扣環，聯結拖鉤座
與拖車鋼纜

裝甲兵也要負責在前
線維修戰車，工作十
分吃重呢！

清潔砲管內膛

連接分段裝在底盤上的
通砲桿

須由2～3人進行作業

為承載輪打黃油

黃油嘴

承載輪

黃油注入器

黃油罐

要能做到這些維修工
作，才配稱作合格的
裝甲兵喔！

更換履帶

拖鉤座

履帶更換工具

結合銷

斷掉的履帶

鐵鎚

千斤頂

千斤頂台座

鐵撬

將千斤頂置於千斤頂台座，讓千斤頂固定面頂住
拖鉤座底面，轉動手柄使其抬升

以履帶更換工具與鐵撬卡好履帶，再以鐵鎚
敲入結合銷

手動啟動引擎

通常會以啟動馬達發動引擎

位於底盤背面下方
中央的引擎啟動用
曲柄插孔

主引擎用
消音器

插入曲柄後
轉動

調節履帶張力

設置於底盤背面下方左右兩側的履帶
張力調節器（圖為底盤右側）

將板手卡入定位
後轉動

Ⅰ號戰車

Ⅱ號戰車

38(t)戰車

Ⅲ號戰車

Ⅳ號戰車

豹式

虎Ⅰ式

虎Ⅱ式

其他的戰車

驅逐戰車

突擊砲車

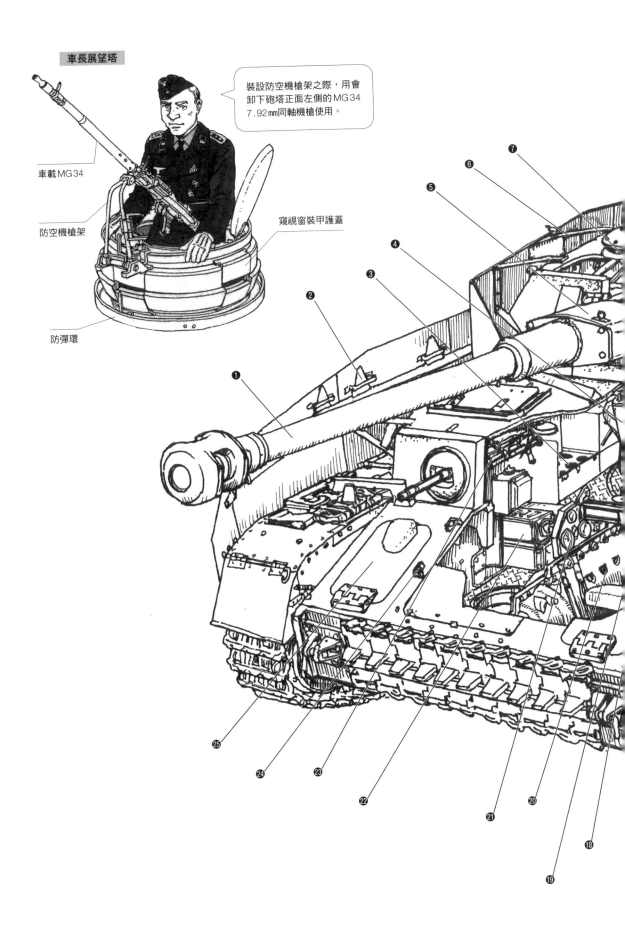

車長展望塔

車載 MG34

防空機槍架

防彈環

窺視窗裝甲護蓋

裝設防空機槍架之際，用會卸下砲塔正面左側的 MG34 7.92mm同軸機槍使用。

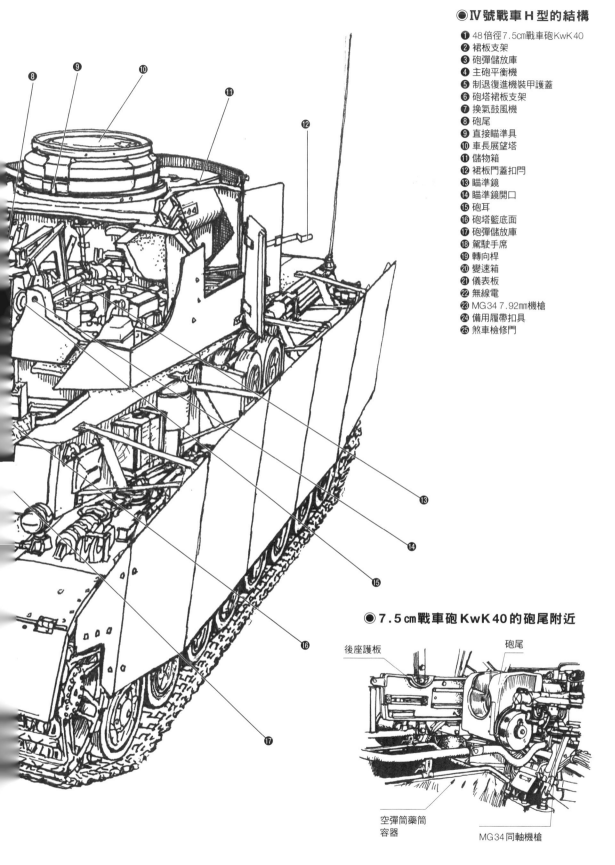

●Ⅳ號戰車Ｈ型的結構

❶ 48倍徑7.5cm戰車砲KwK 40
❷ 裙板支架
❸ 砲彈儲放庫
❹ 主砲平衡機
❺ 制退復進機裝甲護蓋
❻ 砲塔裙板支架
❼ 換氣鼓風機
❽ 砲尾
❾ 直接瞄準具
❿ 車長展望塔
⓫ 儲物箱
⓬ 裙板門蓋扣門
⓭ 瞄準鏡
⓮ 瞄準鏡開口
⓯ 砲耳
⓰ 砲塔籃底面
⓱ 砲彈儲放庫
⓲ 駕駛手席
⓳ 轉向桿
⓴ 變速箱
㉑ 儀表板
㉒ 無線電
㉓ MG34 7.92㎜機槍
㉔ 備用履帶扣具
㉕ 煞車檢修門

●7.5cm戰車砲KwK 40的砲尾附近

後座護板
砲尾
空彈筒藥筒
容器
MG34同軸機槍

Ⅰ號戰車
Ⅱ號戰車
38（t）戰車
Ⅲ號戰車
Ⅳ號戰車
柳式
虎Ⅰ式
虎Ⅱ式
其他的車輛
計畫戰車
書末資料

IV號戰車的衍生型

■IV號指揮戰車

在日益激烈的戰場上，配備60倍徑5cm戰車砲KwK39的III號指揮戰車K型都嫌火力不足。有鑑於此，配備48倍徑7.5cm戰車砲KwK40，以IV號戰車H型／G型為基礎研改而成的指揮戰車便應運而生。

IV號指揮戰車有加裝F8無線電的Sd.Kfz.267與加裝Fu7的Sd.Kfz.268兩種，Sd.Kfz.268使用與一般型同款的天線基座，裝上Fu7用1.4m天線。Sd.kfz.267則於砲塔頂面右側的換氣鼓風機外側加裝天線基座，配備Fu5用天線，並於動力艙後方右端加裝的天線基座裝上Fu8用的1.8m星形天線。另外，Sd.Kfz.267與Sd.Kfz.268皆於車長展望塔前方內部設置可升降的TSR.1潛望鏡。

自1944年3月至1945年1月，改造車與新造車總共生產103輛。

■IV號潛水戰車

為執行登陸英國本土的「海獅作戰」，將48輛D型與85輛E型改造為潛水戰車。比照III號潛水戰車，於砲塔環與各門蓋實施防水處理，主砲防盾、前方機槍、動力艙進氣口也加裝防水罩。

然而，由於「海獅作戰」中止執行，因此IV號潛水戰車大多配賦於東部戰線活動的第18裝甲師與第7裝甲師等單位，當成一般戰車使用。

■IV號砲兵觀測戰車

德軍以III號砲兵觀測戰車伴隨砲兵團的自走砲，於前線執行彈著觀測工作，但該型車僅配備MG34機槍，不具反戰車能力。有鑑於砲兵觀測戰車也有戰鬥能力需求，便於1944年4月開始以搭載7.5cm戰車砲KwK40的IV號戰車為基礎，製造砲兵觀測戰車。

IV號砲兵觀測戰車是利用自前線送回來維修的H型與J型進行改造，加裝Fu4與Fu8無線電。

IV號指揮戰車

全長：7.02m　全寬：2.88m
全高：2.68m（不含天線）　重量：25t　乘員：5名
武裝：48倍徑7.5cm戰車砲KwK40×1門、MG34
　　　7.92mm機槍×1挺
最大裝甲厚度：80mm
引擎：梅巴赫邁巴赫HL120TR（300hp）
最大速度：40km/h

於車長展望塔左前方配備TSR.1潛望鏡

動力艙後方右側也加裝天線基座，裝設Fu8用星形天線。

換氣鼓風機右側加裝天線基座，裝設Fu5用天線。

以IV號戰車G型與H型為基礎

IV號潛水戰車D型

全長：5.92m　全寬：2.84m　全高：2.68m
重量：20t　乘員：5名
武裝：24倍徑7.5cm戰車砲KwK37×1門、
　　　MG34 7.92mm機槍×2挺
最大裝甲厚度：30mm
引擎：梅巴赫邁巴赫HL120TR（300hp）
最大速度：40km/h

車長展望塔、砲塔正面、前方機槍加裝防水罩

除D型之外，也有以E型為基礎造出潛水戰車

車長展望塔上配備呼吸管

IV號戰車 豹式F型砲塔搭載型

使用IV號戰車J型底盤

搭載豹式F型砲塔

砲塔頂面右側加裝的天線基座裝上Fu4用1.4m天線，動力艙背面右側上方加裝的天線基座則裝設Fu8用1.8m星形天線。另外，它也卸除MG34同軸機槍，並將車長展望塔換成III號突擊砲G型款式。

IV號砲兵觀測戰車在1945年3月之前造了133輛。

■IV號裝甲架橋車

IV號裝甲架橋車由克虜伯公司與馬吉爾斯公司以IV號戰車C型/D型底盤造出20輛IV號裝甲架橋車b型，克虜伯公司又利用IV號戰車F型底盤造出4輛裝甲架橋車c型。

克虜伯公司的裝甲架橋車以立倒式吊桿吊起車橋，往前方伸出，馬吉爾斯公司的車型則採用讓車橋往前方滑出的方式。

■IV號彈藥運輸車

040/041卡爾裝置（Karl-Gerät）也就是知名的60cm卡爾臼砲。為了運送它的60cm砲彈，利用IV號

戰車D型/E型/F型底盤改造出12輛專用車型。

它在底盤上層右側前方加裝電動吊桿，後方設置可容納4發砲彈的大型彈藥容器。在這12輛當中，有2輛後來配合換裝主砲的卡爾，改裝成54cm砲彈運輸用車型。

■IV號裝甲救濟車

由前線送回來維修的IV號戰車進行轉用，於1944年10月～1945年3月造出21輛裝甲救濟車。

它以木製蓋板封閉砲塔環開口，於蓋板右側設置進出門蓋。底盤頂面的駕駛/無線電手門蓋之間設置滑輪，頂面右側放置脫離軟質地面用角材，左側裝有分解狀態的2t吊桿。

■IV號戰車
豹式F型砲塔搭載型

到了大戰後期，即便配備48倍徑7.5cm戰車砲KWK40，也很難抗衡蘇聯戰車。

為了強化IV號戰車的火力，便計畫讓它搭載與豹式同型的70倍徑7.5cm戰車砲KwK42。雖然曾製作全尺寸模型用以檢證，但由於砲塔內部容積不足，判斷無法搭載70倍徑戰車砲KwK42，此案因此作廢。

然而，IV號戰車的火力強化方案仍有繼續推動。1944年11月，克虜伯公司利用IV號戰車底盤搭載當時正在研製的豹式F型用「窄型砲塔」，並向兵器局提出這項設計案。最後此案因待解決的問題過多（重量過重、駕駛/無線電手門蓋的配置等），未能付諸實現。

■其他試製、計畫車輛

除了試製流體變速機型、突擊橋搭載車、於底盤前方加裝除雷滾輪的除雷車、直接利用IV號戰車行駛裝置的裝甲渡輪、液化瓦斯燃料實驗車等車型之外，克虜伯公司也有規劃簡化生產型砲塔案。

IV號裝甲架橋車b型

全長：11m　全寬：3m　全高：3.54m
重量：28t　乘員：2名
武裝：MG34 7.92mm機槍×1挺
最大裝甲厚度：30mm
引擎：梅巴赫邁巴赫HL120TR（300hp）
最大速度：40km/h

吊起車橋用的吊桿
車橋
迴轉式吊桿
卡爾自走臼砲的砲彈
砲彈儲放庫
使用IV號戰車C型/D型底盤
使用IV號戰車D型/E型/F型底盤

IV號彈藥運輸車

Ⅳ號自走戰防砲

■搭載 10.5 cm K 18 的Ⅳ號 a 型裝甲自走底盤

利用Ⅳ號戰車底盤構成的首款自走砲「搭載 10.5 cm K 18 的Ⅳ號 a 型裝甲自走底盤」是由兵器局第 6 處第 6 課提案、克虜伯公司製造，用以攻擊敵碉堡的自走砲。

底盤選自當時德軍生產數量最大的Ⅳ號戰車，使用 D 型的底盤下層，底盤上層則重新設計。全長 7.52 m、全高 3.25 m、全寬 2.84 m、重量 25 t 的底盤後方配置開放式戰鬥艙，搭載 52 倍徑 10.5 cm 加農砲 K 18。

1940 年初完成 2 輛原型車，1941 年 5 月將該型車的運用方法由攻擊碉堡改成戰車防禦。搭載 10.5 cm K 18 的Ⅳ號 a 型裝甲自走底盤原本預定於 1942 年開始量產，但最後卻沒有投入生產，僅製造 2 輛原型車。

這 2 輛搭載 10.5 cm K 18 的Ⅳ號 a 型裝甲自走底盤後來交給第 521 戰車驅逐營第 3 連，於 1941 年夏季投入東部戰線。配賦部隊時，它加裝了砲管行軍鎖，並將砲口制退器換成另種款式。

雖然這 2 輛車都在歷經數次戰鬥後喪失，但 52 倍徑 10.5 cm 砲

搭載 10.5 cm K 18 的Ⅳ號 a 型裝甲自走底盤

全長：7.52 m　全寬：2.84 m
全高：3.25 m　重量：25 t
乘員：5 名
武裝：52 倍徑 10.5 cm 加農砲
　　　K 18×1 門、MG 34 7.92 mm
　　　機槍×1 挺
最大裝甲厚度：30 mm
引擎：梅巴赫邁巴赫
　　　HL 120 TR（300 hp）
最大速度：40 km/h

主砲為 10.5 cm 加農砲 K 18

戰鬥艙後方為開放式

修改自Ⅳ號戰車 D 型底盤

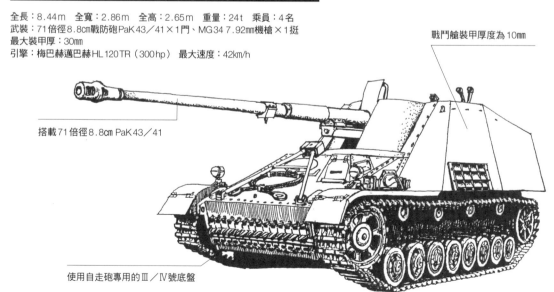

犀牛式（1943 年 5 月以降的量產車）

全長：8.44 m　全寬：2.86 m　全高：2.65 m　重量：24 t　乘員：4 名
武裝：71 倍徑 8.8 cm 戰防砲 PaK 43／41×1 門、MG 34 7.92 mm 機槍×1 挺
最大裝甲厚：30 mm
引擎：梅巴赫邁巴赫 HL 120 TR（300 hp）　最大速度：42 km/h

戰鬥艙裝甲厚度為 10 mm

搭載 71 倍徑 8.8 cm PaK 43／41

使用自走砲專用的Ⅲ／Ⅳ號底盤

的火力確實相當威猛，砲管曾漆上7條擊破功標與「32 to」字樣，可見它有多麼神勇。前線乘員並不會以制式名稱「搭載10.5cm K18的Ⅳ號a型裝甲自走底盤」稱之，而是會叫它的綽號「大麥克斯（Dicker Max）」。

■犀牛式

德軍從1941年後半開始研製搭載7.62cm戰防砲PaK 36（r）或7.5cm戰防砲PaK 40的貂鼠自走戰防砲等車型，投入戰場對抗蘇軍的T-34中戰車與KV重戰車。雖然它們都如預期創下戰果，但仍需要一款能夠從更遠距離發動

攻擊的車型，因此便於1942年初，決定以自走砲專用的Ⅲ／Ⅳ號底盤搭載克虜伯公司正在研製的新型8.8cm戰防砲PaK 43，構成自走戰防砲。

1942年10月，搭載PaK 43車載型PaK 43／1的原型車打造完成，以「Ⅲ／Ⅳ號底盤搭載8.8cm PaK 43／1的自走砲Sd.Kfz.164胡蜂式」為名制式採用，1943年2月開始量產。

胡蜂式於該年7月的庫斯克會戰投入實戰，火力強過虎Ⅰ式與豹式，和斐迪南式驅逐戰車並列為德軍最強戰鬥車輛，充分展現身手。

1944年1月，它將名稱自「胡蜂式」改為「犀牛式」。犀牛式在量產的同時也有實施改良、構型變更，包括廢除底盤背面消音器、修改行軍砲鎖、變更拖車鋼纜裝設位置等，且伴隨Ⅳ號戰車的構型變更，承載輪轂蓋與履帶形狀等處也有配合調整。

犀牛式原本預定於1943年12月結束生產，但由於搭載具備壓倒性火力的71倍徑8.8cm PaK 43／41的車輛仍有必要性，因此生產工作一直持續到戰爭即將結束的1945年3月，最後總共造494輛。

胡蜂式（犀牛式 最早期量產車）

配備砲隊鏡

配備早期型砲管行軍鎖

搭載71倍徑8.8cm PaK 43／41

使用Ⅲ號戰車G型／H型的主動輪

配備橫式大型消音器

●底盤背面的變化

消音器

排氣管

車距表示燈

1943年3月前的量產車

排氣管改成向後排氣

1943年4月以降的量產車

廢除消音器，加裝備用承載輪架

●砲管行軍鎖

1943年4月量產車之前的早期型

1943年5月量產車以降的後期型

Ⅳ號自走榴彈砲

■搭載10.5cm leFH18／1 的Ⅳ號b型自走砲

接續搭載10.5cm K18的Ⅳ號a型裝甲自走底盤，陸軍兵器局第6處第6課又要求克虜伯公司研製一款搭載28倍徑10.5cm leFH18／1榴彈砲的自走砲，該公司則提出利用Ⅳ號戰車底盤的改裝設計案。原型1號車與2號車於1941年底完成，1942年1月開始實施測試。

經測試之後，決定繼續製造10輛先導量產型O系列，於該年11月生產完成，由兵器局賦予制式型號「搭載10.5cm leFH18／1

的Ⅳ號b型自走砲」。

搭載10.5cm leFH18／1的Ⅳ號b型自走砲雖然是由Ⅳ號戰車底盤轉用，但全長較短（承載輪從8對減為6對），底盤下層有大幅修改。至於底盤上層則重新設計，前方駕駛艙左側為駕駛手席，右側為無線電手席，中央搭載砲塔，動力艙置於後方。

砲塔為開頂式，無法全周迴轉，而是左右各有35°射角。砲塔內有車長、射手、裝填手3名人員，儲放60發砲彈。10.5cm榴彈砲leFH18／1的發射速度為6發／分，最大射程10,500m，

火力十分充足。由於它是自走砲，因此裝甲較薄，底盤正面僅有20mm。不過它的重量也減至17t，在梅巴赫邁巴赫HL66（188hp）引擎的驅動下，可發揮45km/h的最大速度，機動性能良好。

搭載10.5cm leFH18／1的Ⅳ號b型自走砲原本預定自1943年1月開始生產200輛，但由於專用底盤的生產性較差，且成本過高，再加上於同時期並行研製，使用Ⅲ／Ⅳ號底盤的蚱蜢式性能表現較佳，因此搭載10.5cm leFH18／1的Ⅳ號b型自走砲便於1942年11月中止研製。

搭載10.5cm leFH18／1的Ⅳ號b型兵器運輸車蚱蜢式10

全長：6.57m　全寬：2.9m　全高：2.65m
重量：24t　乘員：5名
武裝：28倍徑10.5cm輕榴彈砲leFH18／6×1門
最大裝甲厚度：30mm
引擎：梅巴赫邁巴赫HL90（360hp）
最大速度：38km/h

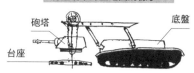

將砲塔卸下至地面的樣子。

砲塔　　　　　　　　　底盤
台座

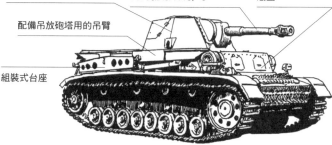

全周迴轉砲塔可以吊放至地面當成砲台使用

配備吊放砲塔用的吊臂

組裝式台座

搭載蚱蜢式專用的10.5cm leFH18／6

修改自犀牛式／野蜂式用的Ⅲ／Ⅳ號底盤

搭載10.5cm leFH18／1的Ⅳ號b型自走砲

全長：5.9m　全寬：2.87m　全高：2.25m　重量：17t
乘員：4名
武裝：28倍徑10.5cm輕榴彈砲leFH18／6×1門
最大裝甲厚度：20mm
引擎：梅巴赫邁巴赫HL66TR（188hp）
最大速度：35km/h

主砲為10.5cm leFH18的車載型leFH18／1

使用Ⅳ號戰車底盤，但全長較短

開頂式戰鬥艙

承載輪從8對改成6對

動力艙頂面結構，配置與Ⅳ號戰車大不相同

搭載10.5cm leFH18／40／2的Ⅲ／Ⅳ號自走榴彈砲

全長：7.195m　全寬：3.0m　全高：3m
重量：25t　乘員：5名
武裝：28倍徑10.5cm輕榴彈砲leFH18／40／2×1門
最大裝甲厚度：30mm
引擎：梅巴赫邁巴赫HL90（360hp）
最大速度：42km/h

10.5cm leFH18／40／2主砲可吊放至地面使用

戰鬥艙側面可以開閉

修改自犀牛式／野蜂式用的Ⅲ／Ⅳ號底盤

動力艙採獨有設計

■搭載10.5cm leFH 18／1 的IV號b型兵器運輸車蚱蜢式10

搭載10.5cm leFH 18／1的IV號b型自走砲正在研製時，兵器局第6處第6課又於1942年春季要求克虜伯公司與萊茵金屬公司以新的設計概念搭載同款28倍徑10.5cm榴彈砲leFH 18／1，發展另一款自走砲。

依據要求，新型自走砲必須能讓配備leFH 18／1的砲塔進行全周迴轉，且必要時還能將砲塔自底盤吊放至地面，當成砲台使用。克虜伯公司按照兵器局的要求條件，於1943年3月完成3輛原型車。克虜伯公司的自走砲原型車稱為蚱蜢式10，比照犀牛式和野蜂式，以III／IV號底盤修改而成。蚱蜢式10的最大特徵

在於它的開頂式砲塔能從底盤吊放至地面，當成砲台使用，因此底盤構造相當獨特，與其他車型大不相同。其底盤左右側面裝有吊放砲塔用的立倒式起重吊臂，還有用來承載下卸砲塔的組裝式台座，以及移動砲台用的輪子。

雖然蚱蜢式10有進行實用化測評，但最後僅停留在原型車階段。概念頗佳的蚱蜢式10之所以未能獲得採用，是因為該型車的研製工作太花時間，且在此期間急遽展開暫定性研製，搭載同款10.5cm榴彈砲leFH 18／1的II號自走砲黃蜂式完成度也比較高，當蚱蜢式10的原型車造完時，黃蜂式已經開始量產。

另外，蚱蜢式10的量產型也有考慮將主砲換成火力更強的leFH 43。

■搭載10.5cm leFH 18／40／2的III／IV號自走榴彈砲

為因應兵器局第6處第6課提出以III／IV號底盤搭載配備10.5cm leFH 18／1的迴轉砲塔、必要時能將砲塔自底盤吊放至地面當成砲台使用的新型自走砲研製要求，萊茵金屬公司於1944年完成搭載10.5cm leFH 18／40／2的III／IV號自走榴彈砲原型車。

這款原型車要與克虜伯公司的車型進行評比，雖然和克虜伯的蚱蜢式10類似，但是相對蚱蜢式10是將整個砲塔下卸至地面當成砲台使用，萊茵金屬公司搭載10.5cm leFH 18／40／2的III／IV號自走榴彈砲則只下卸火砲，比照一般火砲使用，且它也沒有配備吊放火砲用的起重吊臂等器材。

野蜂式 早期型

全長：7.17m　全寬：2.97m　全高：2.81m
重量：23t　乘員：5名
武裝：30倍徑15cm重榴彈砲sFH18／1×1門、
　　　MG34 7.92mm機槍×1挺
最大裝甲厚度：30mm
引擎：梅巴赫邁巴赫HL 120 TRM（300hp）
最大速度：42km/h

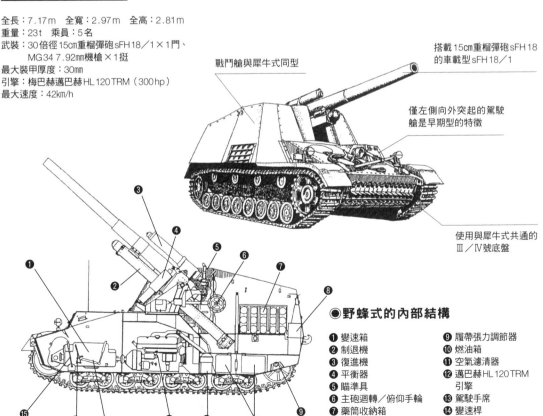

搭載15cm重榴彈砲sFH18的車載型sFH18／1

戰鬥艙與犀牛式同型

僅左側向外突起的駕駛艙是早期型的特徵

使用與犀牛式共通的III／IV號底盤

●野蜂式的內部結構

❶ 變速箱
❷ 制退機
❸ 復進機
❹ 平衡器
❺ 瞄準具
❻ 主砲迴轉／俯仰手輪
❼ 藥筒收納箱
❽ 砲彈儲放庫
❾ 履帶張力調節器
❿ 燃油箱
⓫ 空氣濾清器
⓬ 邁巴赫HL 120 TRM引擎
⓭ 駕駛手席
⓮ 變速桿
⓯ 轉向桿

萊茵金屬的自走砲原型車跟克虜伯的蚱蜢式10一樣，完成度皆很高，但當時已經沒有餘裕生產太多種戰鬥車輛，有鑑於II號自走砲黃蜂式已經制式採用，因此僅製造1輛原型車便停止研製。

■野蜂式

德軍於1942年開始正式研製一款搭載主力榴彈砲15cm sFH18的自走砲，在1942年7月決定使用專為自走砲研改的III／IV號底盤，於該年10月便完成1號原型車。1943年2月賦予制式名稱「搭載15cm sFH18／1的III／IV號自走砲野蜂式」，開始投入量產。

野蜂式除了火砲與備品之外，自底盤上層至戰鬥艙皆與犀牛式相同。位於後方的戰鬥艙就自走砲而言是一種理想配置，且還能與犀牛式通用，生產性較高，因而能夠成功。

其全長為7.17m、全寬2.97m、全高2.81m、重量23t，裝甲厚度為底盤正面30mm／20°、前方頂面15mm／73°、駕駛艙正面30mm／26°、頂面15mm／90°、側面20mm／0°、背面22mm／10～75°、戰鬥艙正面10mm／37°、側面10mm／16°、背面10mm／10°。

野蜂式於庫斯克會戰首次投入實戰，就自走砲而言性能非常優異，因此生產工作一直持續到1945年戰爭結束前，總共完成714輛。

野蜂式也和其他德國AFV一樣，會依生產時期而有數次改良與構型變更，在外觀上形成變化。若要大致區分，於底盤背面配備消音器的是極早期型，廢除消音器的是早期型，駕駛艙外突結構較大的則是後期型。

■IV號戰車搭載火箭發射器原型車

IV號戰車系列是衍生型頗多的二次大戰德國車輛，其中較特別的車型之一，便是火箭發射器搭載車。

它的底盤使用較舊的IV號戰車C型，使用新設計的全周迴轉砲塔，於砲塔後方配備可容納4枚28cm／32cm火箭彈的可動式火箭發射器。實車照片只有1張，制式名稱與詳情不明，應該只有做出1輛原型車。

野蜂式 後期型

包含無線電手這邊，擴大駕駛艙。

進排氣百葉窗加裝金屬罩

野蜂式彈藥運輸車

卸除主砲，以裝甲板封閉戰鬥艙正面。

卸除砲管行軍鎖

IV號戰車搭載火箭發射器原型車

全長：5.92m　全寬：2.83m
武裝：28cm／32cm火箭彈×4枚
最大裝甲厚度：30mm
引擎：梅巴赫邁巴赫HL120TR（300hp）
最大速度：40km/h

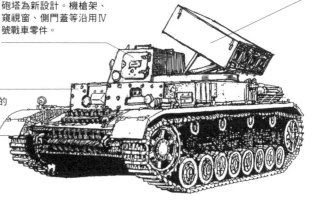

砲塔後方搭載可裝填4枚火箭彈的可動式火箭發射器

砲塔為新設計。機槍架、窺視窗、側門蓋等沿用IV號戰車零件。

使用正面加掛附加裝甲的IV號戰車C型底盤

Ⅳ號突擊戰車與突擊砲

■Ⅳ號突擊戰車灰熊式

埃克特公司為了研製33B型Ⅲ號突擊步兵砲的後繼車型，自1943年4月開始以Ⅳ號戰車為基礎著手發展，推出Ⅳ號突擊戰車灰熊式。

灰熊式是在Ⅳ號戰車底盤上新增戰鬥艙，搭載15cm突擊砲StuH43。既然稱作突擊戰車，它的裝甲自然也相當強韌，底盤正面為50＋50mm/14°，戰鬥艙為正面100mm/40°、側面50mm/18°。

1943年4～5月，第一生產批次造了60輛，前8輛使用Ⅳ號戰車E型或F型底盤，以降52輛則使用G型底盤。這60輛可歸類為早期型。

第一批次生產完畢後，於1943年12月再度展開灰熊式的生產工作。1944年4月之前生產的61輛稱為中期型，與早期型不同的是，當時Ⅳ號戰車的產線已經轉變為H型，因此底盤也隨之改用H型。

主砲使用新型的StuH43／1。

除了將駕駛手窺視窗換成潛望鏡式，也於戰鬥艙側面後方加裝手槍射口，廢除頂面的射手門蓋，僅留下瞄準鏡的滑開式蓋板。另外，它還加裝換氣鼓風機、於車長／裝填手門蓋前方加裝跳彈塊等，其他細節與行駛裝置也改成以H型為準的構型。

灰熊式自1944年4月起改為生產大幅變更構型的後期型，將戰鬥艙形狀全部更新。戰鬥艙正面裝甲板擴大至與車幅同寬，戰鬥艙側面改以單片裝甲板構成。

Ⅳ號突擊戰車灰熊式 早期型

全長：5.93m　全寬：2.88m　全高：2.52m
重量：28.2t　乘員：5名
武裝：12倍徑15cm突擊榴彈砲StuH43×1門、
　　　MG34 7.92mm機槍×1挺
最大裝甲厚度：100mm
引擎：梅巴赫邁巴赫HL120TRM（300hp）
最大速度：40km/h

使用Ⅳ號戰車E型／F型／G型底盤

搭載15cm StuH43

底盤側面裝有裙板

駕駛艙正面設置窺視窗

Ⅳ號突擊戰車灰熊式 中期型

全長：5.93m　全寬：2.88m　全高：2.52m
重量：28.2t　乘員：5名
武裝：12倍徑15cm突擊榴彈砲StuH43×1門、
　　　MG34 7.92mm機槍×1挺
最大裝甲厚度：100mm
引擎：梅巴赫邁巴赫HL120TRM（300hp）
最大速度：40km/h

中期型會於車體塗布防磁紋塗層

中期型使用Ⅳ號戰車H型底盤

廢除駕駛手窺視窗，換成潛望鏡

Ⅳ號突擊戰車灰熊式 後期型

全長：5.93m　全寬：2.88m
全高：2.52m　重量：28.2t
乘員：5名
武裝：12倍徑15cm突擊榴彈砲
　　　StuH43×1門、
　　　MG34 7.92mm機槍×2挺
最大裝甲厚度：100mm
引擎：梅巴赫邁巴赫
　　　HL120TRM（300hp）
最大速度：40km/h

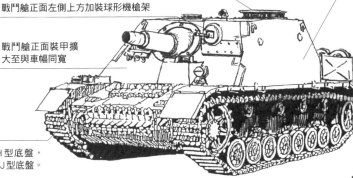

設置與Ⅲ號突擊砲G型同款車長展望塔

1944年9月以降的量產車廢除防磁紋塗層

戰鬥艙正面左側上方加裝球形機槍架

戰鬥艙正面裝甲擴大至與車幅同寬

原本使用Ⅳ號戰車H型底盤，1944年6月以降改用J型底盤。

Ⅰ號戰車
Ⅱ號戰車
38（t）戰車
Ⅲ號戰車
Ⅳ號戰車
豹式
虎Ⅰ式
虎Ⅱ式
其他的車輛
計畫戰車
總說明書

戰鬥艙正面左上方加裝球形機槍架，戰鬥艙頂面的配置也有大幅調整，設置與III號突擊砲G型同款車長展望塔。自1944年9月起，為因應車體重增加，改用全鋼質承載輪，而後期量產車也比照IV號戰車，採用鑄造惰輪、直式消音器，以及後部大型拖鉤座。雖然灰熊式後期型一開始是使用IV號戰車H型底盤，但自6月以降則改用J型底盤。灰熊式在戰爭結束前總共製造306輛。

■IV號突擊砲

1943年11月，埃克特公司遭到空襲，使III號突擊砲的生產工作陷入停滯。由於突擊砲是當時最需要的車型之一，因此便決定在IV號戰車底盤上加裝III號突擊砲G型的戰鬥艙，繼續維持生產突擊砲。

1943年12月，戴姆勒-賓士公司製造了30輛IV號突擊砲，自1944年1月起，生產IV號戰車的克虜伯公司馬德堡工廠則開

始量產正式版，在1945年4月之前總共製造1,141輛。

1944年1月之前的量產車是以IV號戰車H型作為基礎，以降則改用J型底盤。生產途中除了比照IV號戰車H型、J型以及III號突擊砲G型實施相同改良與構型變更，還有調整砲管行軍鎖與駕駛手門蓋形狀、於駕駛艙前方加裝可動式裝甲板等，實施IV號突擊砲獨有的改良。

IV號突擊砲 早期型

全長：6.7mm　全寬：2.95m
全高：2.2m　重量：23t
乘員：4名
武裝：48倍徑7.5cm StuK 40×1門、
　　　MG34 7.92mm機槍×1挺
最大裝甲厚度：80mm
引擎：梅巴赫邁巴赫
　　　HL120TRM（300hp）
最大速度：38km/h

裝填手門蓋前方配備立倒式機槍防盾

搭載48倍徑7.5cm StuK 40

有不少車輛會在駕駛艙正面填上水泥，藉此提高防護力

底盤側面裝設裙板

使用IV號戰車H型底盤

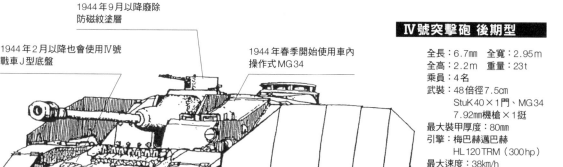

1944年9月以降廢除防磁紋塗層

1944年2月以降也會使用IV號戰車J型底盤

1944年春季開始使用車內操作式MG34

IV號突擊砲 後期型

全長：6.7mm　全寬：2.95m
全高：2.2m　重量：23t
乘員：4名
武裝：48倍徑7.5cm
　　　StuK 40×1門、MG34
　　　7.92mm機槍×1挺
最大裝甲厚度：80mm
引擎：梅巴赫邁巴赫
　　　HL120TRM（300hp）
最大速度：38km/h

驅逐戰車

■E39驅逐戰車（早期設計案）

1942年後半，兵器局第6處第6課指示各廠利用IV號戰車研改成驅逐戰車。1942年12月，克虜伯公司利用已經在製造的搭載10.5cm榴彈砲leFH18／1的IV號b型自走砲底盤，向兵器局提出驅逐戰車設計案。

克虜伯公司的設計案稱為E39驅逐戰車，它是在IV號b型自走砲底盤上層新增搭載48倍徑7.5cm砲PaK39的戰鬥艙，且於底盤正面加裝傾斜裝甲以提升防護力。E39驅逐戰車最後只停留在紙上計畫。

■IV號驅逐戰車

利用IV號戰車底盤研改驅逐戰車的案子，於1942年9月制式決定，由沃格蘭機械公司負責研製。1943年12月完成的IV號驅逐戰車原型車O系列，以傾斜裝甲包覆底盤正面與戰鬥艙，且車高極為低矮，頗具特色。

正面上層裝甲板為60㎜／45°，下層為50㎜／55°，戰鬥艙正面為60㎜／50°，就IV號戰車級的底盤尺寸而言，防護力十分充足，主砲使用與III號突擊砲同級的48倍徑7.5cm砲PaK39。IV號驅逐戰車完成原型車O系列之後，於1944年1月開始進行生產。量產車的基本結構與設計幾乎與O系列相同，但原本由曲面構成的戰鬥艙正面兩側，在量產車改成以普通的平面構成。

在生產的同時，為了解決前方過重的問題，有變更車載裝備配置，並廢除駕駛手機槍射口，以平均重量分配。除此之外，還有對底盤正面／戰鬥艙正面裝甲板進行強化（80㎜）等。

自1944年8月起，搭載70倍徑PaK42的長砲管型IV號戰車

生產時便裝有砲口制退器

IV號驅逐戰車 早期型

全長：6.85mm　全寬：3.17m
全高：1.86m　重量：24t
乘員：4名
武裝：48倍徑7.5cm PaK40×1門、
　　　MG42 7.92㎜機槍×1挺
最大裝甲厚度：80mm
引擎：梅巴赫邁巴赫
　　　HL120 TRM（300hp）
最大速度：40km/h

戰鬥艙正面兩側開設備有裝甲護蓋的機槍射口

IV號驅逐戰車

全長：6.85m　全寬：3.17m　全高：1.86m
重量：24t　乘員：4名
武裝：48倍徑7.5cm PaK40×1門、
　　　MG42 7.92㎜機槍×1挺
最大裝甲厚度：80mm
引擎：梅巴赫邁巴赫HL120 TRM（300hp）
最大速度：40km/h

戰鬥艙正面左側的機槍射口於1944年3月廢除

1944年9月之前有塗上防磁紋塗層

1944年5月底開始廢除砲口制退器

／70（V）開始生產，不久之後也一起製造48倍徑型的IV號驅逐戰車，至該年11月結束生產為止，總共造了802輛。

■IV號戰車／70（V）

IV號驅逐戰車在研製時原本預定搭載與豹式同款的70倍徑7.5㎝戰車砲KwK42，然而因為KwK42必須優先供應給豹式，所以IV號驅逐戰車就暫時無法配備。之所以放棄長砲管化，有一方面也是因為48倍徑7.5㎝砲型已經能夠充分滿足它所扮演的角色。

搭載70倍徑KwK42的改設計型PaK42的IV號驅逐戰車，於1944年4月完成原型車，並從該年8月開始生產，但由於主砲來不及供應，只能暫時並行生產48倍徑7.5㎝砲型。搭載

70倍徑7.5㎝砲PaK42的IV號驅逐戰車，一開始是命名為「IV號戰車長砲管型（V）」，到了11月則將制式名稱改成「IV號戰車／70（V）」。實際上來說，IV號戰車／70（V）是從阿登戰役開始參與實戰。

IV號戰車／70（V）在生產途中也有經過一些改良；9月將第1／第2承載輪換成全鋼質、採用輕量化履帶、換用直式消音器、將頂支輪數量改成單邊3個等、11月於戰鬥艙上加裝2t吊桿裝設基座以及測距儀裝設器具、底盤背面加裝拖鉤座。

11月以降的最後期量產車則廢除了煞車檢修門上的進氣口、變更砲管行軍鎖形狀。IV號戰車／70（V）在1945年4月之前生產了940輛。

■IV號戰車／70（A）

大戰中期，為了提升IV號戰車火力，曾計畫讓它搭載為豹式研製的70倍徑7.5㎝砲KwK42，但在1943年夏季得出IV號戰車的迴轉砲塔不可能搭載KwK42的結論。

然而，為了對抗強大的蘇聯戰車，IV號戰車仍得換裝70倍徑7.5㎝砲，因此該計畫之後仍持續推進。埃克特公司放棄了迴轉式砲塔，在不進行大幅修改的前提下，向兵器局第6處第6課提出以IV號戰車底盤搭載IV號戰車／70（V）戰鬥艙的設計案。

這款設計案獲採用為IV號戰車／70（A），於1944年6～7月完成原型車。IV號戰車／70（A）自8月開始於尼伯龍工廠展開量產，在1945年3月之前製造278輛。

▌IV號戰車／70（V）

全長：8.5mm　全寬：3.2m　全高：2.0m
重量：25.5t　乘員：4名
武裝：70倍徑7.5㎝PaK42×1門、
　　　MG42 7.92mm機槍×1挺
最大裝甲厚度：80mm
引擎：梅巴赫邁巴赫HL120TRM（300hp）
最大速度：35km/h

搭載70倍徑7.5㎝PaK42

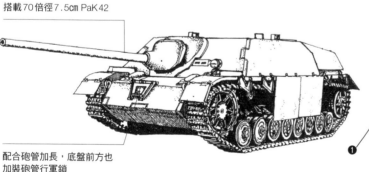
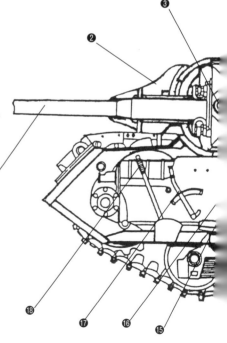

配合砲管加長，底盤前方也加裝砲管行軍鎖

◉IV號戰車／70（V）的內構

❶ 70倍徑7.5㎝PaK42
❷ 防盾
❸ 砲耳
❹ 瞄準鏡
❺ 砲尾
❻ 砲彈架
❼ 車長潛望鏡
❽ 無線電
❾ 進氣管
❿ 邁巴赫HL180TRM引擎
⓫ 冷卻風扇
⓬ 滑油冷卻器
⓭ 動力艙隔板
⓮ 射手席
⓯ 駕駛手席
⓰ 變速箱
⓱ 變速桿
⓲ 轉向桿

I號戰車

II號戰車

38(t)戰車

III號戰車

IV號戰車

豹式

虎I式

虎II式

其他的戰車

計畫戰車

車輛總覽

■IV號驅逐戰車無後座力式 L／71 8.8cm PaK 43／2 搭載型

克虜伯公司於1944年11月開始推動以強化虎式、豹式、IV號、追獵者式等主力車型火力為骨幹的改良計畫，1945年1月向兵器局提案。由於當時戰爭已即將結束，因此克虜伯公司的改良計畫並未付諸實現，而IV號戰車／70（A）的火力強化案便是這些計畫的其中一項。

這是在幾乎不改造IV號戰車J型底盤的前提下，於上層設置新設計的戰鬥艙，搭載71倍徑8.8cm砲PaK 43／2。由於IV號戰車底盤尺寸無法搭載一般型的8.8cm砲，因此PaK 43／2預定比照追獵者式的Starr砲架型，採用無後座力式。

由於搭載8.8cm PaK 43／2的IV號驅逐戰車僅停留於紙上計畫，因此詳情不明。

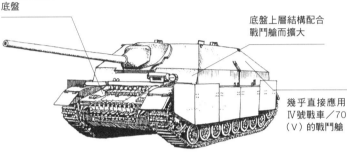

使用IV號戰車底盤

底盤上層結構配合戰鬥艙而擴大

幾乎直接應用IV號戰車／70（V）的戰鬥艙

IV號戰車／70（A）原型車

全長：8.87m　全寬：2.9m
全高：2.2m　乘員：4名
武裝：70倍徑7.5cm PaK 42×1門、MG 42 7.92mm機槍×1挺
最大裝甲厚度：80mm
引擎：梅巴赫邁巴赫HL 120 TRM（300hp）
最大速度：38km/h

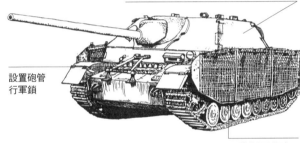

量產型將戰鬥艙側面改成單片式裝甲板

設置砲管行軍鎖

配備金網型裙板

IV號戰車／70（A）量產型

全長：8.87mm　全寬：2.9m　全高：2.2m
重量：25.5t　乘員：4名
武裝：70倍徑7.5cm PaK 42×1門、MG 42 7.92mm機槍×1挺
最大裝甲厚度：80mm
引擎：梅巴赫邁巴赫HL 120 TRM（300hp）
最大速度：38km/h

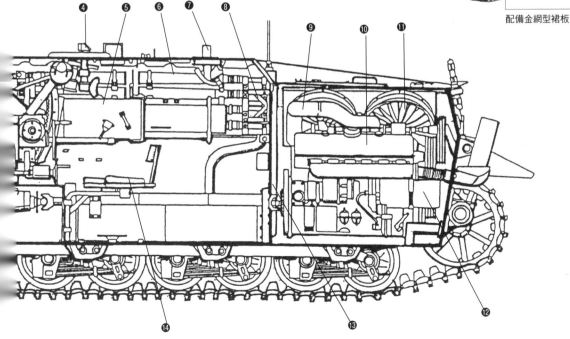

Ⅳ號防空砲車

■家具車式原型車

德軍基於運用由Ⅰ號戰車與半履帶載具構成的防空車輛經驗，深深體會到必須具有一款更正式的防空砲車，遂於1943年5月決定以Ⅳ號戰車底盤搭載2㎝4聯裝機砲或3.7㎝、5㎝機砲，研改成防空砲車。

該年9月，克虜伯公司完成以Ⅳ號戰車底盤上層進行改造的原型車。這款稱作家具車式的Ⅳ號防空砲車，於底盤上層設置戰鬥艙，搭載2㎝4聯裝防空機砲2㎝ Flakvierling 38，前後左右以可放倒的裝甲板包覆。

經過測試，決定將之投入量產，但量產型把搭載火砲從2㎝4聯裝機砲換成有效射程更長、破壞力更強的3.7㎝ FlaK 43，因此2㎝4聯裝型僅有原型車。

■搭載3.7㎝ FlaK 43的Ⅳ號防空砲車家具車式

搭載3.7㎝防空機砲FlaK 43的家具車式量產型，於1944年2月開始生產。雖然底盤結構沿用原型車，但在生產途中也有實施改良與構型變更。

由於原本較為看重的東風式、球狀閃電式研發進度有所延誤，因此它一直生產到1945年3月，總共造了240輛，是德國數量最多的防空砲車。

■搭載2㎝ Flakvierling 38的Ⅳ號防空砲車旋風式

由於家具車式在射擊低空來襲敵機之際，必須將戰鬥艙的裝甲板完全打開，會對乘員防護構成問題。為了加以解決，又重新研製一款具備迴轉砲塔的Ⅳ號防空砲車。

由於旋風式採用迴轉砲塔，內部空間有限，因此僅能搭載2㎝4聯裝防空機砲2㎝ Flakvierling 38。該型機砲的發射速度為800發/分～最大1,800發/分，最大射程2,200m，性能相當優

家具車式 原型車

全長：5.92mm　全寬：3.0m
乘員：6名
武裝：112.5倍徑2㎝4聯裝防空機砲Flakvierling 38×1門、MG 42 7.92mm機槍×1挺
最大裝甲厚度：80mm
引擎：梅巴赫邁巴赫HL 120 TRM（300hp）
最大速度：38km/h

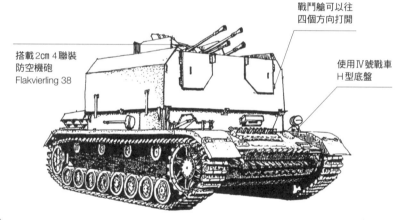

搭載2㎝4聯裝防空機砲Flakvierling 38

戰鬥艙可以往四個方向打開

使用Ⅳ號戰車H型底盤

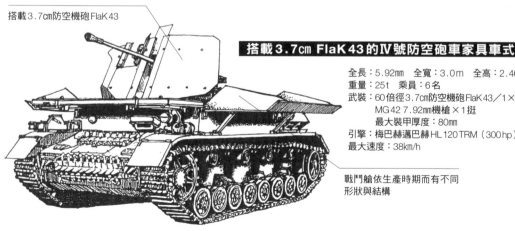

搭載3.7㎝防空機砲FlaK 43

搭載3.7㎝ FlaK 43的Ⅳ號防空砲車家具車式

全長：5.92mm　全寬：3.0m　全高：2.46m
重量：25t　乘員：6名
武裝：60倍徑3.7㎝防空機砲FlaK 43／1×1門、MG 42 7.92mm機槍×1挺
最大裝甲厚度：80mm
引擎：梅巴赫邁巴赫HL 120 TRM（300hp）
最大速度：38km/h

戰鬥艙依生產時期而有不同形狀與結構

異，足以對抗敵戰鬥攻擊機。

旋風式並非全新生產，而是全數利用返廠修理的IV號戰車G型/H型底盤改造而成。旋風式從1944年7月開始製造，原本應該由搭載火力更強的3.7cm Flak 43的東風式接替，但由於東風式的研製工作陷入瓶頸，因此旋風式就一直生產到1945年3月，總共造了122輛。

■搭載3.7cm FlaK 43的 IV號防空砲車東風式

東方建築工程公司在研製旋風式的同時，也有發展將2cm 4聯裝機砲換成火力更強的3.7cm FlaK 43機砲的防空砲車。雖然IV號戰車底盤可搭載的迴轉砲塔很難容納尺寸較大的

FlaK 43，但還是在1944年7月完成搭載3.7cm FlaK 43的IV號防空砲車原型車。

原型車在IV號戰車的底盤上搭載類似旋風式的六角形砲塔，經過射擊等實用測評後，決定制式採用為東風式，東方建築工程公司於該年9月5日接到生產訂單。

另外，在決定投入量產後的1944年9月20日，原型車也被送往法國戰線的SS第12裝甲師進行實戰測評，而原型車的測評結果也立即回饋給東方建築工程公司。

東風式的砲塔裝甲板會卡到動力艙檢修門，使門蓋無法打開，難以對引擎進行檢修。為此，量產型就把砲塔環稍微往前移動，無線電手門蓋與駕駛手門蓋也配

合向前移，整個底盤上層可說是重新設計。

東風式於1944年12月開始量產，1945年3月之前據說造了22輛，但正確生產數量不明。另外，它也不是全都使用新造底盤，有部分車輛僅是利用IV號戰車J型後期量產車等底盤加裝備用砲管收納箱（底盤右側），而未變更砲塔環及無線電手門蓋位置，直接裝上東風式砲塔。

■搭載3cm 4聯裝防空機砲 IV號防空砲車驅逐式45

1944年11月，東方建築工程公司為了應付日益增強的敵戰鬥攻擊機威脅，著手進行旋風式的武裝強化計畫。它維持原砲塔，將火砲從2cm 4聯裝 Flakvierling

搭載 2cm Flakvierling 38 的IV號防空砲車旋風式

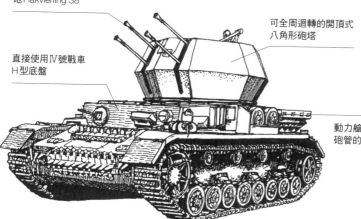

搭載 2cm 4聯裝防空機砲 Flakvierling 38

可全周迴轉的開頂式八角形砲塔

直接使用IV號戰車H型底盤

動力艙兩側設置收納備用砲管的容器

全長：5.92mm　全寬：2.9m
全高：2.76m　乘員：5名
武裝：112.5倍徑2cm 4聯裝防空機砲
　　　Flakvierling 38×1門、
　　　MG34 7.92mm機槍×1挺
最大裝甲厚度：80mm
引擎：梅巴赫邁巴赫HL120TRM（300hp）
最大速度：38km/h

搭載3.7cm FlaK 43的IV號防空砲車東風式

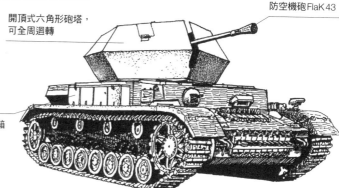

全長：5.92mm　全寬：2.95m
全高：2.46m　重量：25t
乘員：5名
武裝：60倍徑3.7cm防空機砲
　　　FlaK43／1×1門、
　　　MG34 7.92mm機槍×1挺
最大裝甲厚度：80mm
引擎：梅巴赫邁巴赫
　　　HL120TRM
　　　（300hp）
最大速度：38km/h

開頂式六角形砲塔，可全周迴轉

搭載3.7cm防空機砲FlaK43

底盤右側設置砲彈收納箱

38換成3cm 4聯裝的Flakvierling 103／38，命名為「驅逐式45」。

由於它是採用開頂式砲塔，因此防護能力略遜於之後的球狀閃電式，但它卻配備2倍數量的同款機砲，所以火力當然是驅逐式45比較強。在驅逐式45投入生產的同時，搭載2cm 4聯裝機砲的剩餘旋風式砲塔也有計畫要裝到III號戰車上。

驅逐式45於1944年12月完成1輛原型車，但由於球狀閃電式的研製工作有所進展，因此發展便告停止。

■搭載2聯裝3cm MK103的 IV號防空砲車球狀閃電式

球狀閃電式於1944年1月決定研製，它在環形外部裝甲內側以吊掛方式搭載配備2聯裝3cm MK103機砲的球形砲塔，構成可以全周迴轉的完全密閉型砲塔，設計相當特別。

底盤以IV號戰車J型為基礎，為了搭載尺寸大於戰車型的大型砲塔，底盤上層戰鬥艙的頂面形狀與駕駛／無線電手門蓋位置都有調整。

1944年10月完成1輛原型車，1945年2月完成2輛量產車。至於生產數量，原型車與量產型合計應有造出2～5輛左右。

球狀閃電式在戰爭即將結束的1945年4月初，曾用於德國境內的戰鬥。

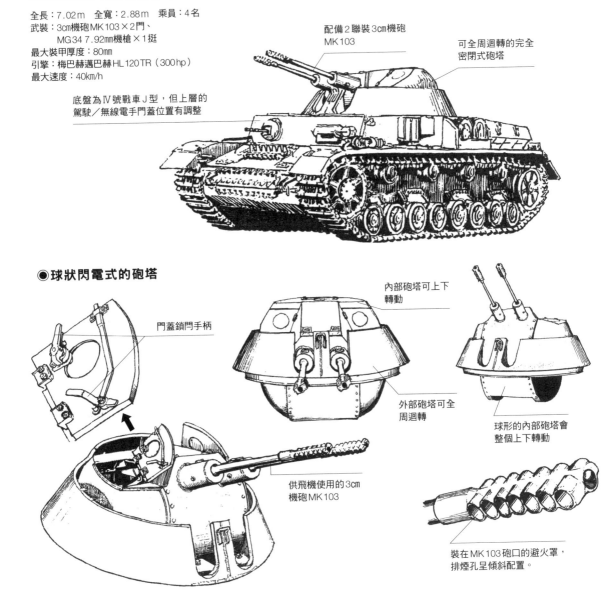

搭載2聯裝3cm MK103的IV號防空砲車球狀閃電式

全長：7.02m　全寬：2.88m　乘員：4名
武裝：3cm機砲MK103×2門、
　　　MG34 7.92mm機槍×1挺
最大裝甲厚度：80mm
引擎：梅巴赫邁巴赫HL120TR（300hp）
最大速度：40km/h

配備2聯裝3cm機砲MK103

可全周迴轉的完全密閉式砲塔

底盤為IV號戰車J型，但上層的駕駛／無線電手門蓋位置有調整

●**球狀閃電式的砲塔**

門蓋鎖門手柄

內部砲塔可上下轉動

外部砲塔可全周迴轉

球形的內部砲塔會整個上下轉動

供飛機使用的3cm機砲MK103

裝在MK103砲口的避火罩，排煙孔呈傾斜配置。

二次大戰最優秀戰車

豹式戰車與衍生型

　　V號戰車豹式完成於1943年1月，它的火力、防護力、機動力表現皆優，是二次大戰後期的德軍主力戰車。豹式在東部戰線、西部戰線、義大利戰線皆能壓倒盟軍戰車，戰後美英甚至將其評為「二次大戰最優秀戰車」，可見其性能有多麼優秀。另外，火力優於豹式的獵豹式也是戰功彪炳，號稱「二次大戰最優秀驅逐戰車」。

豹式D～G型

■V號戰車VK3002的研製

　　二次大戰前的1938年，德軍開始著手研製接替III號戰車及IV號戰車的20t級戰車VK2001。參與計畫的廠商包括研製III號戰車的戴姆勒-賓士公司、研製IV號戰車的克虜伯公司，以及MAN公司，各自以VK2001（D）、VK2001（K）、VK2001（M）為名執行研製計畫。後來克虜伯公司的VK2001

（K）發展為23t級的VK2301（K），MAN公司的VK2001（M）則發展為24t級的VK2401（M）。

　　1941年夏季，德軍在東部戰線遭遇蘇軍的T-34中戰車後，狀況則為之一變。T-34的火力、防護力、機動力皆優於德國戰車，相當難以對付。

　　德軍因此將對抗T-34用的新型戰車研製工作列為當務之急，1941年11月底，兵器局第6處

第6課認為研製中的20～24t級戰車火力、防護力皆不足，要求戴姆勒-賓士公司與MAN公司另行著手設計30t級戰車，並要萊茵金屬公司研製一款能夠搭載長砲管70倍徑7.5cm砲的砲塔。

　　兩家公司於1942年2月底完成設計案，1942年3月3日開會討論戴姆勒-賓士公司的VK3002（DB）案與MAN公司的VK3002（MAN）案。希特勒比

VK3002（DB）

搭載戴姆勒-賓士MB507柴油引擎

配備單孔式砲口制退器的70倍徑7.5cm戰車砲KwK42。

底盤設計深受T-34影響。

豹式D型

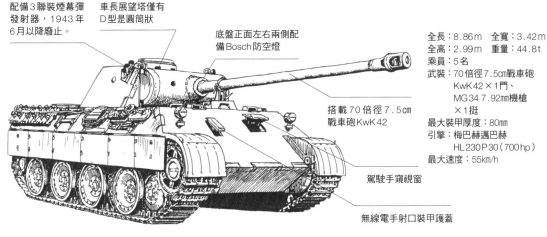

配備3聯裝煙幕彈發射器，1943年6月以降廢止。

車長展望塔僅有D型是圓筒狀

底盤正面左右兩側配備Bosch防空燈

搭載70倍徑7.5cm戰車砲KwK42

駕駛手窺視窗

無線電手射口裝甲護蓋

全長：8.86m　全寬：3.42m
全高：2.99m　重量：44.8t
乘員：5名
武裝：70倍徑7.5cm戰車砲
　　　KwK42×1門、
　　　MG34 7.92mm機槍
　　　×1挺
最大裝甲厚度：80mm
引擎：梅巴赫邁巴赫
　　　HL230P30（700hp）
最大速度：55km/h

較喜歡底盤設計與採用柴油引擎等特徵酷似T-34的VK3002（DB），強力推薦採用該案，甚至還下令開始準備生產。

然而，兵器局第6處第6課與特別戰車委員會卻對這項決定感到不服，後來經過重新審，判斷MAN公司的設計案比較優秀，遂於1942年5月14日決定制式採用VK3002（MAN）為「V號戰車豹式」。

■豹式D型

1942年9月，裝上假砲塔的行駛測試用1號原型車V1製造完成，該月底～10月初則完成搭載7.5cm砲砲塔的完整版2號原型車V2。這2輛原型車經過測試後，又進行一些改良，於1943年1月完成豹式最早的量產型D型。

豹式雖為中戰車，但其尺寸為全長8.86m、全寬3.42m、全高2.99m，重量則達到44.8t，遠超過計畫值的30t級。若以他國標準來看，這已經相當於重戰車。車內配置比照當時德國戰車標準設計，底盤前方為變速箱等驅動裝置以及駕駛艙，中央戰鬥艙頂部搭載砲塔，底盤後方設置動力艙，中央為引擎，左右配置散熱器與冷卻風扇。

乘員為5名，底盤前方的駕駛艙左側為駕駛手，右側為無線電手，砲塔內左側為射手，其後方為車長，右側則是裝填手。不只是豹式，III號、IV號以及虎式等車型都採用這種講究功能性的乘員配置，算是性能數據無法呈現的德國戰車優勢之一。

全周迴轉砲塔搭載70倍徑7.5cm砲KwK42，俯仰角為－8～＋20°，裝甲貫穿力在使用Pzgr.39/42穿甲彈時，於射程500m可貫穿124mm（相對於垂直面傾斜30）、射程1,000m可貫穿111mm、射程2,000m可貫穿89mm的裝甲板，若使用更高性能的Pzgr.40/42鎢芯穿甲彈，於各同射程分別可貫穿174mm、149mm、106mm的裝甲板。7.5cm KwK42是當時最強的戰車砲，包括T-34在內，可輕易自遠距離擊毀所有敵方戰車。

1943年9月開始會塗上防磁紋塗層。

車長展望塔換成裝甲厚度100mm、內建潛望鏡的新型。

1943年7月開始廢除右側Bosch防空燈。

豹式A型早期型

全長：8.86m　全寬：3.42m
全高：2.99m　重量：45.5t
乘員：5名
武裝：70倍徑7.5cm戰車砲
　　　KwK42×1門、
　　　MG34 7.92mm機槍×1挺
最大裝甲厚度：80mm
引擎：梅巴赫邁巴赫HL230P30
　　　（700hp）
最大速度：46km/h

豹式A型後期型

全長：8.86m　全寬：3.42m　全高：2.99m
重量：45.5t　乘員：5名
武裝：70倍徑7.5cm戰車砲KwK42×1門、
　　　MG34 7.92mm機槍×2挺
最大裝甲厚度：80mm
引擎：梅巴赫邁巴赫HL230P30（700hp）
最大速度：46km/h

1943年12月的量產車開始換成MG34用機槍架。

豹式與以往德國戰車最大的差異，在於它採用大幅傾斜的裝甲。底盤裝甲厚度為正面上層80mm／55°、正面下層60mm／55°、側面上層40mm／40°、側面下層40mm／0°、頂面16mm／90°、背面40mm／30°、下面前方30mm／90°、下面中央～後方16mm／90°。至於砲塔裝甲厚度則為正面100mm／12°、防盾100mm／曲面，側面45mm／25°、背面45mm／25°、頂面16mm／84～90°。底盤正面裝甲厚度80mm這個數值，雖然與Ⅳ號戰車H型／J型的正面裝甲相同，但由於豹式的正面裝甲為傾斜配置，因此相當於140mm。

豹式的機動力也相當優秀，引擎採用700hp的梅巴赫邁巴赫HL230P30（剛開始生產時是搭載650ps的HL210）。為了平均接地壓，承載輪採交錯式配置，並使用扭力桿承載系，因此即便重量達到44.8t，也能發揮最大速度55km/h、最大道路行程200km、越野100km的性能。

生產工作除了原廠MAN公司之外，戴姆勒-賓士公司、亨舍爾公司、MNH公司也有參與，1943年1～9月上旬之前總共製造842輛。

最早投入生產的D型，為了優先配賦部隊，並未充分改善原型車在測試時發現的問題。它在生產的同時也有實施改良與構型變更，到生產A型的時候，問題幾乎都已獲得解決。

豹式D型首次參與實戰，是在1943年7月開打的「史上最大規模地面作戰」庫斯克會戰。

在這場戰役中，雖然機械方面的早期不良問題層出不窮，但仍能擊毀大量蘇聯戰車，實際證明豹式戰車的優異性能。

■豹式A型

1943年8月，改良自D型的A型發展完成。A型主要針對砲塔進行改良，將車長展望塔換成內建潛望鏡、裝甲強化至100mm（D型為80mm）的新型，並設置裝填手潛望鏡、強化防盾基座，還對砲塔旋轉、俯仰機構等處實施改良。

在生產途中，也有加裝前方球形機槍座、更換主砲瞄準鏡、廢除砲塔手槍射口等，進行許多改良，但基本形狀與結構與D型相比並無太大變更。

A型的生產工作（早期與D型並行生產，後期則與G型並行生產）由

為了防止跳彈陷阱，1944年9月開始採用設有突起構造的新型防盾。

駕駛手潛望鏡換成1具迴轉型

廢除駕駛手窺視窗

豹式G型後期型

全長：8.86m　全寬：3.42m
全高：3.10m　重量：45.5t
乘員：5名
武裝：70倍徑7.5cm戰車砲
　　　KwK42×1門、
　　　MG34 7.92mm機槍×2挺
最大裝甲厚度：80mm
引擎：梅巴赫邁巴赫HL230P30
　　　（700hp）
最大速度：46km/h

豹式G型 全鋼質承載輪型

1944年9月以降，由MAN公司製造的部份車輛會使用全鋼質承載輪。有些車輛會像圖中這樣全部改成鋼質承載輪，有些則只換用幾顆，與附膠圈的承載輪併用。

MAN公司、戴姆勒-賓士公司、MNH公司，以及德馬格公司負責進行，於1943年7月～1944年7月上旬總共製造2,200輛。

■豹式G型

1944年3月底開始生產的是下一款量產型G型，它可說是豹式戰車的完成形。G型的設計工作，與首款量產型D型的生產工作同時進行，採用正在發展的裝甲強化型豹II式的設計，以強化防護力並提高生產性。

其最大的變更點在於底盤形狀，除了廢除正面駕駛手窺視窗，也將底盤側面裝甲板改成單片式50㎜/30°裝甲板。為了抑制重量增加，中彈率較低的底盤正面下層裝甲板減為50㎜，下面前方則減為25㎜。

G型也有經過頻繁改良，由MAN公司、戴姆勒-賓士公司、MNH公司於1944年3月～1945年4月底生產2,953輛。

■紅外線夜視儀搭載型豹式

德國於二次大戰期間，曾研製各種不同用途的夜視儀，供戰鬥車輛、步兵攜行式輕兵器以及飛機使用，並曾投入實戰。

戰車搭載用紅外線夜視儀於1943年中期投入實用，自1944年秋季以降，配備戰車用紅外線

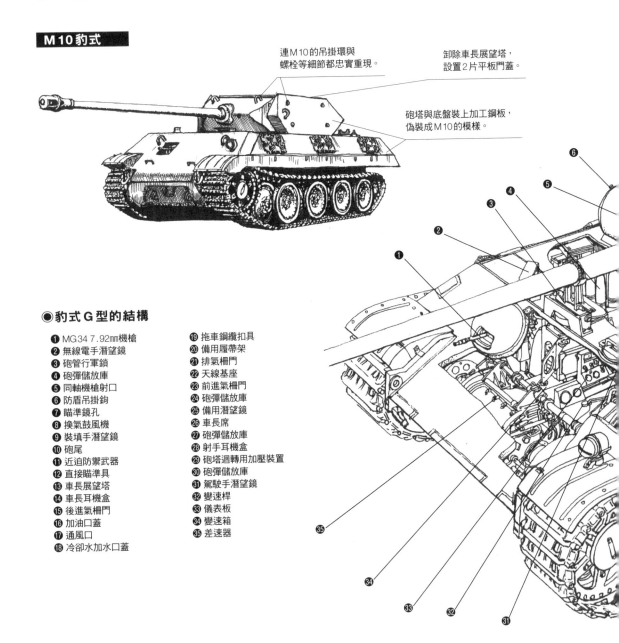

M10豹式

連M10的吊掛環與螺栓等細節都忠實重現。

卸除車長展望塔，設置2片平板門蓋。

砲塔與底盤裝上加工鋼板，偽裝成M10的模樣。

●豹式G型的結構

❶ MG34 7.92㎜機槍
❷ 無線電手潛望鏡
❸ 砲管行軍鎖
❹ 砲彈儲放庫
❺ 同軸機槍射口
❻ 防盾吊掛鉤
❼ 瞄準鏡孔
❽ 換氣鼓風機
❾ 裝填手潛望鏡
❿ 砲尾
⓫ 近迫防禦武器
⓬ 直接瞄準具
⓭ 車長展望塔
⓮ 車長耳機盒
⓯ 後進氣柵門
⓰ 加油口蓋
⓱ 通風口
⓲ 冷卻水加水口蓋
⓳ 拖車鋼纜扣具
⓴ 備用履帶架
㉑ 排氣柵門
㉒ 天線基座
㉓ 前進氣柵門
㉔ 砲彈儲放庫
㉕ 備用潛望鏡
㉖ 車長席
㉗ 砲彈儲放庫
㉘ 射手耳機盒
㉙ 砲塔迴轉用加壓裝置
㉚ 砲彈儲放庫
㉛ 駕駛手潛望鏡
㉜ 變速桿
㉝ 儀表板
㉞ 變速箱
㉟ 差速器

夜視儀FG1250的豹式G型夜戰構型至少有113輛以上配賦部隊，活躍於阿登戰役與柏林戰役。

■M10豹式

1944年12月16日展開的阿登反攻戰役「守護萊茵作戰」，斯科爾茲內上校指揮第150裝甲旅的突擊部隊實施「獅鷲行動」，確保橋樑以支援進攻，並執行後方擾亂作戰。這項行動除了讓士兵喬裝成美軍，也有出動偽裝成美軍的特種車輛。

特種車輛由豹式G型進行改裝，其中又以加工成類似美軍M10驅逐戰車造形的偽裝戰車最為出名。M10豹式是在豹式G型的底盤與砲塔裝上加工鋼板，並卸除車長展望塔，改成普通門蓋。全車塗成橄欖綠色，並漆上美軍樣式的編號，改造手法相當精巧。

為執行獅鷲行動而編成的X戰鬥團據說配備5輛豹式，其中戰術編號B4、B5、B7、B10被美軍繳獲。

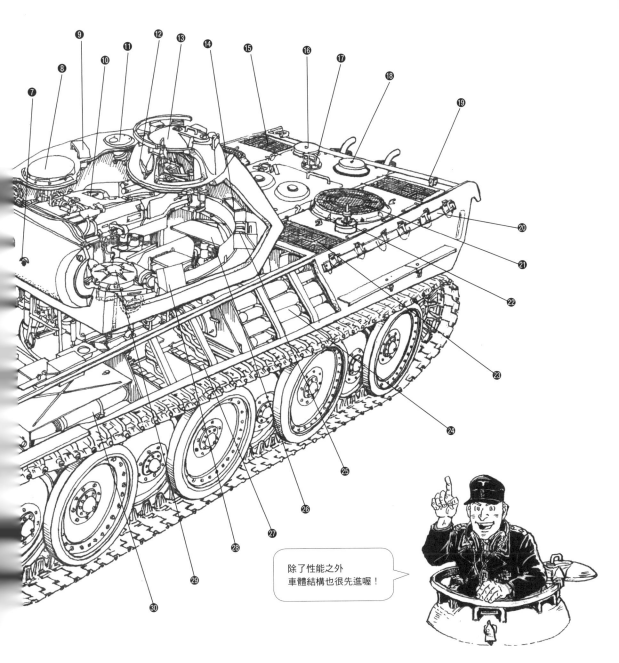

除了性能之外
車體結構也很先進喔！

I 號戰車
II 號戰車
38（t）戰車
III 號戰車
IV 號戰車
豹式
虎I式
虎II式
其他的車輛
計畫戰車
艦載戰具

◉豹式戰車的變遷

豹式A型

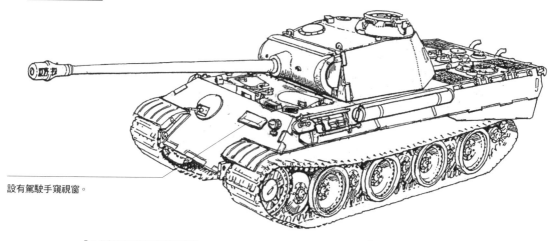

設有駕駛手窺視窗。

【A型的無線電手門蓋】

先往上頂，
然後旋轉開啟。

門蓋止擋塊

【G型的駕駛手／無線電手門蓋】

閉鎖把手

往上掀開。

操作把手

頂住門蓋的緩衝墊。

【砲管行軍鎖與通風口護蓋】

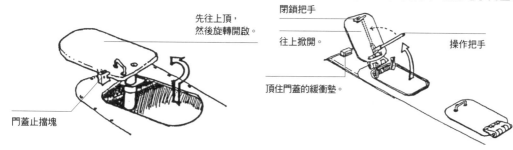

砲管行軍鎖下端

通風口護蓋

通風口護蓋的形狀有改變

A型

G型

【車內暖氣式加熱空調】

設置於左側排氣柵門上

通風口有裝甲護蓋

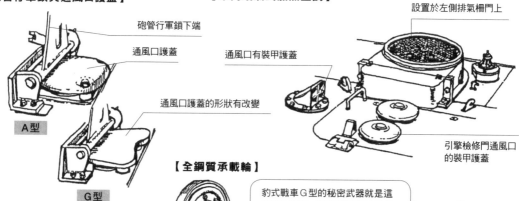

引擎檢修門通風口
的裝甲護蓋

【全鋼質承載輪】

豹式戰車G型的秘密武器就是這
個暖氣空調，在東部戰線以及冬
季歐洲靠它就安心了。

1944年9月有部分
MAN製車輛使用

【Bosch防空燈】

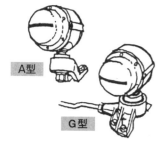

A型

G型

【G型的駕駛手潛望鏡】

旋轉式潛望鏡

1944年8月起會
加裝遮雨蓋

豹式G型 早期型

變更門蓋構造

旋轉式潛望鏡減為1具

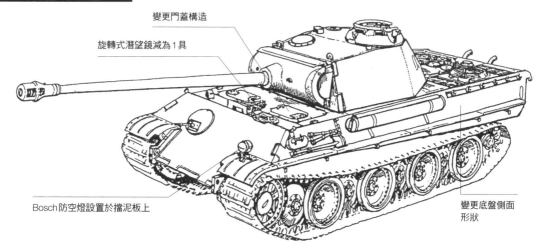

Bosch防空燈設置於擋泥板上

變更底盤側面
形狀

豹式G型 後期型（1944年10月以降）

使用附避火罩的消音器

1944年9月起設置定位
用羅盤的固定基座

1944年9月起於防盾下方
設置突出構造

設置遮雨蓋

設置車內暖氣
加熱裝置

【底盤背面（右側）儲物箱】

【FG1250紅外線夜視儀】

夜視鏡

紅外線燈

裝設方式改變。

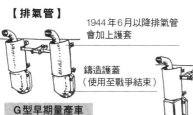

A型　　　　　　　G型

裝在車長
展望塔前方。

【排氣管】

1944年6月以降排氣管
會加上護套

廢除千斤頂扣具左右
兩側支架

鑄造護蓋
（使用至戰爭結束）

G型早期量產車

焊接式護蓋
（仍有使用鑄造式）

1944年後期

採用加裝避火裝置的排氣管
（有很多車輛並未配備）

1944年10月以降

加裝偏向導管
（有很多車輛並未配備）

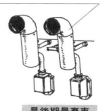

最後期量產車

I 號戰車
II 號戰車
38（t）戰車
III 號戰車
IV 號戰車
豹式
虎 I 式
虎 II 式
其他的車輛
計畫車輛
遊獵戰車

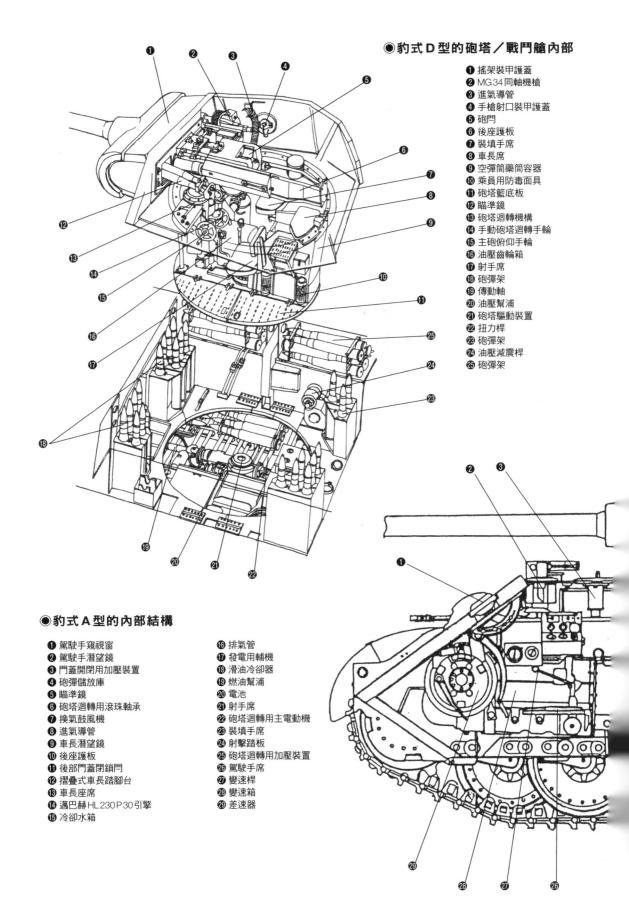

●豹式Ｄ型的砲塔／戰鬥艙內部

❶ 搖架裝甲護蓋
❷ MG34同軸機槍
❸ 進氣導管
❹ 手槍射口裝甲護蓋
❺ 砲門
❻ 後座護板
❼ 裝填手席
❽ 車長席
❾ 空彈筒藥筒容器
❿ 乘員用防毒面具
⓫ 砲塔籃底板
⓬ 瞄準鏡
⓭ 砲塔迴轉機構
⓮ 手動砲塔迴轉手輪
⓯ 主砲俯仰手輪
⓰ 油壓齒輪箱
⓱ 射手席
⓲ 砲彈架
⓳ 傳動軸
⓴ 油壓幫浦
㉑ 砲塔驅動裝置
㉒ 扭力桿
㉓ 砲彈架
㉔ 油壓減震桿
㉕ 砲彈架

●豹式Ａ型的內部結構

❶ 駕駛手窺視窗
❷ 駕駛手潛望鏡
❸ 門蓋開閉用加壓裝置
❹ 砲彈儲放庫
❺ 瞄準鏡
❻ 砲塔迴轉用滾珠軸承
❼ 換氣鼓風機
❽ 進氣導管
❾ 車長潛望鏡
❿ 後座護板
⓫ 後部門蓋閉鎖閂
⓬ 摺疊式車長踏腳台
⓭ 車長座席
⓮ 邁巴赫HL230P30引擎
⓯ 冷卻水箱
⓰ 排氣管
⓱ 發電用輔機
⓲ 滑油冷卻器
⓳ 燃油幫浦
⓴ 電池
㉑ 射手席
㉒ 砲塔迴轉用主電動機
㉓ 裝填手席
㉔ 射擊踏板
㉕ 砲塔迴轉用加壓裝置
㉖ 駕駛手席
㉗ 變速桿
㉘ 變速箱
㉙ 差速器

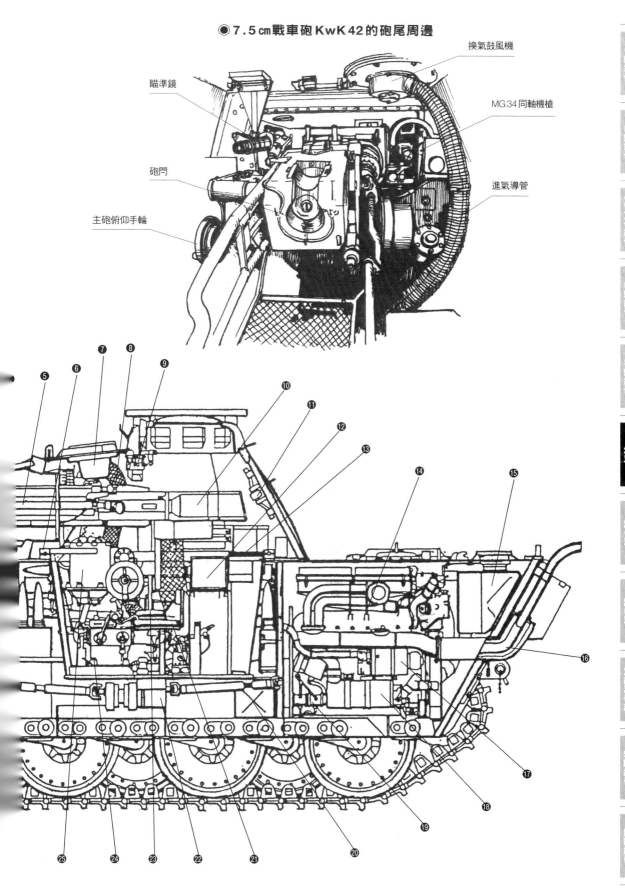

●7.5cm戰車砲KwK42的砲尾周邊

瞄準鏡

砲門

主砲俯仰手輪

換氣鼓風機

MG34同軸機槍

進氣導管

I號戰車

II號戰車

38(t)戰車

III號戰車

IV號戰車

豹式

虎I式

虎II式

其他的戰車

計畫戰車

戰後戰車

● 豹式 G 型的車外裝備

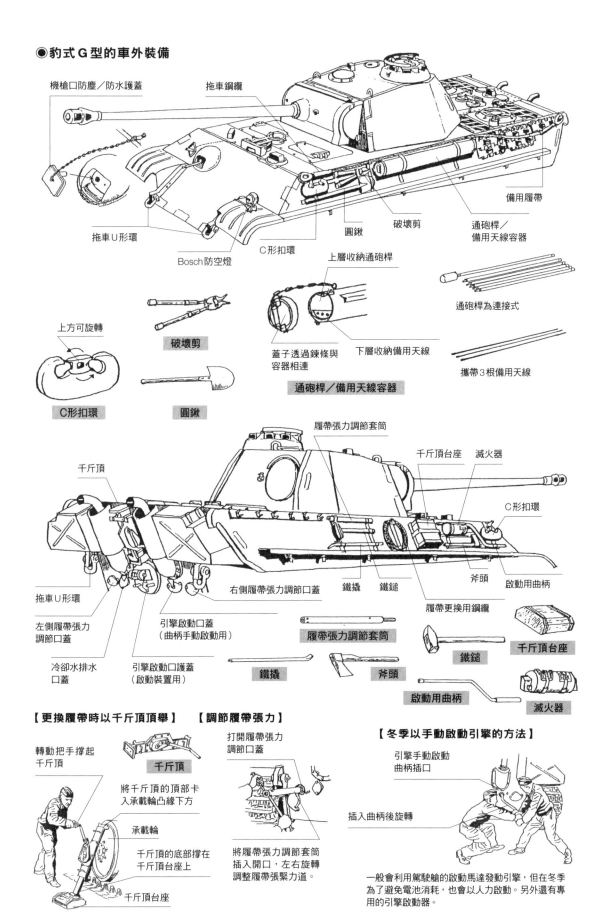

機槍口防塵／防水護蓋
拖車鋼纜
備用履帶
破壞剪
圓鍬
通砲桿／備用天線容器
拖車 U 形環
C 形扣環
Bosch 防空燈

上方可旋轉
上層收納通砲桿
通砲桿為連接式
破壞剪
蓋子透過鍊條與容器相連
下層收納備用天線
攜帶 3 根備用天線
C 形扣環
圓鍬
通砲桿／備用天線容器

履帶張力調節套筒
千斤頂台座
滅火器
千斤頂
C 形扣環
拖車 U 形環
右側履帶張力調節口蓋
鐵撬
鐵鎚
斧頭
啟動用曲柄
左側履帶張力調節口蓋
引擎啟動口蓋（曲柄手動啟動用）
履帶更換用鋼纜
冷卻水排水口蓋
引擎啟動口護蓋（啟動裝置用）
履帶張力調節套筒
鐵撬
斧頭
鐵鎚
千斤頂台座
啟動用曲柄
滅火器

【更換履帶時以千斤頂頂舉】

轉動把手撐起千斤頂
千斤頂
將千斤頂的頂部卡入承載輪凸緣下方
承載輪
千斤頂的底部撐在千斤頂台座上
千斤頂台座

【調節履帶張力】

打開履帶張力調節口蓋
將履帶張力調節套筒插入開口，左右旋轉調整履帶張緊力道。

【冬季以手動啟動引擎的方法】

引擎手動啟動曲柄插口
插入曲柄後旋轉

一般會利用駕駛艙的啟動馬達發動引擎，但在冬季為了避免電池消耗，也會以人力啟動。另外還有專用的引擎啟動器。

豹式的衍生型

I 號戰車
II 號戰車
38(t)戰車
III 號戰車
IV 號戰車
豹式
虎I式
虎II式
其他的車輛
計畫車輛
參考資料

■豹式指揮戰車

1943年4月～1945年2月，包含搭載Fu5與Fu8無線電的車型與搭載Fu5與Fu7無線電的車型，總共造了329輛指揮戰車，配賦豹式戰車部隊的營部或連部。

指揮戰車是由自前線送回來維修的豹式D型／A型／G型修改而成，在底盤左側的通砲桿／備用天線容器下方加裝天線延長桿扣具（裝設3個）、動力艙最後方的中央加裝圓筒狀天線基座。

■豹式救濟車

當豹式、虎式配賦部隊之後，為了在戰場上拖救這些重量級車型，必須具備專用救濟車。

1943年3月決定以豹式底盤研改豹式救濟車，1943年6月，MAN公司以D型改造了12輛。這批最早的豹式救濟車卸除了砲塔，以木板（設有半圓形的大型門蓋）覆蓋砲塔環開口，於駕駛手／無線電手潛望鏡護蓋上加裝防空機槍架固定板，動力艙頂設置組裝式吊架的基座，構造相當簡易。

到了7月，亨舍爾公司（據說實際作業是由魯爾鋼鐵公司負責）開始參與製造，德馬格公司也於1944年2月加入生產。

1943年7月以降製造的豹式救濟車，使用以A型與G型為基礎製成的豹式救濟車專用底盤，戰鬥艙四周以木板圍起，裡面裝有40t絞盤，底盤後方則加裝大型駐鋤。除此之外，還備有組裝式吊架、軟質地面脫困用角材。有些車輛也會在底盤正面上層中央裝設2cm機砲KwK38。

■豹式救濟車改造指揮戰車

配備象式、獵虎式的第653重戰車驅逐營是德國陸軍首屈一指的戰鬥部隊，它們常會自行改造出一些很特別的車型，相當有名。其中一款由該營獨自改造的車輛，就是以豹式救濟車改造而

▌豹式指揮戰車

全長：8.86m　全寬：3.42m
全高：2.99m　重量：44.8t
乘員：5名
武裝：70倍徑7.5cm戰車砲KwK42×1門、
　　　MG34 7.92mm機槍×1挺
最大裝甲厚度：80mm
引擎：梅巴赫邁巴赫HL230P30（700hp）
最大速度：46km/h

配備Fu8用星形天線

配備Fu5用天線

圖中畫的是以D型為基礎，但也有改造自A型／G型的車型。

▌豹式救濟車

全長：8.82m　全寬：3.27m　全高：2.74m
重量：43t　乘員：5名
武裝：MG34 7.92mm機槍×2挺（部分車輛為2cm機砲KwK38×1門）
最大裝甲厚度：80mm
引擎：梅巴赫邁巴赫HL230P30（700hp）
最大速度：46km/h

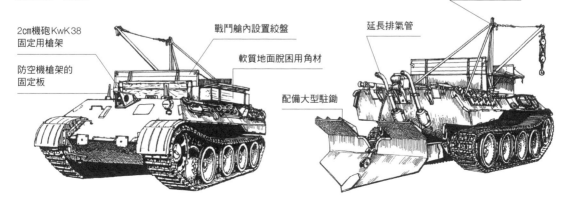

2cm機砲KwK38
固定用槍架

防空機槍架的
固定板

戰鬥艙內設置絞盤

軟質地面脫困用角材

延長排氣管

配備大型駐鋤

配備組裝式吊架

成的指揮戰車。這是用鋼板封閉豹式救濟車底盤頂面的開口，然後裝上配備裙板的IV號砲塔。此砲塔為固定式，且為了能夠打開動力艙的檢修門，並未裝上儲物箱與背面裙板。

這應該是利用廢料製成的再生車輛，大概也就只有這麼1輛。

■豹式救濟車改造防空砲車

於豹式救濟車搭載2cm 4聯裝防空機砲Flakvierling 38，或3.7cm防空機砲FlaK 37的防空砲車。

它們都只是在豹式救濟車早期型的砲塔環木製蓋板上設置防空機砲而已，改造手法相當簡單。前者隸屬第653重戰車驅逐營，後者所屬部隊不明。

■豹式砲兵觀測車

在研製豹式戰車的同時，萊茵金屬公司也有使用豹式底盤研製支援砲兵隊用的觀測戰車，於1943年7～9月完成原型車。

原型車直接使用豹式D型底盤，搭載配備專用觀測器材的砲塔。砲塔基本形狀與D型無異，但卻卸下主砲及防盾，裝上假砲管與槍架。砲塔內部加裝左右基線長1.25m的測距儀、TBF.2觀測潛望鏡，以及Fu 8、Fu 4無線電等。

生產數量不明，有說法認為造了41輛，也有人認為僅有1輛原型車。豹式砲兵觀測車的研製計畫後來也有繼續進行，曾有搭載5cm砲小型砲塔等數種計畫案存在。

■V號防空砲車天神式

以豹式戰車為基礎研製防空砲車的計畫很早就開始推動，當初的構想是要搭載8.8cm FlaK 41，或是以上下各2門的方式搭載空用20mm機砲MG 151／20，但都只停留在紙上方案階段。

1943年12月，兵器局決定讓豹式防空砲車搭載雙聯裝3.7cm機砲Flakzwilling 44，要求戴姆勒-賓士公司著手研製。到了1944年初，也下令萊茵金屬公司研製搭載3.7cm機砲的防空砲車。

萊茵金屬公司設計出V號防空砲車天神式（公司內部研製名稱：防空砲車341），有製作全尺寸模型。然而，由於3.7cm機砲相對於底盤尺寸顯得有點不太夠力，因此便於1945年1月中旬停止研製3.7cm機砲型。

之後，計畫轉向配備5.5cm雙聯裝防空機砲Gerät 58的防空砲車。1944年10月，萊茵金屬公司與克虜伯公司向兵器局提出計畫案，但在有所進展之前，戰爭已告結束。

豹式砲兵觀測車

全長：6.87m　全寬：3.42m
全高：2.99m　重量：44.5t
乘員：5名
武裝：MG34 7.92mm機槍×2挺
最大裝甲厚度：80mm
引擎：梅巴赫邁巴赫HL 230 P 30
　　　（700hp）
最大速度：46km/h

V號防空砲車天神式

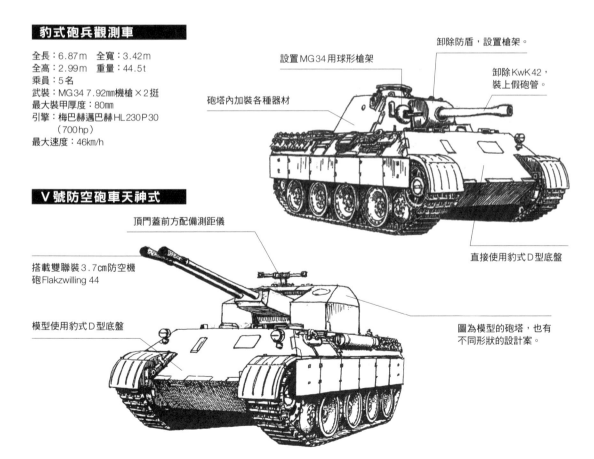

設置MG34用球形槍架

砲塔內加裝各種器材

卸除防盾，設置槍架。

卸除KwK42，裝上假砲管。

頂門蓋前方配備測距儀

搭載雙聯裝3.7cm防空機砲Flakzwilling 44

模型使用豹式D型底盤

直接使用豹式D型底盤

圖為模型的砲塔，也有不同形狀的設計案。

獵豹式

■以豹式底盤發展驅逐戰車

1942年8月3日，兵器局第6處第6課決定使用當時正在研製的豹式戰車底盤發展驅逐戰車。研製工作原本交由戴姆勒-賓士公司負責，在克虜伯公司協助下展開設計作業。然而，由於戴姆勒-賓士公司的豹式D型量產工作進度延遲，因此到了1943年5月24日，雖然仍由戴姆勒-賓士公司主導研製，但又加入MIAG（Mühlenbau und Industrie Aktiengesellschaft）公司進行協助，之後的量產工作也交由MIAG公司進行。

1943年10月，MIAG公司完成1號原型車，2號原型車也於11月打造完工，1943年11月29日制式採用為獵豹式。

獵豹式全長9.87m、全寬3.42m、全高2.715m、重量45.5t。它以豹式底盤為基礎，設置與底盤前半部合為一體的戰鬥艙。底盤前方為變速箱，其後配置駕駛艙，左側為駕駛手席，右側為無線電手席。駕駛艙後方空間為戰鬥艙，中央搭載主砲，左側前方為射手席，其後為裝填手席，右側則設置車長席。

底盤的裝甲厚度為底盤及戰鬥艙正面上層80mm／70°（相對於垂直面的傾斜角，依此角度換算，實際裝甲厚度約相當於160mm）、正面下層50mm／55°、側面上層50mm／40°、側面下層40mm／0°、戰鬥艙頂面16mm（自生產51號車開始增厚為25mm）、戰鬥艙背面40mm／35°、底盤背面40mm／30°、底面16mm／90°。這樣的數值，代表除了蘇聯IS-2重戰車、美國M26潘興式、英國螢火蟲式之外，沒有其他盟軍戰車能從正面擊毀獵豹式。

戰鬥艙正面搭載克虜伯公司的71倍徑8.8cm砲PaK 43／3，可依據攻擊目標選用Pzgr 39／43覆帽被帽穿甲彈、Pzgr 40／43鎢芯穿甲彈、Higr 39破甲榴彈、Sprgr 43榴彈等不同種類的8.8cm砲彈。

若使用Pzgr 39／43，對於傾斜角60°的裝甲板，在射程100m能貫穿203mm、射程500m能貫穿185mm、射程1,000m能貫穿165mm，即便在射程2,000m也能貫穿132mm。若使用威力更強的

獵豹式早期型（1944年8月之前的生產車）

全長：9.87m　全寬：3.42m
全高：2.715m　重量：45.5t
乘員：5名
武裝：71倍徑8.8cm PaK 43／3×1門、
　　　MG34 7.92mm機槍×1挺
最大裝甲厚度：80mm
引擎：梅巴赫邁巴赫HL230 P30
　　　（700hp）
最大速度：46km/h

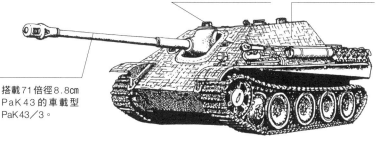

這款主砲基座裝甲護圈是早期型的特徵，自內側以螺栓固定。

所有早期型車輛皆有防磁紋塗層

搭載71倍徑8.8cm PaK 43的車載型PaK 43／3。

獵豹式後期型（1944年10月以降的生產車）

後期型的主砲基座裝甲護圈。自外側以螺栓固定，且下半部也有增厚強化。

全長：9.87m　全寬：3.42m　全高：2.715m
重量：45.5t　乘員：5名
武裝：71倍徑8.8cm PaK 43／3×1門、
　　　MG34 7.92mm機槍×1挺
最大裝甲厚度：80mm
引擎：梅巴赫邁巴赫HL230 P30（700hp）
最大速度：46km/h

沒有防磁紋塗層

I 突擊砲
II 號戰車
38（t）戰車
III 號戰車
IV 號戰車
豹式
虎I式
虎II式
其他的戰車
計畫戰車
戰後戰車

Pzgr 40／43，於同樣射程分別具有237㎜、217㎜、193㎜、153㎜的穿甲力，這代表獵豹式可擊毀當時所有盟軍戰車。

除了攻擊力、防禦力之外，獵豹式雖然重量將近45t，但卻擁有最大速度55km/h、最大行程250km（皆為道路行駛數值）的優秀機動力，不會輸給作為母體的豹式戰車。動力艙內部中央搭載梅巴赫邁巴赫HL 230 P 30 V型12汽缸液冷式汽油引擎（700ps），

左右配置散熱器與冷卻風扇。

獵豹式依生產時期的外觀特徵，可大致區分為早期型、中期型、後期型，不過這並非當時德軍的正式分類。

所謂早期型，在剛開始生產之後，便將設置於戰鬥艙正面左側的駕駛手潛望鏡開口從2個改成1個，並於底盤背面中央的圓形檢修面板上加裝拖鉤座。到了1944年4～5月，則廢除設置於動力艙頂面中央後方的呼吸管開

口，並改用2截式砲管。然而，完全切換為2截式砲管，卻要等到該年10月以降。在此之前，也會與舊型的一體式砲管併用。

除此之外，在底盤背面左側排氣管的兩側也有加裝冷卻空氣進氣管。與豹式一樣，獵豹式的排氣管也是變更最為頻繁的細節之一。到了6～8月，會採用新型砲口制退器，並於戰鬥艙頂面設置3處2t吊架基座，在戰鬥艙頂面左側也會配備近迫防禦武器。

◉ 前方機槍的結構

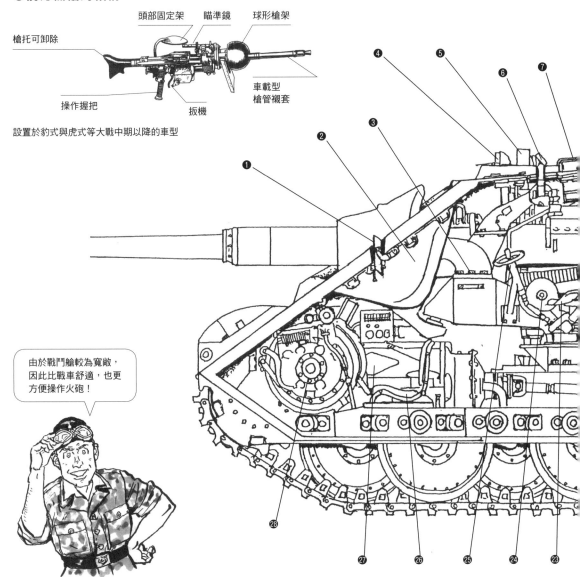

頭部固定架　瞄準鏡　球形槍架

槍托可卸除

操作握把　　扳機

車載型槍管襯套

設置於豹式與虎式等大戰中期以降的車型

由於戰鬥艙較為寬敞，因此比戰車舒適，也更方便操作火砲！

112

另外，自生產第51號車開始，會將戰鬥艙頂面裝甲板從16㎜強化為25㎜。

1944年9月生產的車輛稱為中期型，特徵是主砲基座的裝甲護圈改成從外側以螺栓固定的構型。然而，由於這款裝甲護圈的下排螺栓很容易中彈，因此使用期間很短，到了10月就換成下半部增厚的新型。

配備這款新型防盾的車輛稱為後期型。後期型也有變更排氣管、採用新型惰輪，12月則開始使用與豹式G型同款的動力艙頂板。在德軍的制式文件上，這種使用G型頂板的車輛會稱為「G2型」，之前的則稱「G1型」，以此進行區分。

之後也有調整車載工具位置、於動力艙頂面加裝進氣口、左側排氣柵口上加裝車內暖氣裝置、採用附避火消音器的排氣管等。

獵豹式於1943年12月～1945年4月底製造了415輛，雖然生產數較少，但在戰場上卻充分發揮優異性能，擊毀大量盟軍戰車。戰後，獵豹式因其優越性能與顯赫戰功，被昔日的敵國評為「二次大戰最佳驅逐戰車」。

◉獵豹式的內部結構

❶ 駕駛手潛望鏡
❷ 主砲基座裝甲護圈
❸ 搖架
❹ 砲隊鏡
❺ 車長潛望鏡
❻ 瞄準鏡
❼ 車長右側潛望鏡
❽ 砲尾
❾ 換氣鼓風機
❿ 砲彈架
⓫ 後方潛望鏡
⓬ 背面門蓋鎖閂
⓭ 後座護板
⓮ 邁巴赫HL230P30引擎
⓯ 冷卻水箱
⓰ 冷卻水箱
⓱ 發電用輔機
⓲ 滑油冷卻器
⓳ 燃油泵
⓴ 電瓶
㉑ 傳動軸
㉒ 扭力桿
㉓ 射手席
㉔ 主砲俯仰手輪
㉕ 主砲方向手輪
㉖ 駕駛手席
㉗ 變速箱
㉘ 差速器

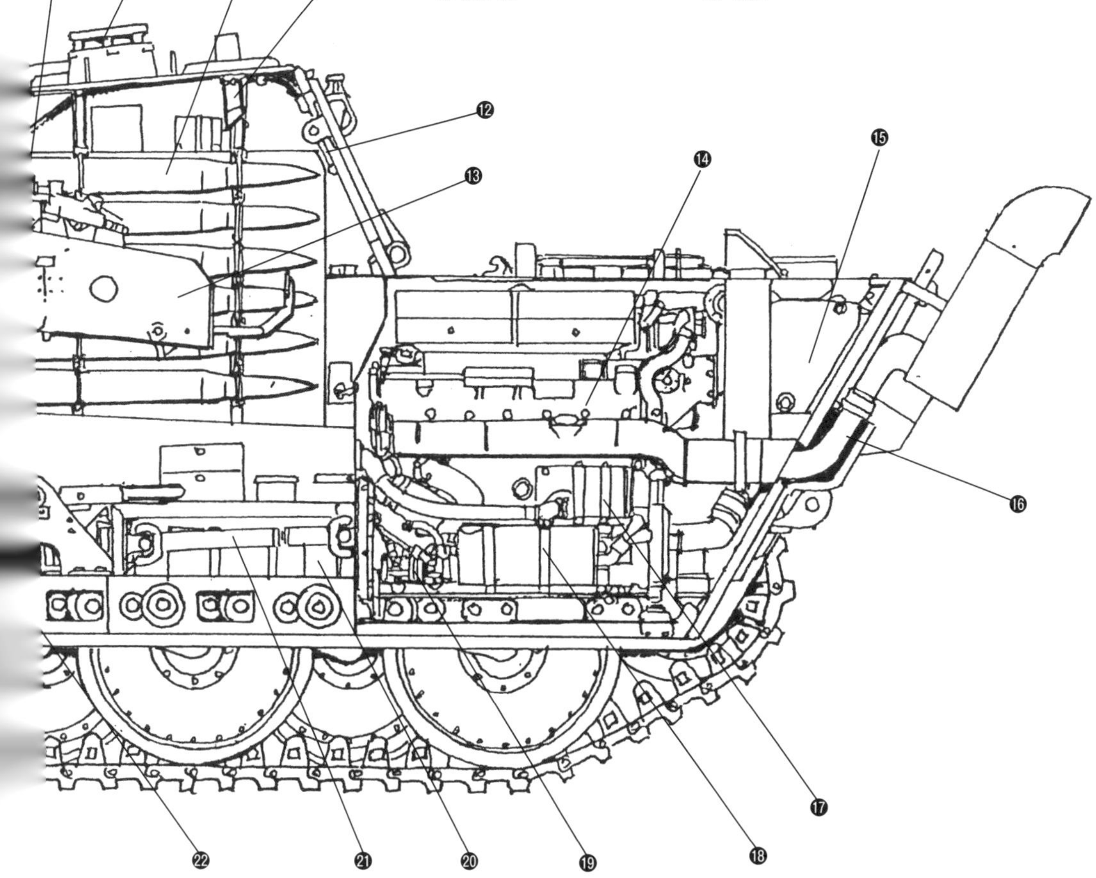

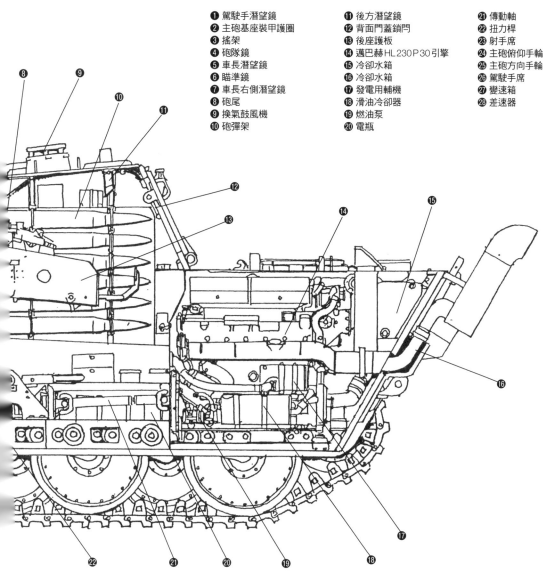

次世代豹式戰車

■豹式F型

F型是豹式原定的下一代量產型，其最大特徵在於採用戴姆勒-賓士公司全新設計的窄版砲塔。窄版砲塔縮小中彈率較高的正面寬度，並配備不易造成跳彈陷阱的小型防盾。除了外形設計，它的裝甲厚度也強化為正面120mm／20°、側面60mm／20°、背面60mm／20°、頂面40mm／90°，並搭載當時堪稱劃時代裝備的光學測距儀，大幅提升射擊精準度。

其底盤也有若干調整，將前方機槍架改成StG44突擊槍用槍架，並增厚駕駛艙頂面裝甲、將駕駛手／無線電手門蓋改成滑開式，承載輪採用G型也會使用的全鋼質構型。

1944年8月，將完成的2座試製砲塔搭載於G型底盤，開始進行測評。據說在戰爭結束之前，有完成8輛份的F型底盤。

另外，在F型砲塔試製完成，並且展開測評不久之後，克虜伯公司也於1944年11月提出搭載71倍徑8.8cm戰車砲KwK43的武裝強化方案。雖然F型砲塔是以搭載7.5cm KwK42為前提設計而成，但在改良復進缸筒，並將砲耳移至砲塔正面裝甲板前方之後，也是可以配備8.8cm KwK42。除此之外，為了提升射擊精準度，也有考慮配備穩定瞄準裝置。

■豹II式

豹式D型才剛開始投產，1943年1月22日便已出現將底盤正面裝甲從80mm增厚至100mm、底盤側面從45mm增厚至60mm的裝甲強化改良型計畫。1943年2月，此計畫決定盡可能與虎II式共用部件，並且搭載新設計的砲塔，於該年4月將改良型命名為豹II式。

按照當初計畫，原本預定於1943年9月完成，但由於和虎II式共用部件的規畫導致計畫拖延，且1944年4月吸取豹II式設計經驗的豹式G型也登場出現，因此豹II式便失去繼續研製的意義。

然而，豹II式的研製工作卻未完全中止，在大戰末期還有下達打造2輛試製底盤的指示，於1944年底完成1輛底盤。按照計畫，豹II式也預定搭載窄版砲塔，且還有考慮在砲塔正面裝甲前方設置砲耳罩，搭載8.8.cm KwK43。

豹式F型

全長：8.86m　全寬：3.44m
全高：2.92m　重量：45t　乘員：5名
武裝：70倍徑7.5cm戰車砲KwK42×1門、
　　　MG427.92cm機槍×1挺
最大裝甲厚度：80mm
引擎：梅巴赫邁巴赫HL230P30（700hp）
最大速度：55km/h

搭載為F型設計的窄版砲塔

強化駕駛艙頂面裝甲

並未裝設砲口制退器

槍架換成StG44突擊槍用

配備測距儀，提升射擊精準度。

承載輪以全鋼質為標準配備

豹II式

按照預定，應該會使用與F型同款的窄版砲塔。

也有搭載8.8cm戰車砲KwK43的方案

底盤為新設計

令盟軍陷入恐懼的無敵戰車
虎I式與衍生型

　　虎I式可說是二次大戰名號最為響亮的戰車，它從1942年6月開始生產，同年8月底現身戰場。虎I式配備火力強大的8.8cm砲，正面裝甲達到100mm，防護力相當牢固，且機動力就重戰車而言也很不錯。不論是在東部戰線、北非戰線、義大利戰線、西部戰線，皆能擊毀數倍於自身損失的敵戰車，令盟軍裝甲兵聞風喪膽。

VK4501（P）與虎I式

■德國的重戰車研製
　　德國於1935年3月16日宣布重整軍備後，便正式開始發展兵器。繼主力戰車（ZW）、支援戰車（BW）之後，接著也著手設計重戰車。兵器局於1937年1月對亨舍爾公司下達30t級戰車的研製要求，亨舍爾公司於1938年8月完成試製戰車DW.I，1939年初則造出改良型DW.II。

■VK3001（P）／（H）
　　當初原本只有亨舍爾公司在研製30t級戰車，到了1939年10月，保時捷公司也加入行列。1941年3月，亨舍爾公司

造出改良發展自DW.I與DW.II的VK3001（H），而保時捷公司則於1940～1941年完成VK3001（P）的試製底盤（兩者的砲塔皆未完成）。

　　然而，兩家公司的原型車VK3001卻只進行底盤行駛測試便告中止，依據兵器局提出的進一步要求，亨舍爾公司轉而研製36t級的VK3601（H），保時捷公司則著手設計45t級的VK4501（P）。

■VK4501（P）虎式（P）
　　保時捷公司的重戰車研製進度比亨舍爾公司先行一步，於

1942年4月18日完成VK4501（P）的1號原型車。VK4501（P）全長9.34m、全寬3.38m、全高2.8m、重量57t。底盤的裝甲厚度為正面上層100mm／60°（相對於垂直面的傾斜角）、正面下層80mm／45°、前方頂面60mm／78°、側面60mm／0°、背面100mm／0°、底面20mm／90°。底盤後方為動力艙，以2具保時捷101/1汽油引擎（合計620hp）直接連結西門子-舒克特公司的aGV275/24發電機，驅動該公司製造的D1495a電動馬達，作為行駛動力來源。

　　靠前方配置的克虜伯砲塔，

VK3001（P）100型

主砲預定搭載克虜伯
公司的8.8cm砲

雖然砲塔並未完成，但從留下的結構圖可以推知它應該會是這種形狀（圓筒形）。砲塔裝甲預定厚度為正面80mm、側面／背面60mm。

VK3001（P）僅完成底盤。裝甲厚度為正面50mm、側面40mm、背面30mm。後方搭載2具斯泰爾100引擎（210hp，合計420hp）。

砲塔與虎I式幾乎相同，
但頂面形狀有差異。

動力艙內裝有汽油
引擎與電動馬達，
採混合式驅動。

VK4501（P）虎式（P）

全長：9.34m　全寬：3.38m
全高：2.8m　重量：57t　乘員：5名
武裝：56倍徑8.8cm戰車砲KwK36×1門、
　　　MG34 7.92mm機槍×2挺
最大裝甲厚度：100mm
引擎：保時捷101/1（310hp）×2具
　　　（合計620hp）
最大速度：35km/h

搭載56倍徑8.8cm
戰車砲KwK36

正面裝甲為
100mm

構造與後來的虎Ⅰ式砲塔幾乎相同，但頂面形狀仍有差異。主砲搭載56倍徑8.8cm戰車砲KwK36，砲塔裝甲厚度為正面100mm／10°、防盾70～145mm／0°、側面～背面80mm／0°、頂面25mm／85～90°。

由於VK4501（P）採用較先進的汽油引擎與電動馬達混合驅動，因此原型車的測試結果並不理想，讓研製工作陷入瓶頸。即便如此，在原型車完成之前，便已下令生產100輛。

■VK3601（H）與 VK4501（H）

另一方面，由亨舍爾公司研製的VK3601（H），則於1941年6月11日對克虜伯公司下單訂製供VK3601（H）用的6座砲塔與7輛份底盤裝甲板。然而，由於

預定搭載的75.5倍徑7.5cm漸縮口徑砲的鎢鋼砲彈材料無法穩定供應，因此便取消採用7.5cm漸縮口徑砲，砲塔製造工作也隨之中斷。兵器局要求亨舍爾公司改為採用搭載8.8cm戰車砲KwK36的砲塔，並依此進行設計變更。該公司為了要在短時間內滿足這項要求，直接將已經完成的VK3601（H）底盤擴大、改良成原型車底盤，並且搭載已經在製造的保時捷公司VK4501（P）用8.8cm砲砲塔，設計出VK4501（H）。

正在打造搭載8.8cm砲的原型車時，兵器局又於1942年2月下令亨舍爾公司研擬搭載萊茵金屬公司正在研製的70倍徑長砲管7.5cm砲的砲塔方案。這款7.5cm砲雖然口徑比8.8cm砲小，但穿甲能力卻比較強。亨舍

爾公司製作出木模型，實際證明可以搭載，但由於7.5cm砲必須優先提供給豹式戰車（當時的研製型號為VK3002），因此7.5cm砲塔搭載案便告中止。若按照計畫進行，第100輛生產車之前會是搭載8.8cm砲砲塔的H1型，自第101輛開始則會改成搭載7.5cm砲砲塔的H2型。

VK4501（H）的1號原型車V1於1942年4月完成，它的設計相當保守，重量超過計畫值的45t，達到57t。1號原型車V1雖然沒有配備車載工具、側面擋泥板、空氣過濾器、砲塔後方的儲物箱等車外裝備，但在此階段已經基本確立虎Ⅰ式的設計構型。

由於兵器局原本較為看好的保時捷VK4501（P）故障頻傳，因此便放棄了VK4501（P），改為採用亨舍爾公司的VK4501（H）

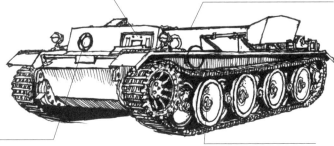

VK3001（H）

全長：5.81m　全寬：3.16m　底盤高：1.85m
重量：32t　乘員：5名
武裝：24倍徑7.5cm戰車砲KwK37×1門、MG34 7.92mm機槍×2挺
最大裝甲厚度：50mm
引擎：梅巴赫邁巴赫HL116（300hp）
最大速度：35km/h

行駛裝置採用扭力桿承載系，承載輪為交錯式配置，並有頂支輪。

砲塔未能趕上行駛測試，僅搭載重量相等的配重物。後來雖然有完成試製砲塔，但卻沒有裝上底盤，而是當成固定砲台使用。

底盤正面裝甲厚度為50mm

未配備與虎Ⅰ式同型的駕駛手窺視窗

砲塔並未完成，尚未裝上底盤，研製便告中止。

VK3601（H）

全長：6.05m　全寬：3.14m　全高：2.70m
重量：40t　乘員：5名
武裝：75.5倍徑7.5cm Gerät 0725×1門、MG34 7.92mm機槍×2挺
裝甲厚度：底盤正面80mm、砲塔正面100mm
引擎：梅巴赫邁巴赫HL174（550hp）
最大速度：40km/h

未配備與虎Ⅰ式同型的MG34球形機槍架

主動輪、承載輪、惰輪與虎Ⅰ式同型。履帶也使用虎Ⅰ式的鐵路運輸型。

為「VI號重戰車H1型」。它後來改稱「虎式E型」，最後又變成「虎I式」。

■虎I式

虎I式的首批量產車於6月完成，全長8.45m、全寬3.70m、全高3.00m、重量57t。底盤比照之前的德國戰車，採用標準式的箱形設計，最前方配置轉向機與變速箱，其後左側為駕駛手席，右側為無線電手席。底盤中央為戰鬥艙，戰鬥艙上層側面有砲彈架，底板下方也有儲彈庫，總共能夠攜帶92發砲彈。

底盤後方的動力艙中央裝有650hp的梅巴赫邁巴赫HL210P45液冷V型12汽缸汽油引擎（1943年5月生產的251號車以降，將引擎換成700hp的HL230P45），引擎兩側配置燃油箱、散熱器、散熱器冷卻風扇。動力艙內配備自動滅火裝置，若溫度上升超過160度便會作動。由於重量達到57t，能通過的橋樑頗受限制，因此備有渡河用的潛水裝備。

底盤的裝甲厚度為正面100mm/25°（相對於垂直面的傾斜角）、下層正面60mm/65°、前方頂面60mm/80°、底盤正面100mm/9°、側面上層80mm/0°、側面下層60mm/0°、背面80mm、頂面25mm/90°、底板25mm/90°，砲塔裝甲厚度則為正面100mm/10°、防盾70～145mm/0°、側面～背面80mm/0°、頂面25mm/85～90°，裝甲十分厚重。

56倍徑的8.8cm KwK36主砲是當時威力最為強大的戰車砲，若使用Pzgr39普通穿甲彈，於射程1,000m可貫穿100mm（入射角30°）裝甲板。若使用貫穿力更強的Pzgr40鎢芯穿甲彈，於同射程可貫穿138mm裝甲板。這樣的數值，代表它能自遠距離擊毀當時所有盟軍戰車。

至於砲塔內部配置，左側後方為車長，其前方為射手，右側為裝填手，車長可透過展望塔進行全方位觀察。砲塔下方採吊籃式設計，不論砲塔轉向何方，都不影響內部乘員作業。像這種具功能性的內部結構，也是帳面數據上看不到的德國戰車優異特質。

虎I式不僅防禦力、攻擊力皆很優秀，機動力對於重戰車而言也很不錯，最大速度為40km/h（早期型為45km/h），最大行程120km（道路）。若與之後為了對抗虎I式而研製的盟軍重戰車（蘇聯JS-2的重量為46t，最大速度38km/h。

虎I式早期型（1943年6月之前的生產車）

搭載56倍徑8.8cm戰車砲KwK36

1943年5月之前於砲塔側面裝有煙幕彈發射器

早期型車長展望塔為圓筒狀

底盤正面裝甲厚100mm

全長：8.45m　全寬：3.70m
全高：3.00m　重量：57t
乘員：5名
武裝：56倍徑8.8cm戰車砲
　　　KwK36×1門、
　　　MG34 7.92mm機槍×2挺
最大裝甲厚度：100mm（防盾145mm）
引擎：梅巴赫邁巴赫HL210P45
　　　（650hp）
最大速度：45km/h

虎I式中期型（1943年7月～1944年1月生產車）

全長：8.45m　全寬：3.70m　全高：3.00m
重量：57t　乘員：5名
武裝：56倍徑8.8cm戰車砲KwK36×1門、
　　　MG34 7.92mm機槍×2挺
最大裝甲厚度：100mm（防盾145mm）
引擎：梅巴赫邁巴赫HL230P45（700hp）
最大速度：40km/h

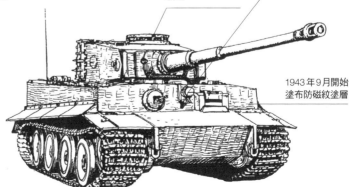

1943年7月開始將車長展望塔換成新型。

Bosch防空燈減為1具，1943年10月開始設置於底盤上層中央。

1943年9月開始塗布防磁紋塗層

美國的M26潘興式為41.8t、40km/h）相比，便可得知「虎Ⅰ式的弱點在於機動力差」這樣的說法並不正確。

然而，結構複雜的行駛裝置卻是虎Ⅰ式的致命傷。採交錯式配置的承載輪，雖然是個分散接地壓的好點子，但若要更換輪子進行保修，卻會非常耗工。除此之外，這樣的設計在東部戰線的軟泥地也很容易卡進泥巴與雪塊，對行駛產生妨礙。在執行鐵路運輸時，由於車寬超過板車寬度，因此還得卸下外側承載輪，並且換用寬度較窄的專用履帶。

虎Ⅰ式自1942年6月至1944年8月進行量產，總共造了1,346輛。虎Ⅰ式也和其他德國戰車一樣，在生產期間有數次構型變更、改良。較大的變更點，在於設置側面擋泥板、設置及廢除空氣過濾器、變更Bosch防空燈裝設位置、於砲塔後方右側設置逃生門、將砲塔後方的儲物箱標準化、更換引擎、於砲塔側面設置備用履帶架、廢除煙幕彈發

射器、修改車長展望塔、修改裝填手門蓋、廢除潛水設備、廢除S地雷發射器、增厚砲塔頂面裝甲、配備近迫防禦武器、採用新型主動輪、惰輪、全鋼質承載輪，以及設置2t吊架用基座等。

虎Ⅰ式依生產時期的外觀特徵，可大致分為早期型、中期型、後期型3種。一般而言，具備圓筒狀車長展望塔的是早期型，而1943年7月開始生產，將車長展望塔換成新型的是中期型，1944年2月以降採用全鋼質承載輪的則是後期型。

虎Ⅰ式從1942年8月開始配賦部隊，第502重戰車營當月便開抵東部戰線的列寧格勒戰區。同年11月，第501重戰車營也派遣至北非戰線的突尼西亞。

虎式戰車營以45輛編成，各連編組14輛。由於虎式部隊總是投入最前線，因此車輛損耗必然較多，很難穩定維持編制數量。有鑑於此，車輛便很常在各部隊間調動，或是重新編成部隊、與其他部隊併編等。

接在第501、第502重戰車營之後，第503、第504、第505、第506、第507、第508、第509、第510重戰車營，第301、第316（遙控）重戰車連，大德意志裝甲擲彈兵師戰車團，SS第1、SS第2、SS第3戰車團，SS第101、SS第102、SS第103重戰車營，以及胡梅爾重戰車連、帕德博恩重戰車連、庫默斯多夫戰車營、麥爾戰鬥團等部隊也都陸續配備。另外，也有提供10輛給匈牙利軍部隊。

虎Ⅰ式首次上陣，是在1942年後期的列寧格勒戰區，但因早期故障的關係，並未充分施展。到了1943年1～3月的北非突尼西亞戰役以及1943年7月史上最大規模戰車對戰的庫斯克會戰，虎Ⅰ式便鋒芒畢露，擊毀大量敵戰車。之後在東部戰線、義大利戰線、西部戰線，也都展現足以名留戰史的活躍，並且催生米歇爾・魏特曼與奧托・卡留斯等眾多戰車王牌。

虎Ⅰ式後期型（1944年2月以降的生產車）

全長：8.45m　全寬：3.70m　全高：3.00m　重量：57t　乘員：5名
武裝：56倍徑8.8㎝戰車砲KwK36×1門、MG34 7.92㎜機槍×2挺
最大裝甲厚度：100mm（防盾145mm）
引擎：梅巴赫邁巴赫HL230P45（650hp）
最大速度：40km/h

1944年4月開始換成
單眼式瞄準鏡

1944年2月開始換成
全鋼質承載輪

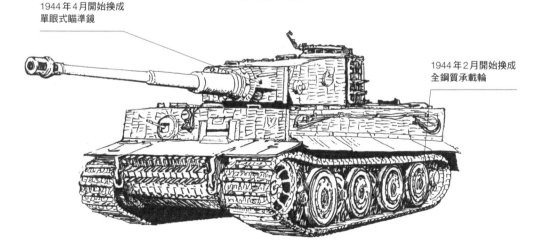

●虎Ⅰ式早期型的內部結構

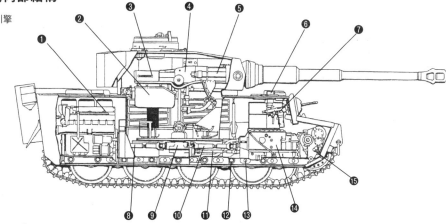

- ❶ 邁巴赫HL 210 P 45引擎
- ❷ 空彈筒藥筒容器
- ❸ 後座護板
- ❹ 砲尾（砲閂）
- ❺ 制退機
- ❻ 無線電手潛望鏡
- ❼ MG 34 7.92㎜機槍
- ❽ 後傳動軸
- ❾ 砲塔迴轉馬達
- ❿ 前傳動軸
- ⓫ 砲塔馬達驅動軸
- ⓬ 扭力桿
- ⓭ 扭力桿固定座
- ⓮ 變速箱
- ⓯ 轉向裝置

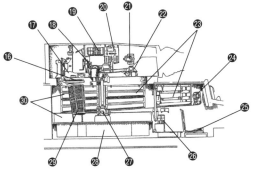

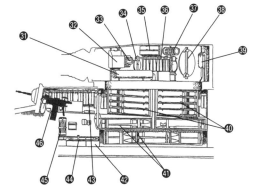

●砲塔／戰鬥艙／駕駛艙左側

⓰ 車長席	㉔ 慣性羅盤
⓱ 地圖盒	㉕ 駕駛手席
⓲ 信號槍	㉖ 防毒面具筒（駕駛手）
⓳ 防毒面具筒（射手）	㉗ 砲塔動力裝置
⓴ 砲塔電器面板	㉘ 雜物箱
㉑ 射手窺視窗	㉙ 信號旗收納籃
㉒ 砲塔方向表示器	㉚ 儲彈庫
㉓ 儲彈庫	

●砲塔／戰鬥艙／駕駛艙右側

㉛ 平衡缸筒	㊴ 保險絲盒
㉜ 雜物箱	㊵ 儲彈庫
㉝ 裝填手窺視窗	㊶ 儲彈庫
㉞ 水壺	㊷ 工具箱
㉟ MG 34用兩腳架與槍托容器	㊸ MG 34用彈藥袋
㊱ MG 34用彈藥袋	㊹ 無線電手席
㊲ 防毒面具筒（裝填手）	㊺ 防毒面具筒（無線電手）
㊳ 逃生門	㊻ MG 34 7.92㎜機槍

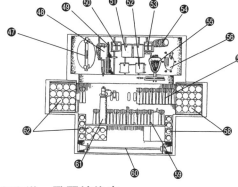

●砲塔、戰鬥艙後方

㊼ 逃生門	㊽ 車長席
㊽ 保險絲盒	㊾ 手槍射口
㊾ MP 40衝鋒槍	㊿ MG 34用彈藥袋
○50 窺視窗備用防彈玻璃	○58 儲彈庫
○51 耳機盒（設置於左右）	○59 MG 34用彈藥袋
○52 信號彈（設置於左右）	○60 扭力桿
○53 窺視窗備用防彈玻璃	○61 自動式滅火器
○54 防毒面具筒（車長）	○62 儲彈庫

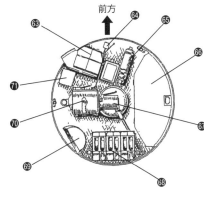

●砲塔籃底板

○63 砲塔迴轉用踏板	○68 水罐
○64 同軸機槍射擊踏板	○69 信號旗收納籃
○65 MG 34用彈藥袋	○70 砲塔迴轉用馬達
○66 底層儲彈庫蓋板	○71 砲尾用備品箱
○67 砲塔動力裝置	

前方

Ⅰ號戰車
Ⅱ號戰車
38（t）戰車
Ⅲ號戰車
Ⅳ號戰車
豹式
虎Ⅰ式
虎Ⅱ式
其他的車輛
計畫戰車
戰後戰車

●乗員配置

装填手

車長

射手

駕駛手

無線電手

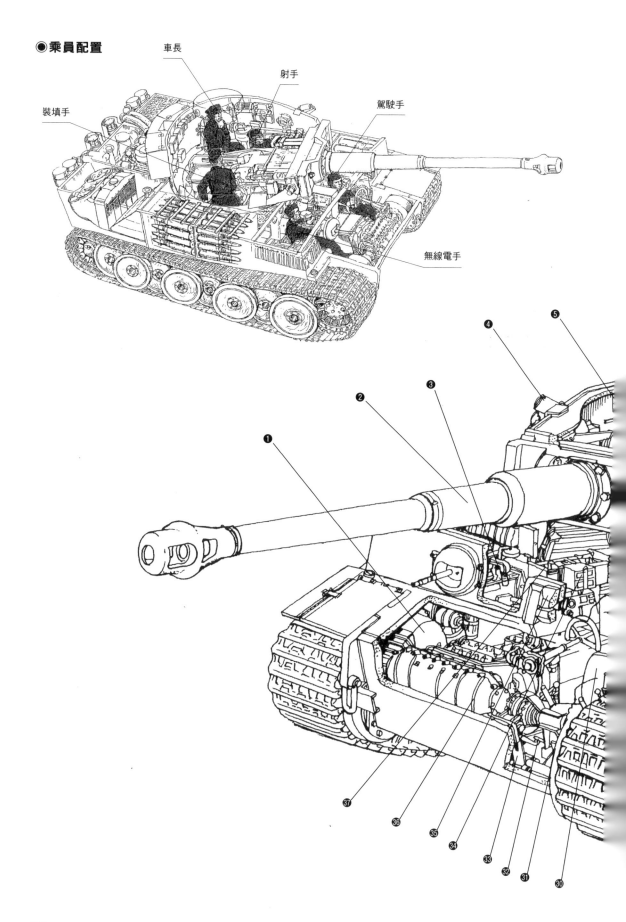

❶ ❷ ❸ ❹ ❺

❸⑦ ❸⑥ ❸⑤ ❸④ ❸❸ ❸② ❸① ❸⓪

120

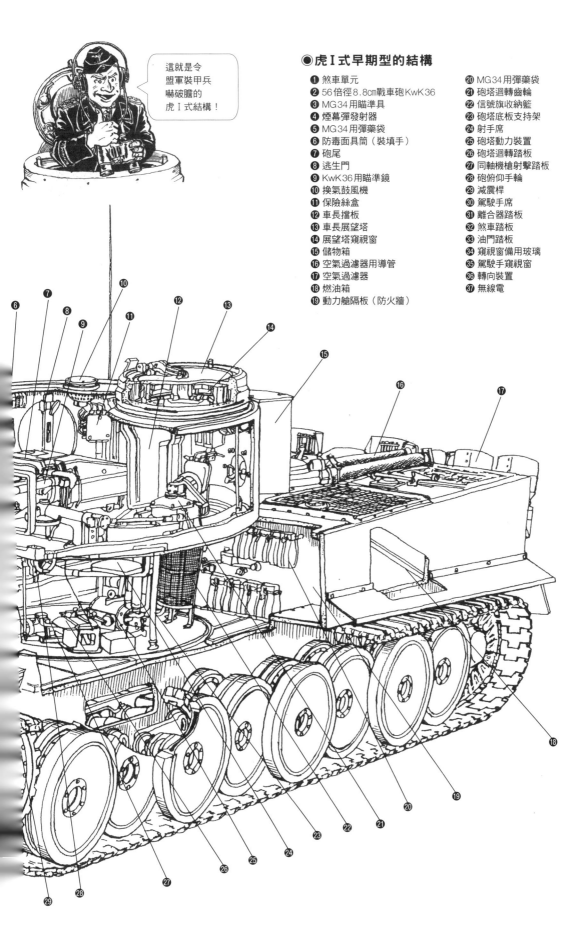

這就是令盟軍裝甲兵嚇破膽的虎Ⅰ式結構！

●虎Ⅰ式早期型的結構

① 煞車單元
② 56倍徑8.8㎝戰車砲KwK36
③ MG34用瞄準具
④ 煙幕彈發射器
⑤ MG34用彈藥袋
⑥ 防毒面具筒（裝填手）
⑦ 砲尾
⑧ 逃生門
⑨ KwK36用瞄準鏡
⑩ 換氣鼓風機
⑪ 保險絲盒
⑫ 車長擋板
⑬ 車長展望塔
⑭ 展望塔窺視窗
⑮ 儲物箱
⑯ 空氣過濾器用導管
⑰ 空氣過濾器
⑱ 燃油箱
⑲ 動力艙隔板（防火牆）
⑳ MG34用彈藥袋
㉑ 砲塔迴轉齒輪
㉒ 信號旗收納籃
㉓ 砲塔底板支持架
㉔ 射手席
㉕ 砲塔動力裝置
㉖ 砲塔迴轉踏板
㉗ 同軸機槍射擊踏板
㉘ 砲俯仰手輪
㉙ 減震桿
㉚ 駕駛手席
㉛ 離合器踏板
㉜ 煞車踏板
㉝ 油門踏板
㉞ 窺視窗備用玻璃
㉟ 駕駛手窺視窗
㊱ 轉向裝置
㊲ 無線電

Ⅰ號戰車篇
Ⅱ號戰車篇
38（t）戰車
Ⅲ號戰車篇
Ⅳ號戰車
豹式
虎Ⅰ式
虎Ⅱ式
其他的車輛
計畫戰車
戰後戰車

◉動力裝置的結構

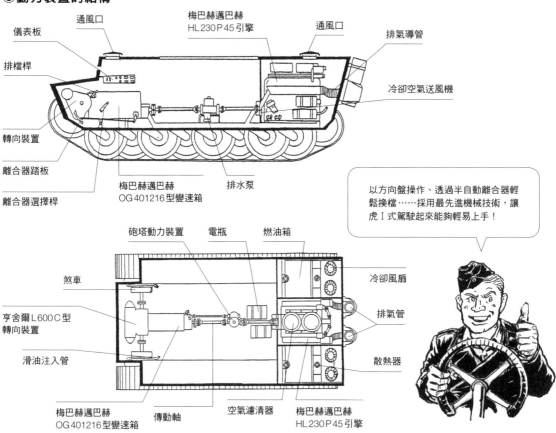

儀表板
通風口
梅巴赫邁巴赫 HL230P45引擎
通風口
排氣導管
排檔桿
冷卻空氣送風機
轉向裝置
離合器踏板
離合器選擇桿
梅巴赫邁巴赫 OG401216型變速箱
排水泵

砲塔動力裝置
電瓶
燃油箱
冷卻風扇
煞車
排氣管
亨舍爾L600C型轉向裝置
滑油注入管
散熱器
梅巴赫邁巴赫 OG401216型變速箱
傳動軸
空氣濾清器
梅巴赫邁巴赫 HL230P45引擎

以方向盤操作、透過半自動離合器輕鬆換檔……採用最先進機械技術，讓虎Ⅰ式駕駛起來能夠輕易上手！

◉駕駛手席配置

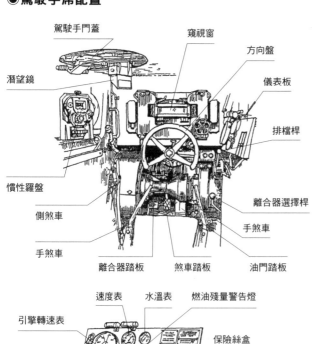

駕駛手門蓋
窺視窗
方向盤
潛望鏡
儀表板
排檔桿
慣性羅盤
離合器選擇桿
側煞車
手煞車
手煞車
離合器踏板
煞車踏板
油門踏板

速度表
水溫表
燃油殘量警告燈
引擎轉速表
保險絲盒
油壓表
啟動鑰匙
阻風門

◉變速箱

梅巴赫邁巴赫 OG401216型變速箱
方向盤
排檔桿
亨舍爾L600C型轉向裝置
離合器選擇桿

◉邁巴赫 HL230P45引擎

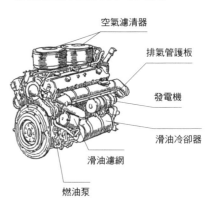

空氣濾清器
排氣管護板
發電機
滑油冷卻器
滑油濾網
燃油泵

●燃油供給系統

燃油加油口　散熱器　化油器　　壓送用管

溢流管

燃油箱

散熱器

燃油箱

燃油箱

燃油吸入閥

燃油排出口

燃油泵　　　燃油濾心

●冷卻系統

散熱器

冷卻水移送管

冷卻風扇

冷卻水注入口

排水閥

排出口

散熱器

滑油冷卻器

●早期型～中期型的行駛裝置

主動輪　　運輸時會將外側承載輪卸下　　　惰輪

扭力桿

履帶張力調節器

惰輪

減震桿

懸吊搖臂

主動輪

第1／第3／第5／第7
承載輪

第2／第4／第6／第8
承載輪

●早期型潛水裝備

呼吸管

球形機槍架防水蓋

換氣鼓風機蓋

呼吸管

早期的虎Ⅰ式可是
具備潛水渡河功能
的超級戰車呢！

Ⅰ號戰車

Ⅱ號戰車

38（t）戰車

Ⅲ號戰車

Ⅳ號戰車

豹式

虎Ⅰ式

虎Ⅱ式

其他的車輛

計畫戰車

戰車隊

● 虎 I 式早期型變遷

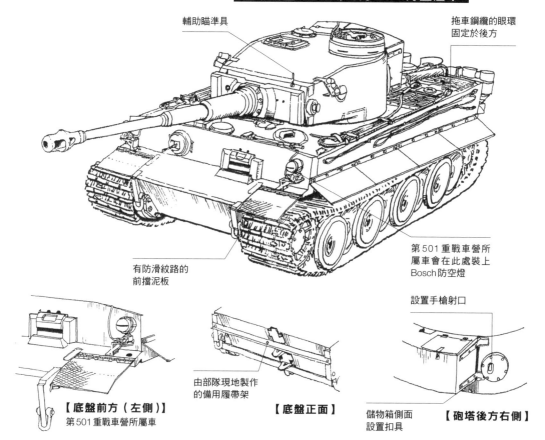

輔助瞄準具

拖車鋼纜的眼環
固定於後方

有防滑紋路的
前擋泥板

第501重戰車營所
屬車會在此處裝上
Bosch防空燈

設置手槍射口

【底盤前方（左側）】
第501重戰車營所屬車

由部隊現地製作
的備用履帶架

【底盤正面】

儲物箱側面
設置扣具

【砲塔後方右側】

【清潔砲膛】

接好的通砲桿

虎 I 式清潔砲膛需動用
3~4人

【第501重戰車營所屬車的底盤背面】

由部隊自行製作的
排氣管護蓋

引擎啟動用連接器
採斜向設置

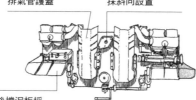

後擋泥板採
獨有形狀

戰鬥用履帶
Kgs 63／725／130

鐵路運輸用履帶
Kgs／63／520／130

【履帶的更換方法】

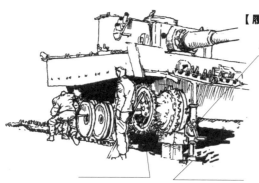

以千斤頂將底盤頂起

以履帶更換鋼纜
拉動履帶

使用履帶更換用
工具與撬棒

設置千斤頂台座

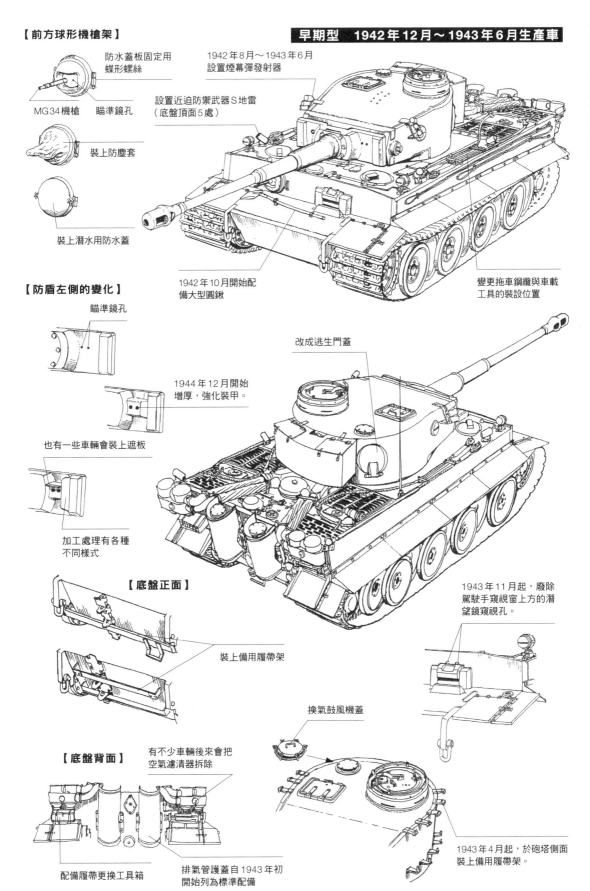

【前方球形機槍架】

防水蓋板固定用
蝶形螺絲

MG34機槍　瞄準鏡孔

裝上防塵套

裝上潛水用防水蓋

1942年8月～1943年6月
設置煙幕彈發射器

設置近迫防禦武器S地雷
（底盤頂面5處）

1942年10月開始配
備大型圓鍬

變更拖車鋼纜與車載
工具的裝設位置

【防盾左側的變化】

瞄準鏡孔

1944年12月開始
增厚，強化裝甲。

也有一些車輛會裝上遮板

加工處理有各種
不同樣式

改成逃生門蓋

【底盤正面】

裝上備用履帶架

1943年11月起，廢除
駕駛手窺視窗上方的潛
望鏡窺視孔。

換氣鼓風機蓋

【底盤背面】

有不少車輛後來會把
空氣濾清器拆除

配備履帶更換工具箱

排氣管護蓋自1943年初
開始列為標準配備

1943年4月起，於砲塔側面
裝上備用履帶架。

◉虎I式中期／後期型的變遷

【裝填手門蓋的變遷】

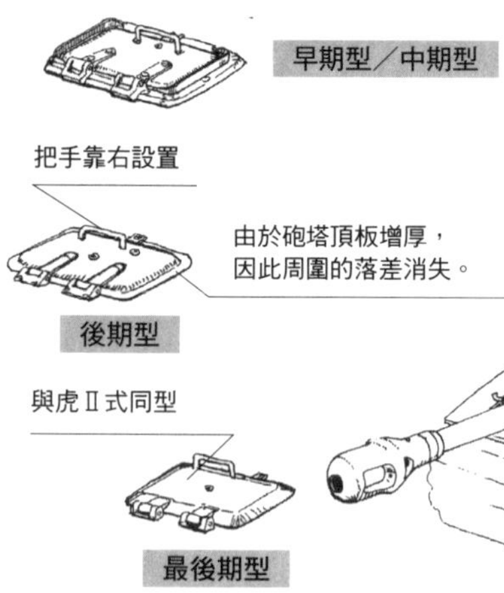

早期型／中期型
把手靠右設置
由於砲塔頂板增厚，
因此周圍的落差消失。
後期型
與虎II式同型
最後期型

中期型 1943年7月～1944年1月生產車

車長展望塔換成有
潛望鏡的新型
廢除空氣過濾器
廢除右側
Bosch防空燈
行駛裝置與早期型相同

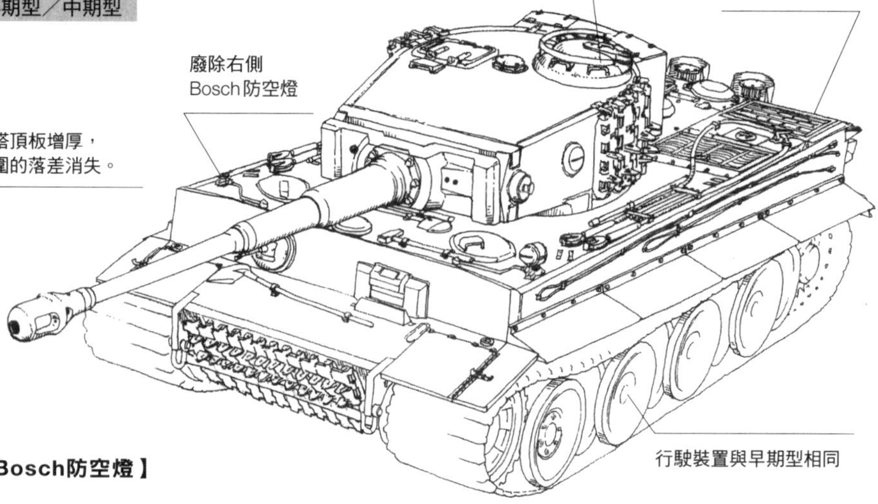

【1943年10月以降的Bosch防空燈】

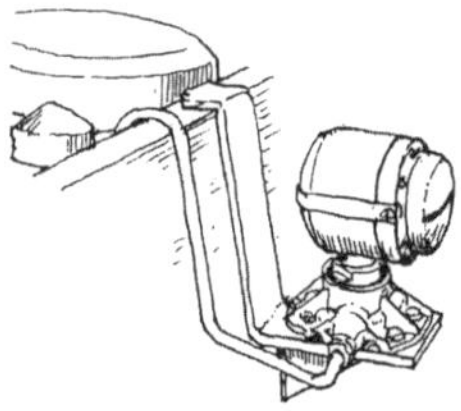

【早期型～中期型底盤頂面前方】

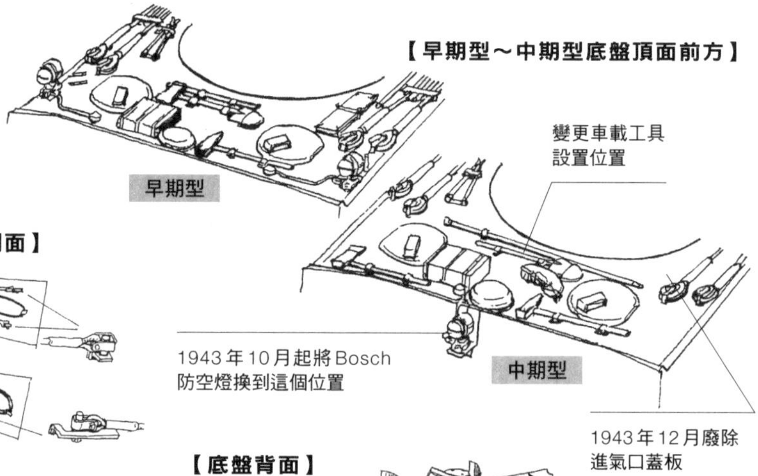

早期型
變更車載工具
設置位置
1943年10月起將Bosch
防空燈換到這個位置
中期型
1943年12月廢除
進氣口蓋板

【底盤左側面】

早期型
中期型

【砲塔後方左側】

早期型
手槍射口
改成小型手槍射口
中期型
早期型於1943年4月開始
設置備用履帶架

【底盤背面】

1943年8月
完全廢除空氣
過濾器
引擎啟動用
連接器
1943年11月開始設置行軍
砲鎖，1944年2月廢除。

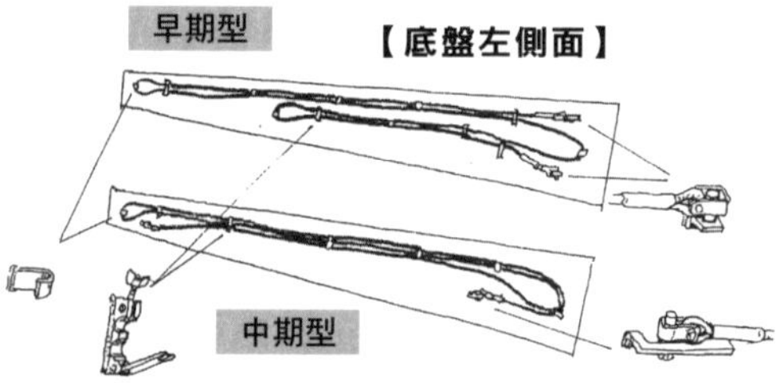

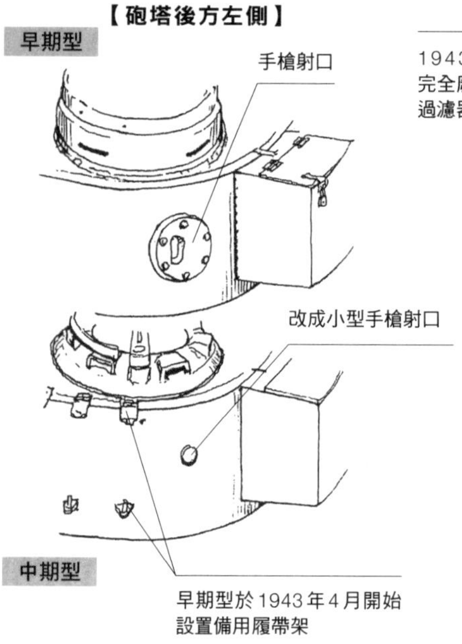

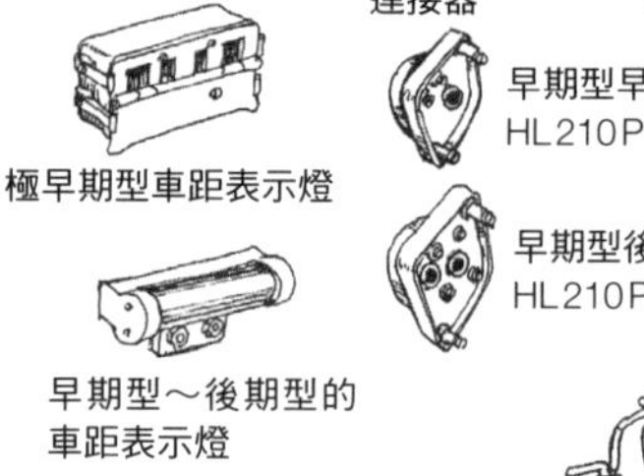

極早期型車距表示燈
早期型～後期型的
車距表示燈
早期型早期生產車
HL210P45專用
早期型後期生產車以降
HL210P45／HL230P45兩用

【車長展望塔】

防空機槍架

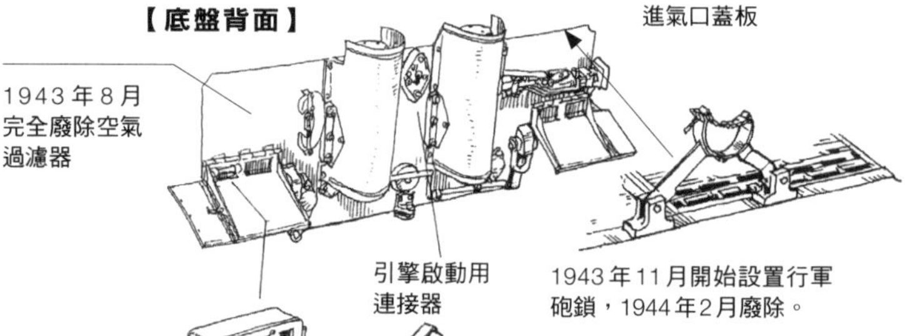

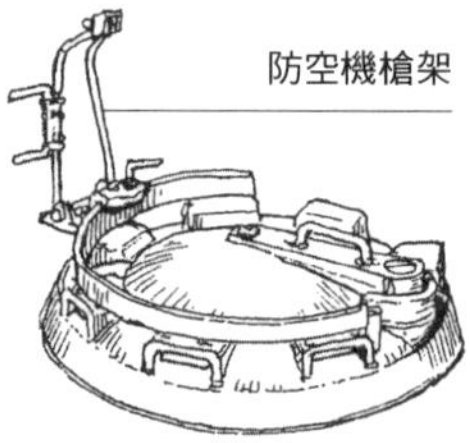

【砲口制退器】

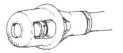

1944年3月之前的
早期型

1944年4月開始採用的後期型，
與虎Ⅱ式同款的輕量型。

【中期型1944年1月生產車
以降的拖鉤座】

為擴大U字形拖
車鉤的上方可動
範圍，將上半部
削去一塊。

【主動輪】

早期型　　　早期型／中期型

【承載輪】

早期型／中期型　　　後期型

【拖車方法】

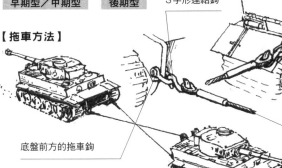

底盤前方的拖車鉤

拖車鋼纜

1944年4月開始換用單眼式瞄準鏡，
瞄準鏡孔也隨之減為右側1個。

1944年3月開始將砲塔頂面裝
甲板從25mm強化至40mm。

中期型的1943年10月生
產車開始於正面中央設置
Bosch防空燈。

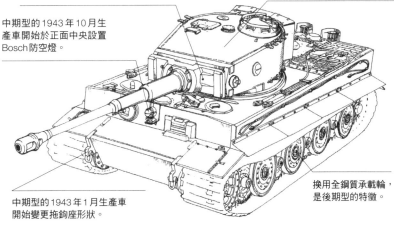

中期型的1943年1月生產車
開始變更拖鉤座形狀。

換用全鋼質承載輪，
是後期型的特徵。

1944年5月開始在
砲塔頂面設置3處2t
吊架基座。

1944年3月開始配備
近迫防禦武器。

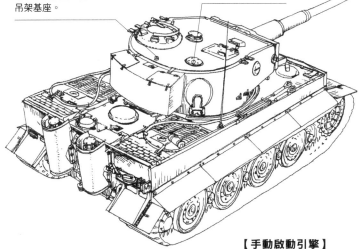

【手動啟動引擎】

將曲柄插入引擎啟動孔

迴轉曲柄，
啟動引擎。

底盤背面的
拖車鉤

S字形連結鉤

有八字形防滑爪

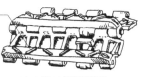

1943年12月開始採用
的新型履帶

Ⅰ號戰車

Ⅱ號戰車

38(t)戰車

Ⅲ號戰車

Ⅳ號戰車

豹式

虎Ⅰ式

虎Ⅱ式

其他的車輛

Ⅰ號戰車

獵豹戰車

● 56倍徑8.8㎝戰車砲 KwK36 的砲尾

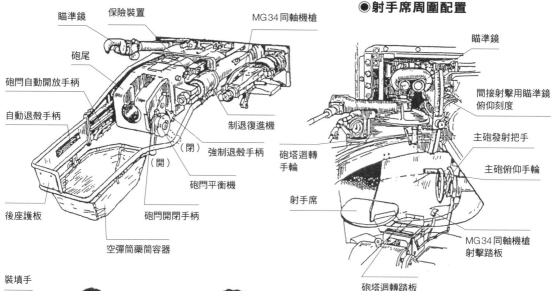

瞄準鏡
保險裝置
MG34 同軸機槍
砲尾
砲門自動開放手柄
自動退殼手柄
制退復進機
（閉）
強制退殼手柄
（開）
砲門平衡機
後座護板
砲門開閉手柄
空彈筒藥筒容器

●射手席周圍配置

瞄準鏡
間接射擊用瞄準鏡俯仰刻度
主砲發射把手
主砲俯仰手輪
砲塔迴轉手輪
射手席
MG34 同軸機槍射擊踏板
砲塔迴轉踏板

裝填手
車長
射手
砲手
瞄準鏡
砲塔迴轉手輪

●德國戰車的瞄準方法

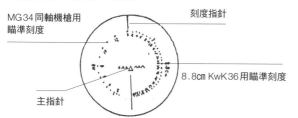

MG34 同軸機槍用瞄準刻度
刻度指針
主指針
8.8㎝ KwK36 用瞄準刻度

【自距離1,300m瞄準敵戰車】

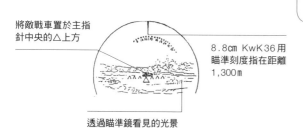

將敵戰車置於主指針中央的△上方
8.8㎝ KwK36 用瞄準刻度指在距離1,300m

透過瞄準鏡看見的光景

●攻擊程序

程序1

車長：自展望塔窺視窗進行索敵，發現敵戰車。
「發現目標！砲塔3點鐘方向，敵戰車，距離1,300」

程序2

射手：踩下砲塔迴轉踏板以轉動砲塔，並以砲塔迴轉手輪與主砲俯仰手輪進行微調，瞄準敵戰車。若目標正在移動，射手則須計算移動速度（取出前置量），瞄準目標前方射擊。
「瞄準完畢！」

程序3

裝填手：依據目標選擇砲彈。此時會裝填穿甲彈。
「穿甲彈，裝填完畢！」

程序4

車長「放！」
射手：拉動主砲發射把手。

程序5

車長：迅速確認狀況。
「命中！」

先行發現敵蹤，先一步發動攻擊。即便虎式能從遠距離攻擊，不過仍得制敵機先！

虎I式及VK3001(H)的衍生型

■虎I式的衍生型

除了製造數量極少的指揮車型（48輛）與用來遙控B.Ⅳ炸藥運輸車的指揮戰車（50～60輛左右）之外，能稱得上是虎I式衍生型的，就只有突擊虎式與虎I式救濟車。

虎I式的衍生型之所以會這麼少，主要是因為當時的德軍非常需要虎I式，且製造這款戰車不僅相當費工，生產成本也十分高昂，將之改造成其他車種，以性價比而言實在是很不划算。

■突擊虎式

突擊虎式是一款比灰熊式更強的突擊戰車，特徵在於它的38cm大口徑火箭砲，該砲源自萊茵金

屬公司應海軍要求研製的岸置反艦38cm臼砲「兵器機材562」。

當初原本是海軍想要將這款火箭兵器改成自走砲，後來由陸軍接手計畫，於1943年5月決定在虎I式底盤上搭載38cm火箭砲構成自走砲。

之所以會使用珍貴的虎I式底盤，是因為要在車內儲放巨大的38cm砲彈，只有底盤較大的虎I式才有辦法勝任。突擊虎式並非全新生產，而是改造自前線送回修理的虎I式底盤。製造工作由埃克特公司負責，1943年10月完成原型車，1944年8月開始生產。

突擊虎式將虎I式底盤的上層正面至動力艙前的頂面切除，於

其上方加裝戰鬥艙。戰鬥艙的裝甲十分厚重，為正面150mm、側面／背面80mm、頂面40mm，使其重量超過虎I式，達到65t。主砲38cm StuM RW61的最大射程為5,560m，威力十分強大。

戰鬥艙正面搭載38cm火箭砲StuM RW61，右側裝有配備MG34的球形機槍架，左側設置瞄準孔與駕駛手窺視窗。戰鬥艙頂面的右前方有換氣鼓風機，中央設置供乘員進出與裝載砲彈的門蓋，其後方門蓋裝有近迫防禦武器，後方門蓋左側設置迴轉式潛望鏡。戰鬥艙背面有中央逃生門，背面右側設置砲彈裝載用吊架。戰鬥艙內左右兩側為儲彈庫，總共可以搭載14發38cm火

突擊虎式

全長：6.28m　全寬：3.57m
全高：2.85m　重量：65t
乘員：5名
武裝：5.4倍徑38cm火箭砲
　　　StuM RW61×1門、
　　　MG34 7.92mm機槍×1挺
最大裝甲厚度：150mm
引擎：梅巴赫邁巴赫HL230P45
　　　（650hp）
最大速度：40km/h

頂面右側前方設置換氣鼓風機

搭載可發射38cm火箭彈的StuM RW61

戰鬥艙背面右側上方設置裝載砲彈用的吊架

MG34
球形機槍架

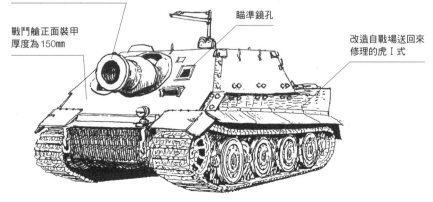

有些車輛會在砲口周圍裝上配重塊

瞄準鏡孔

戰鬥艙正面裝甲厚度為150mm

改造自戰場送回來修理的虎I式

I號戰車

Ⅱ號戰車

38(t)戰車

Ⅲ號戰車

Ⅲ號突砲

Ⅳ號戰車

豹式

虎I式

虎Ⅱ式

其他的戰車

計畫戰車

軼聞趣事

箭彈。

突擊虎式在1944年12月之前製造了18輛。

■虎式救濟車

虎式救濟車並非制式車輛，而是由第508重戰車營利用受損虎Ⅰ式改造而成的戰車回收車。

它卸除了主砲，在砲塔頂面設置可動式吊架，砲塔背面加裝絞盤。另外，底盤正面也裝上牽引具，分解後的吊架則裝在前方頂面。1944年1月，據說有造出3輛這款車型。

■12.8cm自走戰防砲
（裝甲自走底盤Ⅴ型）頑固埃米爾

1941年5月26日，希特勒要求軍方研製一款搭載12.8cm砲的重型自走戰防砲，用以擊毀將來可能出現的盟軍重戰車。它的底盤轉用自當時亨舍爾公司正在測試的30t級戰車VK3001（H），於開頂式戰鬥艙搭載萊茵金屬公司的61倍徑12.8cm K40，於1941年8月製造2輛。

該型自走砲將VK3001（H）的底盤延長，用以搭載12.8cm砲，全長達到9.8m，車重也有35t，尺寸十分巨大。由於VK3001（H）本身僅有製造4輛，因此並未多加生產，僅造出2輛便告結束。

這2輛車配賦至第521戰車驅逐營第3連，於1942年夏季開始在東部戰線活動。雖然詳情不明，但據說有創下不少戰果。該型自走砲的制式名稱為「搭載12.8cm砲裝甲自走底盤Ⅴ型」，不過士兵比較喜歡稱它為「頑固埃米爾」。最後，蘇軍擊毀其中1輛，另1輛則被繳獲。

■VK3601（H）裝甲救濟車

VK3001（H）與VK3601（H）直到最後都未能裝上砲塔，但除了「頑固埃米爾」之外，這些底盤也有被轉用於其他原型車，發展出衍生型。

製造完成的VK3601（H）底盤當中，有4輛裝上20t絞盤，被改造成裝甲救濟車，配賦虎式重戰車營。

虎式救濟車

全寬：3.70m　全高：3.00m
武裝：MG34 7.92mm機槍×1挺
最大裝甲厚度：100mm（防盾145mm）
引擎：梅巴赫邁巴赫HL230P45（650hp）
最大速度：40km/h

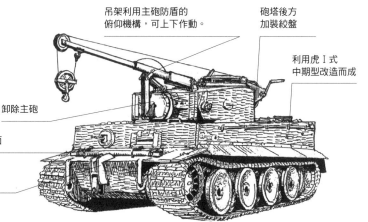

吊架利用主砲防盾的俯仰機構，可上下作動。

砲塔後方加裝絞盤

利用虎Ⅰ式中期型改造而成

卸除主砲

分解後的吊架裝在前方頂面

底盤正面加裝牽引具

12.8cm自走戰防砲「頑固埃米爾」

全長：9.7m　全寬：3.16m
全高：2.7m　重量：35t
乘員：5名
武裝：61倍徑12.8cm加農砲
　　　K40×1門、
　　　MG34 7.92mm機槍×1挺
最大裝甲厚度：50mm
引擎：梅巴赫邁巴赫HL116S
　　　（300hp）
最大速度：40km/h

搭載61倍徑12.8cm加農砲K40

加裝駕駛艙

開頂式戰鬥艙

使用VK3001（H）原型車的底盤，將其延長，加裝1對承載輪。

保時捷虎式的衍生型

■斐迪南式

1942年9月22日的會議，決定將不被採用的VK4501（P）裝甲資材（100輛份）改造成重型突擊砲。1943年2月6日訂制式名稱為「斐迪南式」，1943年3月開始生產，1943年5月12日之前造出1輛原型車與90輛量產車。

底盤直接使用VK4501（P），將動力艙配置於駕駛艙後方，其後則設置戰鬥艙。它與VK4501（P）一樣採用混合式驅動，但將引擎換成梅巴赫邁巴赫HL120TRM，於動力艙內並列配置2具該款引擎，以及西門子-舒克特公司的aGV發電機。

底盤正面上層與底盤上層正面原本就有100mm裝甲，又加裝100mm的附加裝甲，使其厚度達到200mm。為了抑制重量，側面/背面厚度維持80mm。至於新造的戰鬥艙，裝甲厚度為正面200mm、側面/背面80mm。

戰鬥艙正面中央搭載71倍徑8.8cm戰車砲PaK43/2，此砲威力極強，若使用Pzgr39/10覆帽被帽穿甲彈，可於射程2,000m貫穿132mm（入射角30°）的裝甲板。

斐迪南式完成後，除了測試用的1號量產車，全數皆配賦第653重戰車驅逐營與第654重戰車驅逐營，投入1943年7月5日開始的「堡壘行動」。雖然它在庫斯克會戰首次上陣便損失約40輛，但卻也擊毀502輛蘇聯戰車。

■象式

撐過庫斯克會戰與後續戰鬥的斐迪南式全部送回本土，自1943年12月開始於尼伯龍根工廠進行修理與改良。

能從外觀上看見的主要改良點，在於加裝前方機槍、廢除Bosch防空燈、於擋泥板前方加

裝支架、廢除底盤上層側面最前方的駕駛手/無線電手窺視窗、於駕駛手潛望鏡加裝護蓋、調整動力艙頂面的進氣/排氣柵門形狀、左右設置檢修門、戰鬥艙正面左右加裝排雨條、變更主砲基座輔助防盾的裝設方法（正反面翻轉）、將車長門蓋換成可全周界觀察的展望塔、變更車載工具與備用履帶裝設位置、變更工具箱裝設位置、採用新型履帶、塗布防磁紋塗層等。

1944年2月底，制式名稱改為「象式」，於3月中旬修改出47輛。這些象式全數配賦第653重戰車驅逐營，當盟軍於1944年1月22日登陸安濟奧後，儘管改良作業才進行到一半，仍於2月16日將已經完成的11輛編成第653重戰車驅逐營第1連，趕緊送往義大利。剩下的車輛則於改良作業結束後的1944年4月2日配賦該營第2連、第3

斐迪南式

全長：8.14m　全寬：3.38m　全高：2.97m
重量：65t　乘員：6名
武裝：71倍徑8.8cm戰車砲PaK43／2×1門
最大裝甲厚度：200mm
引擎：梅巴赫邁巴赫HL120TRM（265hp）×2具
　　　（合計530hp）
最大速度：30km/h

車長門並非展望塔，而是2枚前後開啟式的平板門蓋。

未配備前方機槍

左右配備Bosch防空燈

使用VK4501（P）的底盤

象式

全長：8.14m　全寬：3.38m　全高：2.97m
重量：65t　乘員：6名
武裝：71倍徑8.8cm戰車砲PaK43／2×1門、
　　　MG34 7.92mm機槍×1挺
最大裝甲厚度：200mm
引擎：梅巴赫邁巴赫
　　　HL120TRM（265hp）×2具（合計530hp）
最大速度：30km/h

加裝MG34球形機槍架

換成車長展望塔

戰鬥艙正面左右加裝排雨條

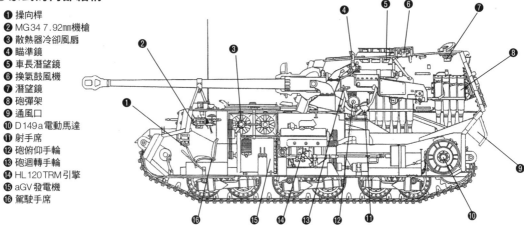

◉象式的內部結構

1. 操向桿
2. MG34 7.92㎜機槍
3. 散熱器冷卻風扇
4. 瞄準鏡
5. 車長潛望鏡
6. 換氣鼓風機
7. 潛望鏡
8. 砲彈架
9. 通風口
10. D149a電動馬達
11. 射手席
12. 砲俯仰手輪
13. 砲迴轉手輪
14. HL120TRM引擎
15. aGV發電機
16. 駕駛手席

連，送往東部戰線。

經過歷次戰鬥消耗，剩下的象式被集中至第2連，成為獨立運用的第614重戰車驅逐連，留到最後的4輛象式有參與柏林戰役。至於第1連、第3連，之後則成為配備獵虎式的新生第653重戰車驅逐營的母體。

■Ⅵ號指揮戰車（P）

VK4501（P）的底盤大多都被轉用為斐迪南式驅逐戰車，但至少有1輛將砲塔與底盤各部進行修改，於1944年成為第653重驅逐戰車營的指揮戰車，投入實戰使用。

■虎式（P）裝甲救濟車

虎式（P）裝甲救濟車是由VK4501（P）修改而成，但它的動力艙設置於駕駛艙後方，外觀反而與重驅逐戰車斐迪南式比較像。

它保留底盤前方左側的駕駛手窺視窗，撤除右側的前方機槍架，以裝甲板封閉。底盤後方設置小型戰鬥艙，正面右側裝上MG34機槍架，頂面前方有圓形門蓋，頂面後方則配備車內操作式的MG34。另外，它的戰鬥艙背面也有設置門蓋，且是直接拿Ⅳ號戰車砲塔的左側門蓋來使用。

動力艙頂面後方配備分解狀態的吊架，使用時會將吊架組合後設置於戰鬥艙左側。

虎式（P）裝甲救濟車總共造出3輛，配賦使用斐迪南式的部隊。

■衝角虎式

VK4501（P）還有一種很特別的衍生型，稱作「衝角虎式」或「衝角戰車虎式（P）」。衝角虎式是用來在城鎮戰破壞有敵軍潛伏的民宅，或是排除障礙物，於VK4501（P）底盤披覆裝甲車身，造型非常特異。它由正面／頂面50㎜、側面／背面30㎜的裝甲板構成車身，前方設有衝角，以衝撞方式摧毀目標。衝角虎式於1943年8月造出3輛，據說有投入實戰，但詳情不明。

虎式（P）裝甲救濟車

戰鬥艙後方配備車內操作式MG34機槍

駕駛手窺視窗保持VK4501（P）原樣

戰鬥艙正面右側配備MG34機槍

使用VK4501（P）的底盤

衝角虎式

裝甲車身正面設有大型開口，供駕駛手觀看前方。

正面與頂面厚50mm，側面與背面厚30mm。

於VK4501（P）加上裝甲車身，構造相當簡單。

二次大戰最強戰車
虎Ⅱ式與衍生型

　　1942年夏季登場的虎Ⅰ式壓倒所有盟軍戰車，於1943年後期令美英聯軍與蘇軍士兵避之惟恐不及。德軍在生產虎Ⅰ式的同時，也繼續研製比它更強的重戰車，於1943年11月完成虎Ⅱ式。到了1944年2月，又推出以虎Ⅱ式為基礎，搭載12.8cm砲的重型驅逐戰車獵虎式，並且投入戰場。這些車型可說是二次大戰戰車的巔峰，其性能完全符合「二次大戰最強戰車」稱號。

虎Ⅱ式

■VK4502的研製

　　當Ⅵ號戰車（之後的虎Ⅰ式）正式決定投入研製後，希特勒又在1941年5月26日的陸軍會議中表示意見，認為需要一款火力更強的車型。依據元首在會議上的發言，兵器局第6課（車輛設計課）首先要求正在研製VK4501（P）的保時捷公司把原本預定裝在該型車上的56倍徑8.8cm戰車砲KwK36換掉，看看是否能將當時才剛制式採用的萊茵金屬74倍徑8.8cm防空砲FlaK41裝上車。然而，保時捷公司的回答卻是克虜伯公司設計的砲塔無

法裝進74倍徑8.8cm砲。最後，Ⅵ號戰車（虎Ⅰ式）便按照預定，搭載56倍徑8.8cm戰車砲KwK36。

　　然而，搭載長砲管8.8cm砲的計畫卻仍持續進行，等到虎Ⅰ式的研製工作告一段落，兵器局第4課（火砲設計課）於1943年2月5日與克虜伯公司簽下研製71倍徑8.8cm戰車砲KwK43的契約。由於原本要用的FlaK41是由克虜伯的對手廠商萊茵金屬研製，因此就克虜伯公司的立場而言，會強烈希望在自家設計的砲塔上搭載自家研製的戰車砲。

■VK4502（P）

　　由於保時捷公司為Ⅵ號戰車研製的VK4501（P）最後未獲採用，因此又重新著手設計搭載71倍徑8.8cm戰車砲KwK43的新型重戰車Type 180。Type 180的底盤、砲塔配置以及承載系結構、驅動機構等基本構成皆承襲VK4501（P），但底盤與砲塔的設計有採用傾斜裝甲。底盤正面裝甲厚度為80mm/45°，側面及背面裝甲厚度也是80mm，由克虜伯公司設計的砲塔裝甲為正面100mm/曲面、側面80mm。由於火砲加大、裝甲強化，因此重

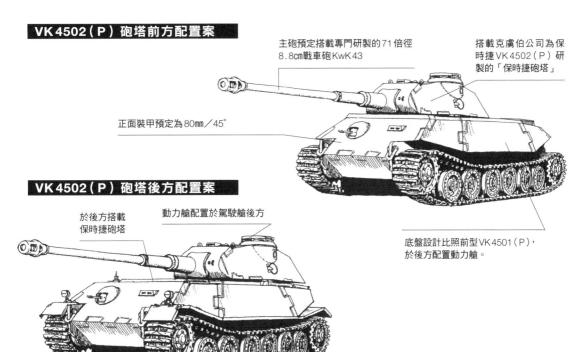

VK4502（P）砲塔前方配置案

主砲預定搭載專門研製的71倍徑8.8cm戰車砲KwK43

搭載克虜伯公司為保時捷VK4502（P）研製的「保時捷砲塔」

正面裝甲預定為80mm／45°

VK4502（P）砲塔後方配置案

於後方搭載保時捷砲塔

動力艙配置於駕駛艙後方

底盤設計比照前型VK4501（P），於後方配置動力艙。

量也比VK4501(P)多出5t，達到65t。

底盤後方裝有2具保時捷101／3引擎（各300hp，合計600hp），引擎直接與發電機連結，發出電力驅動西門子-舒克特公司製造的電動馬達，再帶動與之連結的主動輪。

保時捷公司除了最早的設計案Type 180A之外，也向兵器局第6課提出變更引擎與轉向裝置（電氣式與油壓式）、調整砲塔配置的方案，包括Type 180B、181A、181B、181C。保時捷公司的Type 180／181系列於1942年2月由兵器局第6課賦予研發代號VK4502(P)（也稱虎式P2），還沒等到原型車完成，便決定要生產100輛。砲塔由克虜伯公司製造，底盤的生產組裝作業則由保時捷公司的尼伯龍根工廠進行。

然而，它的驅動機構卻與前作VK4501(P)有著相同毛病，因此便於1942年11月中止VK4502(P)的研製工作。

■虎II式

1941年5月26日開完會後，除了保時捷公司之外，另一家參與VI號戰車研製工作的亨舍爾公司也接到兵器局第6課指示，準備設計搭載長砲管8.8cm砲的車型。到了1942年8月，又決定使用克虜伯公司為VK4502(P)設計的砲塔。

當VK4501(H)制式採用為虎I式之後，亨舍爾公司便於1942年11月正式開始著手設計搭載71倍徑8.8cm戰車砲KwK43的新型戰車VK4503(H)（也稱作虎式H3）。然而，亨舍爾公司除了必須在生產、修正、改造虎I式的同時，推動VK4503(H)研製工作，還要設法將基本零件與MAN公司正在研製的豹II式共通化，業務相當繁重，導致作業無法順利進展。1943年3月13日，VK4503(H)改稱為「虎II式」，但並不是正式稱呼，該年6月官方將之命名為「虎式B型」。

虎II式的1號原型車於1943年11月打造完成，2號原型車與3號車則於12月依序完工，到了1944年1月便開始量產。

虎II式全長10.286m、全寬3.755m、全高3.090m，重量達到69.8t，是大幅凌駕虎I式的重戰車。車內配置採德國戰車標準構型，底盤前方為轉向裝置與變速箱，其後設置駕駛艙，左側為駕駛手席，右側為無線電手席，底盤後方則是動力艙。它比照V號戰車豹式，底盤4面皆採用傾斜裝甲，底盤裝甲厚度為正面上層150mm／50°（相對於垂直面的傾斜角）、正面下層100mm／50°、側面上層80mm／25°、側面下層80mm／0°、背面80mm／30°、頂面及底面40mm／90°。

虎II式的首批47輛使用的是為保時捷公司VK4502(P)設計的砲塔，也就是所謂的「保時捷砲塔」。保時捷砲塔裝甲厚度為正面110mm／曲面、側面及背面80mm／30°。保時捷砲塔的正面

虎II式 保時捷砲塔型

全長：10.286m　全寬：3.755m　全高：3.09m　重量：69.8t　乘員：5名
武裝：71倍徑8.8cm戰車砲KwK43×1門、MG34 7.92mm機槍×2挺
最大裝甲厚度：150mm
引擎：梅巴赫邁巴赫HL230P30（700hp）
最大速度：35km/h

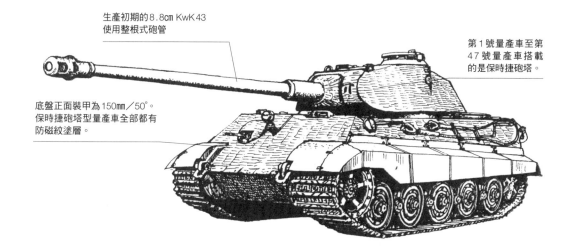

生產初期的8.8cm KwK43使用整根式砲管

第1號量產車至第47號量產車搭載的是保時捷砲塔。

底盤正面裝甲為150mm／50°。保時捷砲塔型量產車全部都有防磁紋塗層。

呈曲面設計，遭砲彈命中之際，可能會讓跳彈穿入底盤頂面，造成所謂的「跳彈陷阱」。有鑑於此，後來又重新設計一款改善形狀的新型砲塔，從1944年6月生產的第48號車開始搭載。

新款量產型砲塔也就是所謂的「亨舍爾砲塔」，裝甲厚度為正面180㎜／10°、側面及背面80㎜／20°、頂面40㎜／78～90°。正面改用平面傾斜裝甲，藉此避免跳彈陷阱，且側面與背面的傾斜角度也較淺，使得內部容積增加，可多帶一些砲彈。除此之外，由於它的形狀比保時捷砲塔單純，因此也提高了生產性。

主砲採用71倍徑8.8㎝戰車砲KwK43，能發射Pzgr39／40普通穿甲彈與Pzgr40／43鎢芯穿甲彈，以及Gr39／43HL成形裝藥彈、Sprgr榴彈。砲塔內可儲放22發（保時捷砲塔型為16發），戰鬥艙可儲放64發，總共能攜帶86發砲彈。

KwK43是當時威力最強的戰車砲，若使用Pzgr39／40，可於射程100m貫穿203㎜（入射角30°）、射程1,000m貫穿165㎜、射程2,000m貫穿132㎜的裝甲板。若使用穿甲力更強的

Pzgr39／43，則能於射程100m貫穿237㎜、2,000m貫穿153㎜的裝甲板。這樣的數值，代表它能從遠距離擊毀當時投入戰場的所有盟軍戰車。

將動力艙配置於底盤後方的設計與豹式酷似，中央搭載700hp的梅巴赫邁巴赫HL230P30引擎，左右配置散熱器與冷卻風扇。雖然虎II式擁有無與倫比的攻擊力和防護力，但由於重量將近70t，因此機動力便是它的弱項。對於重視攻擊力與裝甲防護力的重戰車而言，機動力較差也是無可奈何的事情。

虎II式除了在量產途中更換砲塔，也有進行改良、採用新款零件、簡化設計以提高生產性，1944年1月～1945年3月總共造了489輛，除了一般型之外，也包括20輛指揮戰車。

■虎II式的計畫型

戰爭結束前，號稱所向無敵的虎II式在量產的同時，也有繼續推動改良、強化案。首先，在火力強化方面，克虜伯公司於1944年11月提出將主砲換成68倍徑10.5㎝戰車砲的方案。

除了強化火力，也有設法提升

射擊精準度，於1944年10月製作搭載SZF3陀螺儀穩定式瞄準潛望鏡的設計案。SZF3利用陀螺儀穩定瞄準鏡，鏡筒內的十字絲會與主砲連動，是一套相當先進的瞄準系統。據說它有實際完成樣品，並且搭載於虎II式進行測試。

另一項提升射擊精準度的計畫方案，則是搭載基線長1.6m的Em.1.6mR（Pz）立體測距儀。這款測距儀原本預定於1943年7月開始製作，但由於研製較費工夫，因此要到大戰末期才完成，還沒裝上虎II式，戰爭便告結束。

除此之外，還有一項計畫是要改善虎II式的機動性能，曾研究換裝1,200hp附燃油噴射裝置的HL232、1,000hp的HL232RT柴油引擎、940hp附燃油噴射裝置的HL234，以及保時捷的燃氣渦輪引擎等。HL234於戰爭結束時有完成試製品，並且進入測試階段。

至於其他，還有比照豹式G型搭載紅外線夜視儀、於砲塔上搭載防空用MG151／20 2㎝機砲的方案。

虎II式 亨舍爾砲塔型

全長：10.286m　全寬：3.755m
全高：3.09m　重量：69.8t
乘員：5名
武裝：71倍徑8.8㎝戰車砲KwK43×1門、
　　　MG34 7.92㎜機槍×2挺
最大裝甲厚度：150mm
引擎：梅巴赫邁巴赫HL230P30（700hp）
最大速度：35km/h

自1944年6月生產的第48號量產車開始換用亨舍爾砲塔

1944年4月開始採用2截式砲管

● 虎Ⅱ式的變遷

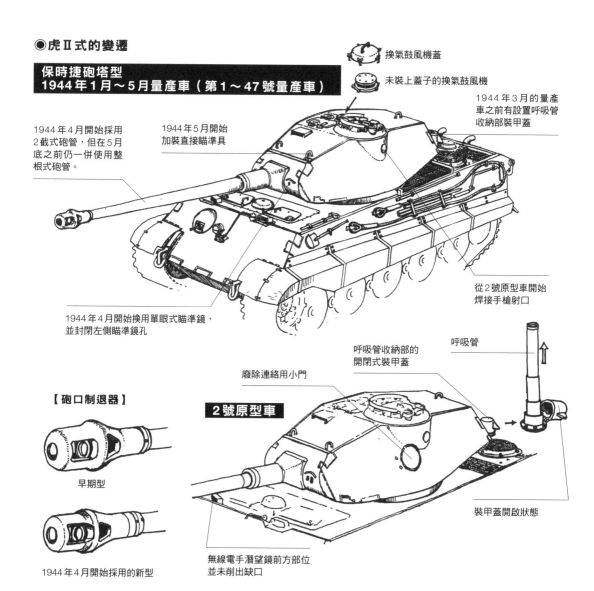

換氣鼓風機蓋

未裝上蓋子的換氣鼓風機

保時捷砲塔型
1944年1月～5月量產車（第1～47號量產車）

1944年4月開始採用
2截式砲管，但在5月
底之前仍一併使用整
根式砲管。

1944年5月開始
加裝直接瞄準具

1944年3月的量產
車之前有設置呼吸管
收納部裝甲蓋

從2號原型車開始
焊接手槍射口

1944年4月開始換用單眼式瞄準鏡，
並封閉左側瞄準鏡孔

呼吸管收納部的
開閉式裝甲蓋

呼吸管

廢除連絡用小門

【砲口制退器】

2號原型車

無線電手潛望鏡前方部位
並未削出缺口

裝甲蓋開啟狀態

早期型

1944年4月開始採用的新型

【原型車～極早期型主動輪】

【3號原型車～1944年3月量產車的排氣管】

排氣管護蓋
1944年5月廢除

排氣口配備
防水止逆閥

【履帶】

原型車～極早期型履帶
Gg24／800／300

1944年5月開始使用的標準履帶
Gs26／800／300

齒盤為18齒構型

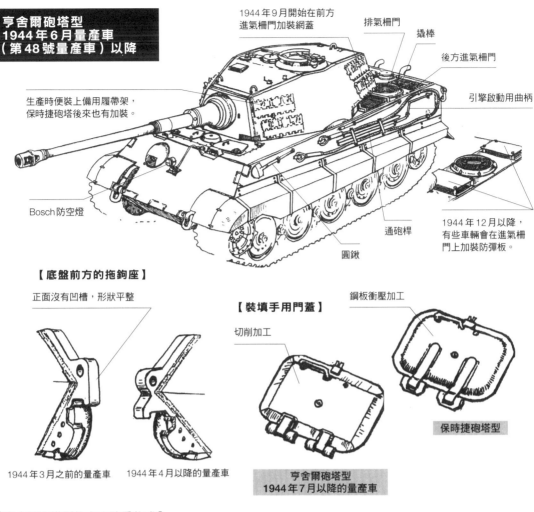

亨舍爾砲塔型
1944年6月量產車
（第48號量產車）以降

1944年9月開始在前方
進氣柵門加裝網蓋

排氣柵門

撬棒

後方進氣柵門

引擎啟動用曲柄

生產時便裝上備用履帶架，
保時捷砲塔後來也有加裝。

Bosch防空燈

1944年12月以降，
有些車輛會在進氣柵
門上加裝防彈板。

通砲桿

圓鍬

【底盤前方的拖鉤座】

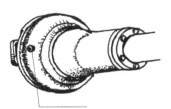

正面沒有凹槽，形狀平整

1944年3月之前的量產車　　1944年4月以降的量產車

【裝填手用門蓋】

鋼板衝壓加工

切削加工

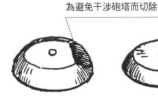

保時捷砲塔型

亨舍爾砲塔型
1944年7月以降的量產車

【亨舍爾砲塔型的主砲防盾款式】

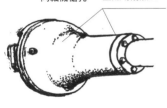

同軸機槍孔　　並無切削加工

【駕駛艙頂面中央的換氣鼓風機護蓋】

為避免干涉砲塔而切除

原型車

亨舍爾砲塔型
早期量產車

亨舍爾砲塔型
後期量產車

蓋板以螺栓固定，
更換主砲時會連同
蓋板一起卸下。

【砲塔背面門蓋】

開閉用扭力桿　　手槍射口

加上裝甲護蓋

手槍射口

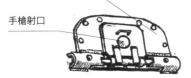

保時捷砲塔型

亨舍爾砲塔型
1944年7月之前的量產車

亨舍爾砲塔型
1944年8月以降的量產車

I號戰車

II號戰車

38(t)戰車

III號戰車

IV號戰車

豹式

虎I式

虎II式

其他的車輛

計畫戰車

繳獲戰車

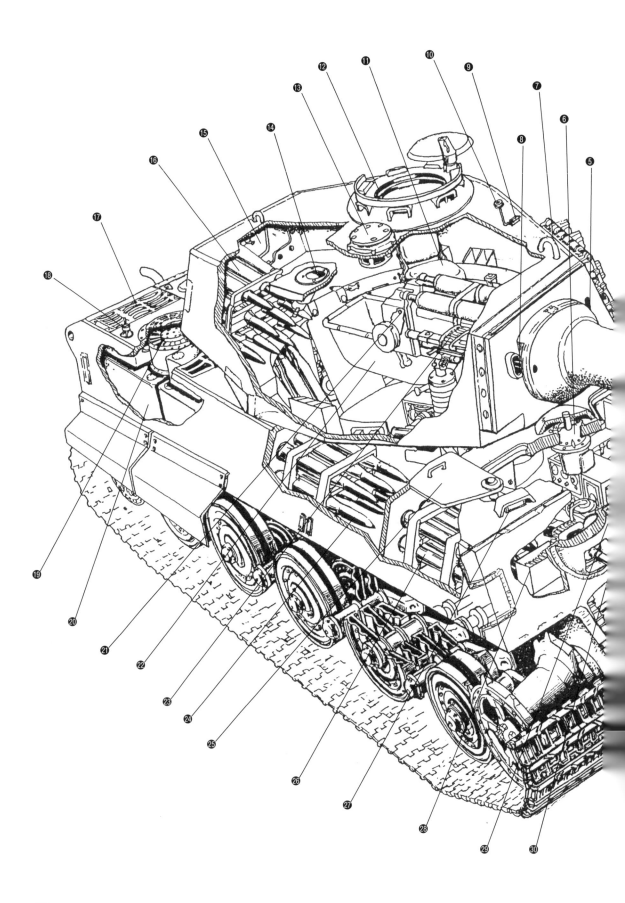

虎Ⅱ式指揮戰車（Sd.Kfz.267）

於動力艙最後方的中央加裝圓筒狀
天線基座，配備Fu8用星形天線。

砲塔頂面右側也加裝天線基座，
配備Fu5用天線。

◉虎Ⅱ式的結構

❶ 71倍徑8.8cm戰車砲KwK43
❷ 手煞車拉柄
❸ 方向盤
❹ 駕駛手潛望鏡
❺ 瞄準鏡孔
❻ 換氣鼓風機
❼ 吊掛環
❽ 同軸機槍孔
❾ 直接瞄準鏡
❿ 2t吊架裝設基座
⓫ 車長席
⓬ 車長展望塔
⓭ 換氣鼓風機
⓮ 近迫防禦武器
⓯ 背面門蓋
⓰ 砲彈架
⓱ 進氣柵門
⓲ 天線基座
⓳ 冷卻風扇
⓴ 燃油箱
㉑ 砲尾
㉒ 空彈筒藥筒容器
㉓ MG34同軸機槍
㉔ 砲彈架
㉕ 無線電手門蓋
㉖ 砲彈架
㉗ 無線電手潛望鏡
㉘ MG34用彈藥箱
㉙ 無線電
㉚ MG34 7.92mm機槍
㉛ 轉向裝置
㉜ 變速箱
㉝ 終端減速機蓋板
㉞ 煞車組件
㉟ U形拖車鉤

這就是號稱二次大戰最強戰車的
虎Ⅱ式內部結構！

Ⅰ號戰車
Ⅱ號戰車
38（t）戰車
Ⅲ號戰車
Ⅳ號戰車
豹式
虎Ⅰ式
虎Ⅱ式
其他的車輛
斗犬戰車
戰損戰車

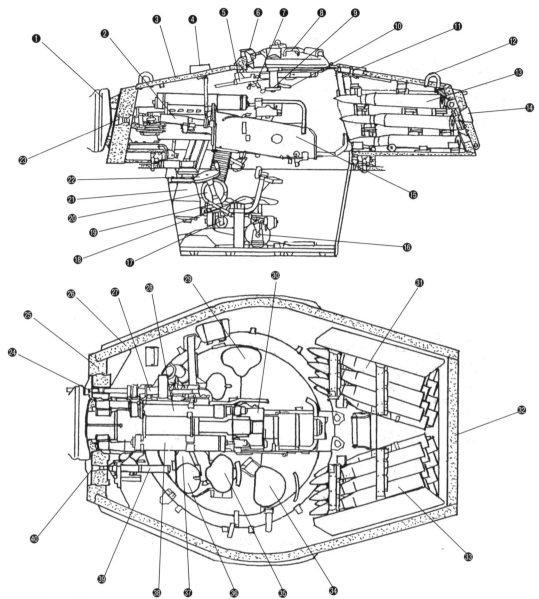

●砲塔內部結構

❶ 防盾
❷ 瞄準鏡
❸ 頂面裝甲板（40mm）
❹ 裝填手潛望鏡
❺ 裝填手門蓋開閉唧筒
❻ 展望塔內建潛望鏡
❼ 近迫防禦武器發射筒
❽ 車長展望塔
❾ 展望塔門蓋上鎖手輪
❿ 展望塔門蓋開閉手柄
⓫ 空藥筒排出門
⓬ 吊掛環
⓭ 砲彈架
⓮ 手槍射口裝甲栓
⓯ 後座護板
⓰ 壓縮機
⓱ 油壓馬達
⓲ 射手席
⓳ 同軸機槍射擊踏板
⓴ 主砲俯仰手輪

㉑ 砲塔迴轉驅動裝置
㉒ 手動砲塔迴轉手輪
㉓ 瞄準鏡孔
㉔ 同軸機槍孔
㉕ 正面裝甲（180mm）
㉖ 側面裝甲（80mm）
㉗ MG34同軸機槍
㉘ 制退機
㉙ 裝填手席
㉚ 砲尾
㉛ 右側砲彈架
㉜ 背面裝甲（80mm）
㉝ 左側砲彈架
㉞ 車長席
㉟ 射手席
㊱ 手動砲塔迴轉手輪
㊲ 砲塔迴轉驅動踏板
㊳ 復進機
㊴ 瞄準鏡
㊵ 瞄準鏡孔

在砲塔內裝填
大型的8.8㎝砲彈
可是十分累人的。

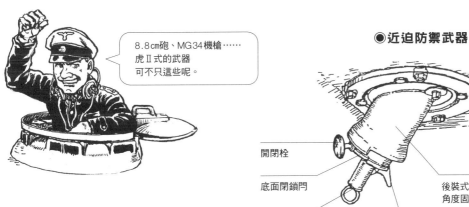

8.8cm砲、MG34機槍……
虎Ⅱ式的武器
可不只這些呢。

●近迫防禦武器

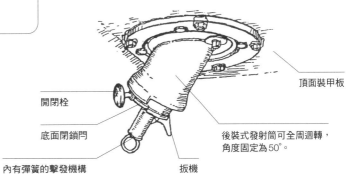

開閉栓

底面閉鎖門

內有彈簧的擊發機構

扳機

頂面裝甲板

後裝式發射筒可全周迴轉，
角度固定為50°。

【近迫防禦武器的使用程序】

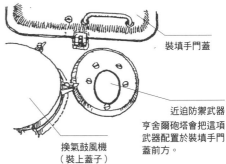

3：關上閉鎖門，拉下擊發
　環備便待發。
4：將發射筒轉向目標。
5：扣引扳機發射。

1：以開閉栓拉開閉鎖門

2：依據用途，裝填
人員殺傷彈、煙幕彈
等彈種。

【保時捷砲塔的頂面】

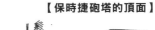

裝填手門蓋

近迫防禦武器
亨舍爾砲塔會把這項
武器配置於裝填手門
蓋前方。

換氣鼓風機
（裝上蓋子）

人員殺傷彈發射後會
彈飛7～10m，於距地
高度0.5～2m炸開。

【發射信號彈等】

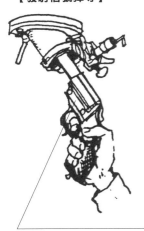

也能當作信號槍或戰鬥手槍射口
（發射信號彈或槍榴彈）

從側面或後方靠近的敵兵
對戰車而言相當棘手。
此時這玩意兒就相當管用。

Ⅰ號戰車
Ⅱ號戰車
38（t）戰車
Ⅲ號戰車
Ⅳ號戰車
豹式
虎Ⅰ式
虎Ⅱ式
其他的裝備
計畫戰車
戰後戰車

獵虎式與蟋蟀式自走砲

■獵虎式

獵虎式的研製契機，來自前線部隊於1943年初提出的「能從3,000m遠距離擊毀蘇聯戰車，搭載12.8cm砲的重型突擊砲」需求。針對這項需求，亨舍爾公司開始研製底盤，火砲則由克虜伯公司負責。

1943年2月，在研製虎Ⅱ式的同時，亨舍爾公司也於1943年春季備妥2款12.8cm突擊砲/驅逐戰車的設計案。第1案是延長虎Ⅱ式的底盤，於底盤中央配置戰鬥艙。第2案的底盤與第1案相同，不過引擎放在底盤前方，戰鬥艙則設置於後方。

雖然亨舍爾公司提出的第2案可以抑制包含砲管在內的全長，但卻得進行大幅設計變更，且

主砲也會妨礙引擎更換作業，缺點還不少。1943年5月，兵器局第6課最後選擇比較實際的第1案，並將研製車輛制式命名為「獵虎式」。1944年2月，獵虎式完成量產1號車，在戰爭結束前造出約82輛（正確數字不明）。獵虎式雖然是以虎Ⅱ式做為基礎，但它將底盤延長，且為了確保主砲俯角，底盤前方（駕駛艙）頂面有降低5cm左右。車內配置比照虎Ⅱ式，底盤前方為變速箱，其後方為駕駛艙，左側是駕駛手席，右側配置無線電手席。底盤中央為戰鬥艙，後方則是動力艙。

獵虎式全長10.654m、全寬3.625m、全高2.945m，重量達到75t。底盤各部裝甲厚度

為正面上層150mm/50°、正面下層100mm/50°、戰鬥艙正面250mm/15°、側面上層80mm/25°、側面下層80mm/0°、底盤背面為80mm/30°、戰鬥艙背面為80mm/3°、頂面及底面40mm/90°。

主砲採用55倍徑12.8cm砲PaK44（之後改稱PaK80），這是二次大戰最強的車載火砲，威力超越虎Ⅱ式、象式、獵豹式的71倍徑8.8cm戰車砲，若使用Pzgr43被帽穿甲彈，於射程距離2,000m可貫穿148mm（入射角30°）的裝甲板。

引擎與虎Ⅱ式相同，使用700hp的梅巴赫邁巴赫HL230P30。由於它的重量大於虎Ⅱ式，因此機動性能自然變得

獵虎式的主砲12.8cm戰防砲PaK44

口徑：12.8cm　全長：7.023m　重量：10,160kg
射角：俯仰角7.51°～＋45.27°
初速：920m/s　最大射程：24,410m
穿甲能力：使用Pzgr43被帽穿甲彈，
　　　　　於射程1,000m
　　　　　可貫穿167mm（入射角30°），
　　　　　射程2,000m
　　　　　可貫穿148mm

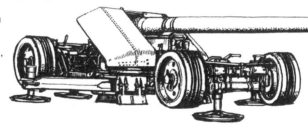

搭載12.8cm PaK44

所有保時捷式承載系車型皆有防磁紋塗層

獵虎式 保時捷式承載系型

全長：10.5m　全寬：3.77m
全高：2.82m　重量：75.2t
乘員：6名
武裝：55倍徑12.8cm PaK44
　　　（PaK80）×1門、
　　　MG34 7.92mm機槍×2挺
最大裝甲厚度：250mm
引擎：梅巴赫邁巴赫HL230P30
　　　（700hp）
最大速度：34.6km/h

配備保時捷式承載系的車輛，為量產第1號車與第3～第11號車，總共10輛。

更差。獵虎式的承載系原本是要直接沿用虎Ⅱ式，但在研製途中保時捷公司有提案一款它們設計的承載系，不僅生產性優於亨舍爾公司的設計，成本也比較低，因此完成車就裝上這兩家公司的承載系進行性能比較。

1944年2月完成的獵虎式1號量產車使用保時捷式承載系，2號車則配備與虎Ⅱ式同款的亨舍爾式承載系。經過測試，2號車並無問題，但1號車的履帶卻會在低速時產生晃動。保時捷公司認為原因出在Gg／24／800／300履帶，因

此便在同樣採用保時捷式承載系的3號量產車上換用象式的Kgs62／640／130履帶，實施行駛測試。最後問題並未解決，因此便決定採用亨舍爾式承載系。

然而，由於當時保時捷式承載系的生產工作已經準備完成，因此在該年9月之前生產的10輛仍然使用保時捷式承載系。首支配備獵虎式的部隊第653重戰車驅逐營，除了亨舍爾式承載系車型，也擁有6輛保時捷式承載系車型。

從第12號量產車開始則全部改用亨舍爾式承載系，履帶使用

的是Gg26／800／300。由於獵虎式的生產數量很少，因此除了第653重戰車驅逐營，只有第512重戰車驅逐營曾配備。

■獵虎式

8.8cm PaK 43／3D搭載型

按照原定計畫，獵虎式的第一批會生產150輛，之後則月產50輛，但實際量產狀況卻遠不及這個數字。除了虎Ⅱ式本身的生產工作已有延遲，盟軍對生產設施的轟炸也造成產線停滯，再加上12.8cm PaK 44的生產遲緩，都造成很大影響。

獵虎式 亨舍爾式承載系型

全長：10.5m　全寬：3.77m
全高：2.95m　重量：75.2t
乘員：6名
武裝：55倍徑12.8cm戰防砲
　　　PaK 44（PaK 80）×1門、
　　　MG34 7.92mm機槍×2挺
最大裝甲厚度：250mm
引擎：梅巴赫邁巴赫HL 230 P30（700hp）
最大速度：34.6km/h

亨舍爾式承載系車型雖然在約8個月內僅造了72輛，但細節仍依生產時期而有差異。

亨舍爾式承載系車型僅有最初5輛施以防磁紋塗層

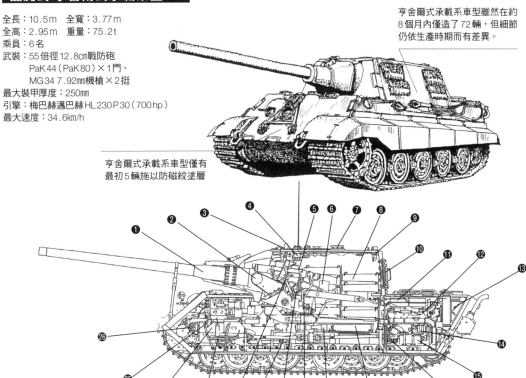

●獵虎式的內部結構

❶ 12.8cm PaK 44
❷ 搖架
❸ 車長潛望鏡
❹ 車長右側潛望鏡
❺ 制退機
❻ 砲尾
❼ 換氣鼓風機
❽ 藥筒收納架
❾ 後方視認潛望鏡

❿ 砲塔後門
⓫ 空氣濾清器
⓬ 邁巴赫HL 230 P30引擎
⓭ 冷卻水箱
⓮ 發電用輔機
⓯ 滑油冷卻器
⓰ 燃油泵
⓱ 藥筒收納庫
⓲ 儲彈庫

⓳ 射手席
⓴ 主砲俯仰手輪
㉑ 傳動軸
㉒ 主砲轉向手輪
㉓ 駕駛手席
㉔ 變速箱
㉕ 方向盤
㉖ 轉向裝置

Ⅰ號戰車
Ⅱ號戰車
38（t）戰車
Ⅲ號戰車
Ⅳ號戰車
豹式
虎Ⅰ式
虎Ⅱ式
其他的車輛
計畫戰車
資料閱讀

1945年3月，為了救急，便將獵豹式的71倍徑8.8cm PaK43／3修改成PaK43／3D，並將該砲搭載於獵虎式。1945年4月以降，有生產極少數量（可能只有1～4輛）。

■獵虎式計畫型

1944年11月，克虜伯公司又提出一款將砲管增長為66倍徑的火力提升案。此案僅有簡單的概念圖，其餘詳情不明，但在換裝66倍徑長砲管12.8cm砲之後，為了避免發射時向後退的砲尾撞到戰鬥艙背面，預定會在戰鬥艙後方加裝大型突出結構。

然而，由於主砲搭載空間難以確保，且還須克服機動力勢必變得更差的問題，再加上55倍徑12.8cm PaK44的威力其實已經強過頭，因此獵虎式的長砲管型僅止於紙上方案。

■蟋蟀式17／蟋蟀式21

1942年6月，陸軍決定研製一款搭載火砲口徑在17cm以上的大型自走砲，由克虜伯公司負責研製，開始著手設計可搭載17cm加農砲K72與21cm臼砲Msr18／1的底盤。

當初原本預定轉用計畫當時尺寸最大的虎I式履帶底盤，但是到了1943年1月，由於更大型的虎II式研製工作有所進展，因此便決定改用虎II式底盤。

17cm K72自走加農砲蟋蟀式17（809號兵器）與21cm Msr18／1自走臼砲蟋蟀式21（810號兵器），雖然沿用虎II式的引擎、變速箱、主動輪、承載輪、履帶，但底盤卻是全新設計。它們的底盤比虎II式長，承載輪每邊有11個。底盤前方的駕駛艙後面緊鄰動力艙，戰鬥艙則設置於底盤後方。

搭載於戰鬥艙的17cm砲與21cm砲，可連同砲架向後滑動，自底盤下卸至地面。由於它屬於支援車輛，因此裝甲相當薄，底盤正面為30mm，側面／背面為16mm。雖然尺寸比虎II式大，但由於裝甲較輕，因此車重可以壓在60t以下。即便引擎與虎II式同款，但最高速度卻可達到45km／h，機動性堪稱良好。

原型車本來預定於1943年秋季完成，但由於虎II式本身已陷入難產，且火砲的研製工作也慢了不少，最後只有完成底盤，戰爭便告結束。

獵虎式 8.8cm PaK43／3D 搭載型

將獵豹式的8.8cm PaK43／3修改成獵虎式車載用的PaK43／3D。

全寬：3.77m　全高：2.95m　乘員：6名
武裝：71倍徑8.8cm PaK43／3D×1門、
　　　MG34 7.92mm機槍×2挺
最大裝甲厚度：250mm
引擎：梅巴赫邁巴赫HL230P30（700hp）
最大速度：35km/h

17cm K72自走加農砲蟋蟀式17

17cm加農砲K72也可下卸至地面使用

全長：13m　全寬：3.27m
全高：3.15m　重量：58t
乘員：7名
武裝：55倍徑17cm加農砲K72×1門、
　　　MG34 7.92mm機槍×1挺
最大裝甲厚度：30mm
引擎：梅巴赫邁巴赫HL230P30（700hp）
最大速度：45km/h

底盤完全重新設計。裝甲厚度為底盤正面30mm、側面／背面16mm。

使用虎II式的引擎、變速箱、主動輪、承載輪、履帶。底盤比虎II式長，承載輪改成每邊11個。

I 號戰車
II 號戰車
38（t）戰車
III 章
IV 號戰車
豹式
虎I式
虎II式
其他的車輛
升級戰車
彈藥戰車

從進攻馬其諾防線的秘密兵器到無線遙控車輛

其他履帶式戰鬥車輛

二次大戰的德國，曾推出各種五花八門的戰鬥車輛。有些車型僅生產極少數量，有些雖然只是原型車，但卻曾經用於實戰。以下要介紹的車型，包括德軍最大的履帶戰鬥車輛卡爾自走砲，以及最小的履帶車輛歌利亞等。

自走砲／炸藥運輸車

■卡爾兵器裝置

1930年代中期，德軍在重整軍備的同時，也為即將到來的下一場戰爭預作準備。由於當時最大的假想敵國是鄰近的法國，因此必須設法攻略建造於德法邊境，固若金湯的馬奇諾防線要塞。

1936年，德軍著手研製用來對付馬奇諾防線的大口徑火砲。陸軍最高司令部當初對兵器局第4課（火砲設計課）提出的要求，是口徑80cm的臼砲，最大射程

為2t砲彈2,000m、4t砲彈1,000m。依據這樣的規格，兵器局第4課對萊茵金屬公司下達指示，要求重型臼砲必須有2種砲彈，分別具備貫穿性能以及較高炸裂性能，重量為2t，最大射程3,000m，火砲可分解運輸，從架設到開始砲擊的時間須在6小時以內等。萊茵金屬公司於1937年1月完成設計方案，向兵器局第4課提出。其內容為口徑60cm、使用2t砲彈、最大射

程3,000m、採自走式設計、重量55t。此案於1937年6月獲得兵器局第4課認可，萊茵金屬公司便開始著手研製這款重型自走臼砲。

1940年5月，試製底盤展開行駛測試，1941年2～8月則完成搭載60cm臼砲的1號～6號量產車。在完成之前的1940年11月，研製中的重型自走臼砲被稱為「兵器裝置040」（Gerät 040），1941年2月則以負責研發

卡爾兵器裝置1號／2號車

全長：11.37m　全寬：3.16m
全高：4.78m　重量：124t
操作人員：19名
武裝：8.44倍徑60cm臼砲（兵器裝置040）×1門
引擎：戴姆勒-賓士MB503A（580hp）
最大速度：10km/h

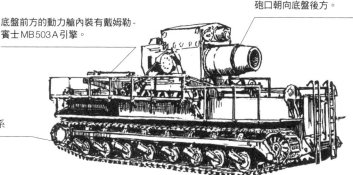

底盤前方的動力艙內裝有戴姆勒-賓士MB503A引擎。

搭載60cm臼砲（兵器裝置040），砲口朝向底盤後方。

1號車與2號車的承載系

3號／4號／5號車使用MB507C引擎，6號車則搭載MB503A引擎。

此端為底盤前方，設有駕駛艙。

卡爾兵器裝置3號～6號車

全長：11.37m　全寬：3.16m　全高：4.78m
重量：124t　操作人員：19名
武裝：8.44倍徑60cm臼砲（兵器裝置040）×1門
引擎：戴姆勒-賓士MB503A或MB507C（580hp）
最大速度：6km/h

行駛裝置與1號／2號車不同

工作的卡爾　貝克將軍之名，將其命名為「卡爾兵器裝置」（Karl-Gerät）。另外，6輛卡爾也分別賦予別稱，依序為「亞當」、「夏娃」（聖經裡的人類始祖）、「索爾」（北歐神話的雷神）、「奧丁」（北歐神話的主神）、「洛基」（北歐神話的邪神）、「提爾」（北歐神話的戰神）。

卡爾全長11.37m、全寬3.16m、全高4.78m、重量124t，非常巨大。底盤前方搭載戴姆勒-賓士公司的M503A或MB507C引擎與變速箱，前方左側設置駕駛艙。中央搭載8.44倍徑60cm臼砲（兵器裝置040），底盤後方為燃油箱。另外，1號車與2號車每邊配置8個承載輪，但3號車以降則將承載輪改成每邊11個，承載系也有改良。

60cm臼砲的俯仰角為0～+70°，水平角8°，最大射程會依彈種而異，自射程6,640m可貫穿2.5m厚的強化混凝土。另外，為了延長射程，也有推出54cm臼砲（兵器裝置041），最大射程達到10,060m。卡爾可依據需求換用60cm臼砲或54cm臼砲，因此即便是同一輛底盤，也會在不同運用時期出現搭載不同火砲的照片。

由於卡爾實在是太過巨大，因此必須由19名人員操砲。除此之外，它也無法自行移動至前線，必須分解為底盤、砲管、砲架、裝填裝置，且還特別為它製造專用拖板運輸車以及專用鐵路貨車。

卡爾完成時，巴黎已經淪陷，因此並未按照當初目的用於進攻馬奇諾防線，而是投入1941年6月22日展開的蘇聯入侵作戰。其中又以1942年6月攻略塞瓦斯托波爾要塞最為出名，此役投入3輛卡爾，摧毀這座當時號稱世界最堅固的要塞。

■IVc型搭載8.8cm FlaK 特殊底盤

德軍為了攻略馬奇諾防線，除了卡爾兵器裝置之外，還有研製其他各種特殊車輛，搭載8.8cm高射砲的重型防空砲車便是其中之一。

1940年初，克虜伯公司以IVc型自走底盤為名，著手研製搭載56倍徑8.8cm高射砲的防空砲車。然而，在該型防空砲車完成之前，法國已告投降，因此兵器局便於1941年將此計畫變更為自走戰防砲，讓克虜伯公司繼續研製。由於8.8cm高射砲在法國戰役的反戰車攻擊中發揮莫大威力，實際證明它的有效性，因此兵器局的判斷可說是正中紅心。

1942年11月，IVc型裝甲自走底盤的1號原型車打造完成。

IVc型搭載8.8cm FlaK37特殊底盤 1號原型車

戰鬥艙可向左右及後方打開。正面裝甲厚20mm，側面與背面厚14.5mm。

搭載56倍徑8.8cm高射砲FlaK37

底盤為全新設計，但有部份使用IV號戰車零件。

全長：7m　全寬：3m
全高：2.8m　重量：26t
乘員：8名
武裝：56倍徑8.8cm高射砲FlaK37×1門
最大裝甲厚度：50mm
引擎：梅巴赫邁巴赫HL90TR（360hp）
最大速度：35km/h

搭載75倍徑8.8cm高射砲FlaK41

IVc型搭載8.8cm FlaK41特殊底盤 2號原型車

全寬：3m　全高：2.8m　乘員：8名
武裝：75倍徑8.8cm高射砲FlaK41×1門
最大裝甲厚度：50mm
引擎：梅巴赫邁巴赫HL90TR（360hp）
最大速度：35km/h

雖然它冠以「Ⅳ」這個數字，但卻不是Ⅳ號戰車的衍生型，底盤為全新設計（部份使用Ⅳ號戰車零件）。底盤前方為轉向裝置與變速箱，其後配置駕駛艙。駕駛艙後方為貨架，並直接裝上備有防盾的8.8cm FlaK 37。

貨架戰鬥艙的左右兩側與背面以立倒式裝甲板包覆，行駛時完全關上，水平射擊時呈半開狀態（兼顧火砲操作與乘員防護），防空射擊時則將裝甲板全部放平。戰鬥艙正面裝甲板厚20㎜、側面與背面厚14.5㎜。

底盤後方的動力艙內裝有梅巴赫邁巴赫的HL90引擎（360hp），行駛裝置比照半履帶車，採用交錯配置的輕型承載輪搭配扭力桿式承載系。

1942年6月，為了進一步提升性能，克虜伯公司向兵器局提出搭載性能比FlaK 37更高的8.8cm高射砲FlaK 41方案。此案獲得兵器局認可，克虜伯公司便著手展開FlaK 41搭載型的研製工作，1943年11月完成搭載FlaK 41的2號原型車。搭載FlaK 41的2號原型車基本設計、結構與1號原型車相同，但轉向裝置與變速箱有換新。

最後，Ⅳc型搭載8.8cm FlaK特殊底盤因運用面與成本面上的考量而中止計畫，但將主砲換回FlaK 37的2號原型車則有送往義大利戰線使用。

■搭載7.5cm PaK 40／4的RSO

除了落伍的輕戰車與半履帶／輪型裝甲車之外，RSO履帶式牽引車也被選去當作自走戰防砲的底盤，1943年春季，以RSO為基礎，搭載PaK 40的自走戰防砲開始進行研製。PaK 40的生產廠商萊茵金屬公司，將PaK 40裝在全周迴轉式固定台座上，製作原型車。RSO的生產廠商斯泰爾公司則是直接將帶著輪子與砲架的PaK 40裝在原型車上。

該年9月進行實用測試之後，決定採用萊茵金屬公司的原型車，於10月開始生產。RSO自走戰防砲若只看攻擊力，它除了蘇聯的JS重戰車系列之外，火力足以摧毀所有盟軍戰車，但其速度卻很慢，機動性較差，且防禦能力也不足，僅製造極少數量，才剛決定投產便停止研製。

■輕型炸藥運輸車歌利亞

二次大戰時的德軍曾研製各種遙控小型車輛，應用於戰場。其中最廣為人知的，就是堪稱「德軍最小戰車」的歌利亞。歌利亞是一款有線遙控式的輕型炸藥運輸車，負責排除地雷，以及爆破

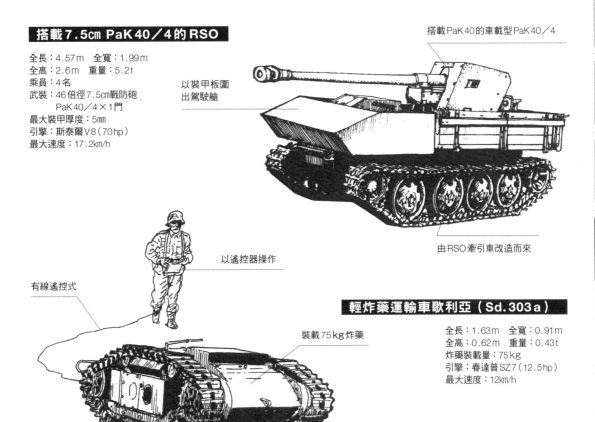

搭載7.5cm PaK 40／4的RSO

全長：4.57m　全寬：1.99m
全高：2.6m　重量：5.2t
乘員：4名
武裝：46倍徑7.5cm戰防砲 PaK 40／4×1門
最大裝甲厚度：5mm
引擎：斯泰爾V8（70hp）
最大速度：17.2km/h

以裝甲板圍出駕駛艙

搭載PaK 40的車載型PaK 40／4

由RSO牽引車改造而來

以遙控器操作

有線遙控式

裝載75kg炸藥

輕炸藥運輸車歌利亞（Sd.303a）

全長：1.63m　全寬：0.91m
全高：0.62m　重量：0.43t
炸藥裝載量：75kg
引擎：春達普SZ7（12.5hp）
最大速度：12km/h

敵陣地、車輛，由博格瓦德公司研製。

士兵會以搖桿型控制器操控歌利亞，讓它駛往目的地，並且自行引爆。首先製造的電動馬達驅動式Sd.Kfz.302只能裝載60kg炸藥，後續研製的Sd.Kfz.303a改以春達普汽油引擎驅動，可裝75kg炸藥，改良型的Sd.Kfz.303b則可裝載100kg炸藥。

■B.IV炸藥運輸車

博格瓦德公司於1939年11月開始著手研製排除地雷用的遙控車，推出B.I與改良型的B.II、B.III。這些車型與歌利亞一樣，皆以遙控方式駛往目的地，然後自行引爆。

1941年10月，兵器局要求博格瓦德公司設計一款能選擇由人員駕駛或以無線遙控行駛的可再利用式炸藥運輸車，該公司於於1942年完成B.IV。B.IV在底盤前方右側設置駕駛艙，可於斜board狀的底盤前方頂面裝載450kg炸藥。B.IV會先由駕駛開至目標附近，再以遙控方式挺進目標位置並卸下炸藥，等車子開回安全範圍才引爆炸藥。

B.IV於1942年4月開始生產，包含較好用的遙控式A型、改良的B型、C型在內，總共生產1,181輛（包含12輛原型車），數量相當多。另外，在1945年4月，有54輛B.IV裝上6具戰車殺手戰防火箭筒，構成簡易戰防車輛，用於柏林戰役。

■中型炸藥運輸車施普林格

施普林格是一款堪稱縮小版B.IV的遙控炸藥運輸車，運用方法與B.IV相同。抵達目標區之前會由士兵駕駛，之後改以無線遙控。它的零件大多取自半履帶摩托車，包括引擎、驅動裝置與承載輪、履帶等。

此型車配賦由III號突擊砲G型編成的無線遙控戰車連。

B.IV炸藥運輸車B型

全長：3.65m　全寬：1.8m　全高：1.19m
重量：3.6t　乘員：1名　炸藥裝載量：450kg
引擎：博格瓦德6M（49hp）
最大速度：38km/h

駕駛艙。設置炸藥時會改用無線遙控

450kg炸藥

設置6具戰車殺手火箭筒

B.IV炸藥運輸車B型 戰車殺手搭載型

全長：3.65m　全寬：1.8m　乘員：1名
炸藥裝載量：450kg
引擎：博格瓦德6M（49hp）
武裝：戰車殺手×6具
最大速度：38km/h

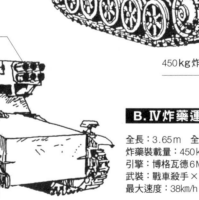

中型炸藥運輸車施普林格

全長：3.17m　全寬：1.43m　全高：1.45m
重量：2.4t　乘員：1名
炸藥裝載量：330kg
引擎：歐寶-奧林匹亞（37hp）
最大速度：42km/h

由士兵駕駛至目標附近，再以遙控方式抵達目標。

使用與半履帶摩托車同款的歐寶-奧林匹亞引擎。

驅動裝置、承載輪、履帶也轉用自半履帶摩托車。

計畫戰車

二次大戰時期，德軍接連推出各種戰鬥車輛，並且投入戰場。然而，有些車輛只有做出原型，更有許多設計案僅停留在圖紙階段。其中較為人所知的，便是鼠式與E系列等。德軍預計以豹式和虎式改良型作為未來主力戰車，其他車輛則統一為38D系列的衍生型。

鼠式

■超重戰車鼠式

1941年11月29日，希特勒在元首官邸舉行的會議當中，要求保時捷博士研製一款超重型戰車。1942年3月21～22日，正式決定由保時捷公司著手設計100t級超重型戰車。

砲塔及搭載火砲的研製工作由克虜伯公司負責，該年4月，克虜伯著手設計砲塔相關規格。到了6月，保時捷公司也提出一份名為Type 205的設計案。

Type 205設計案與後來的鼠式相比，在整體設計與採用由引擎、發電機、電動馬達構成的混合動力等方面相同，武裝使用的是附砲口制退器的15cm戰車砲與10cm戰車砲，採用與VK4501（P）同型的承載輪，以2個為1組，構成內藏扭力桿的外裝式垂直型承載系。除此之外，乘員門蓋形狀與有無窺視窗等細節也有若干差異。

1943年2月，兵器局與克虜伯公司商量之後，決定將搭載火砲定為55倍徑12.8cm戰車砲KwK44搭配36倍徑7.5cm戰車砲KwK44，但在設計上保留日後可以換裝15cm戰車砲的空間。保時捷公司僅負責設計，底盤及砲塔的打造工作交由克虜伯公司執行，車載裝備、搭載引擎等最終組裝則由埃克特公司負責。

1943年2月13日，保時捷公司設計的超重戰車制式命名為「鼠式」，該月22日，克虜伯公司接下120輛底盤及砲塔的製作訂單。這些機材預計於11月運送至埃克特公司，到了5月又決定增產135輛。

1943年12月，搭載假砲塔的1號原型車打造完成。1944年6月，搭載砲塔的2號原型車也告完成。然而，不僅研製工作有所延遲，且當時埃克特公司也忙著增產Ⅲ號突擊砲，根本沒有餘力去組裝鼠式。有鑑於此，鼠式的研製工作便於1944年11月宣告中止。第3～6號原型車僅組裝到一半，因此在戰爭結束前以完整狀態完成的鼠式，就只有2號原型車而已。鼠式於底盤前方設置駕駛艙與動力艙，砲塔配置於底盤後方。砲塔的主武裝為12.8cm戰車砲KwK44，副武裝為同軸配置的36.5倍徑7.5cm戰車砲KwK44（24倍徑7.5cm砲的長管版）。12.8cm KwK44若使用Pzgr43，於射程1,000m可貫穿200mm、2,000m可貫穿178mm厚的裝甲板，能輕鬆自遠距離摧毀盟軍戰車。

7.5cm KwK44若使用成形裝藥彈，於射程1,500m擁有100mm的穿甲能力。在彈藥攜行量方面，砲塔、底盤內部的砲彈架可容納7.5cm砲彈100發、12.8cm砲彈68發。

動力艙配備渦輪增壓器，採用

鼠式2號原型車

全長：10.09m　全寬：3.67m
全高：3.66m　重量：188t
乘員：5名
武裝：55倍徑12.8cm戰車砲
　　　KwK44×1門、
　　　36.5倍徑7.5cm戰車砲
　　　KwK44×1門、
　　　MG34 7.92mm機槍×1挺
最大裝甲厚度：240mm
引擎：戴姆勒-賓士MB517（1,200hp）
最大速度：20km/h

砲塔正面裝甲厚240mm

搭載36.5倍徑的7.5cm戰車砲KwK44作為同軸副武裝

主武裝為12.8cm戰車砲KwK44

量產型預定搭載修改形狀的砲塔

駕駛艙後方配置動力艙

底盤正面裝甲厚200mm

Ⅰ號戰車
Ⅱ號戰車
38（t）戰車
Ⅲ號戰車
Ⅳ號戰車
豹式
虎Ⅰ式
虎Ⅱ式
其他的車輛
計畫戰車
裝甲列車

以最大功率1,200hp的MB517汽油引擎（1號車為1,080hp的MB509）搭配電動馬達構成的混合動力。另外，各部位也經過水密處理，只要在動力艙的駕駛手門與進氣/排氣柵門裝上呼吸管，就能涉渡水深8m的河川。鼠式的戰鬥重量達到188t，非常巨大，因此機動性很差，最大速度僅有20km/h。

底盤、砲塔皆採用傾斜裝甲，充分考量避彈效果，底盤的裝甲厚度為正面上層200mm/55°（相對於垂直面的傾斜角）、正面下層200mm/35°、側面180mm/0°（下半部側裙100mm）、背面上層150mm/37°、背面下層150mm/30°、駕駛艙頂面100mm/90°、動力艙～後方頂面50mm/90°，砲塔正面220～240mm/曲面、防盾250mm、側面200mm/30°、背面200mm/15°、頂面60mm/90°，防護性非常堅固。

由於砲塔正面呈彎曲造型，容易造成跳彈陷阱，因此很早就開始研擬對策解決這個問題。1944年3月中旬，克虜伯公司設計出修改形狀的鼠II式砲塔，並於該年5月造出1/5比例的驗證用木模型。

鼠II式比照2號車砲塔，搭載12.8cm砲KwK44與7.5cm砲KwK44，但砲塔設計有大幅變更，正面裝甲板改成不易產生跳彈陷阱，帶有傾斜角的平面形狀。除此之外，它也配備立體式測距儀，用以提升射擊精準度。雖然鼠式本身停止研製，但據說鼠II式砲塔有考慮要用在E100的量產型上。

鼠式於1944年底結束測試，且就這樣直接擺在庫默斯多夫測試場。到了戰爭即將結束前的1945年5月，2號車才被送上戰場，準備與蘇軍交戰。然而，它卻在半途因機械故障導致無法動彈，最後只能自行炸毀。

後來，入侵的蘇軍繳獲遭放棄的2號車與留在測試場的1號車，並將2號車的砲塔裝在無損的1號車底盤上，湊成一輛完整的鼠式，送回本國的庫賓卡陸軍測試場。

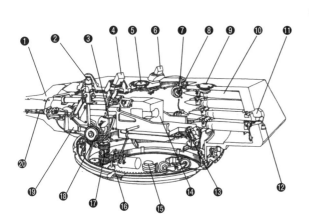

●鼠式2號原型車的砲塔內部

❶ 防盾
❷ 潛望鏡式瞄準鏡
❸ 手動砲塔迴轉手輪
❹ 車長潛望鏡
❺ 換氣鼓風機
❻ 裝填手潛望鏡
❼ 裝填手門蓋
❽ 側面手槍射口
❾ 換氣鼓風機
❿ 砲彈架
⓫ 砲彈補充口
⓬ 手槍射口裝甲栓
⓭ 行軍砲鎖
⓮ 砲尾
⓯ 集電滑環
⓰ 滾珠軸承
⓱ 砲塔迴轉齒輪
⓲ 砲俯仰裝置
⓳ 砲架
⓴ MG34同軸機槍

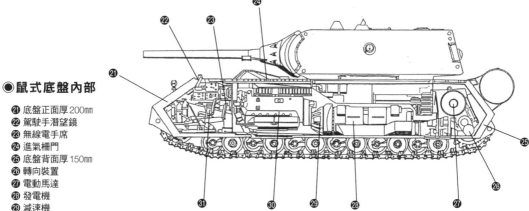

●鼠式底盤內部

㉑ 底盤正面厚200mm
㉒ 駕駛手潛望鏡
㉓ 無線電手席
㉔ 進氣柵門
㉕ 底盤背面厚150mm
㉖ 轉向裝置
㉗ 電動馬達
㉘ 發電機
㉙ 減速機
㉚ 戴姆勒-賓士MB517引擎
㉛ 駕駛手席

E系列

1942年5月，兵器局第6課的克尼普坎普博士訂立了一項研製計畫，意圖以共用零組件製作各種不同尺寸的次世代戰鬥車輛，以增進生產效率、簡化兵器體系，稱之為「E系列」。

E系列於1943年4月正式開始研製，依等級分別制定E10、E25、E50、E75、E100等計畫案。

■E10輕驅逐戰車

最輕量的E10是追獵者式的後繼型，為一款搭載48倍徑7.5cmPaK39的10t級輕驅逐戰車，包含主砲在內的全長為6.91m、底盤長5.35m、車寬2.86m、車高1.76m。裝甲厚度為底盤正面上層60mm/60°、底盤正面下層30mm/60°、底盤側面20mm/10°、頂面10mm、底盤背面上層20mm/15°、底盤背面下層20mm/35°，引擎預定使用400hp的梅巴赫邁巴赫HL100。

E10的設計特徵在於它把車高壓得非常低矮，且還具備車高調整功能。1944年夏季，馬基路斯公司與KHD公司接到3輛E10原型車訂單，但由於追獵者式的後繼車型決定改為研製驅逐戰車38D，計畫因而中止。

■E25驅逐戰車

E25是一款25t級驅逐戰車，負責研製的阿格斯公司在底盤四面採用避彈設計，底盤長5.66m、全寬3.41m、全高2.03m，採用結合引擎與驅動裝置的動力包件，藉此抑制全長。

E25的裝甲厚度為正面上層50mm/50°、正面下層50mm/55°、側面30mm/52°、戰鬥艙頂面20mm、背面上層30mm/40°、背面下層30mm/50°。主砲採用與豹式同型的70倍徑7.5cm戰車砲KwK42，就驅逐戰車而言，火力與防護力相當充足。

引擎原本預定採用與E10同款的梅巴赫邁巴赫12汽缸HL100，不過卻在1945年3月底改成配備燃燒油噴射裝置、馬力更強的HL101。承載輪採用與E10同款的大直徑全鋼質款式，履帶比照中/重戰車使用700mm寬型。

E25自1943年開始由阿格斯公司進行設計、研製，1945年1月正式接到生產訂單，但在著手製造前，戰爭已告結束。

■E50、E75重戰車

E50是接替豹式的50t級戰車，E75則是接替虎Ⅱ式的75t

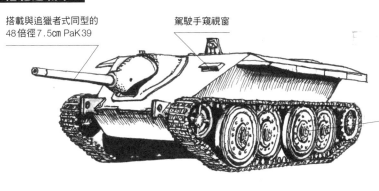

E10輕驅逐戰車

搭載與追獵者式同型的48倍徑7.5cm PaK39

駕駛手窺視窗

採用可以調整車高的承載系，砲擊時會降低底盤。

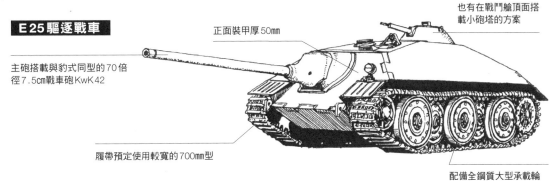

E25驅逐戰車

主砲搭載與豹式同型的70倍徑7.5cm戰車砲KwK42

正面裝甲厚50mm

也有在戰鬥艙頂面搭載小砲塔的方案

履帶預定使用較寬的700mm型

配備全鋼質大型承載輪

Ⅰ號戰車
Ⅱ號戰車
38(t)戰車
Ⅲ號戰車
Ⅳ號戰車
豹式
虎Ⅰ式
虎Ⅱ式
其他的戰車
計畫戰車
戰鬥載車

級戰車，由阿德勒公司負責研製，這兩款戰車雖然重量等級不同，但底盤設計卻相仿，各種部件與動力艙、行駛裝置等皆大幅共用，藉此提高生產性，並且降低製造成本。它們會以變更裝甲厚度、換用搭載火砲、調整承載輪配置的方式滿足各自需求。

E50、E75的底盤設計及配置皆延襲自虎Ⅱ式，兩型車的底盤長度、車寬、車高皆相同，但E75的裝甲較厚（內部容積因此變得比較狹窄），藉此強化防護力。引擎使用附燃油噴射裝置的900hp梅巴赫邁巴赫HL234，承載系採用MAN公司的外裝式盤狀彈簧式。E50每邊有3組懸吊裝置、6個承載輪，E75由於重量較重，因此每邊有4組懸吊裝置、

8個承載輪。至於最大速度（道路行駛），E50預定為60km/h，較重的E75則為40km/h。

在砲塔及武裝方面，兩型車皆詳情不明，不過砲塔環的直徑應該相同。一般而言，E50會以豹式F型的窄版砲塔搭配70倍徑7.5cm KwK42或71倍徑8.8cm KwK43，E75則使用配備測距儀的虎Ⅱ式砲塔，搭配KwK43或是口徑更大的火砲。然而，考量到E系列的基本概念是「構成零件通用化」，因此兩型車可能也都會使用窄版砲塔，E50搭載KwK42，E75則搭載KwK43。

E50、E75在戰爭結束前僅執行到底盤設計階段，停留在紙上方案。

■超重戰車E100

E系列當中，研製進展最多的是100t級的超重型戰車E100。E100的研製工作也是由阿德勒公司負責，於1943年6月30日開始設計。E100比虎Ⅱ式大上一圈，特徵是底盤的裝甲傾斜角度比虎Ⅱ式還要大。底盤裝甲厚度為正面上層200mm／60°、正面下層150mm／50°、側面120mm（＋側裙60mm）、底盤背面150mm／30°、頂面40mm、底面前方80mm、底面中央～後方40mm。

試製底盤暫且配備與虎Ⅱ式同款的梅巴赫邁巴赫HL230P30（700hp），量產型則預定換裝馬力較強的新型引擎HL234（900hp）。由於它的戰鬥重量（計畫值）約達120t，因此最大速度

E50戰車

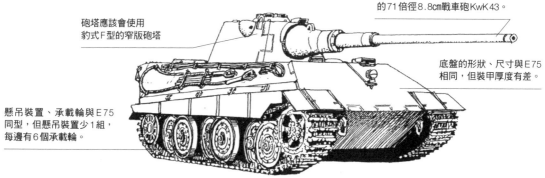

砲塔應該會使用豹式F型的窄版砲塔

主砲與豹式同為70倍徑7.5cm戰車砲KwK42，或使用虎Ⅱ式的71倍徑8.8cm戰車砲KwK43。

底盤的形狀、尺寸與E75相同，但裝甲厚度有差。

懸吊裝置、承載輪與E75同型，但懸吊裝置少1組，每邊有6個承載輪。

E75重戰車

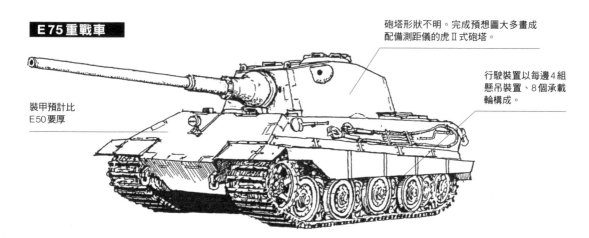

砲塔形狀不明。完成預想圖大多畫成配備測距儀的虎Ⅱ式砲塔。

行駛裝置以每邊4組懸吊裝置、8個承載輪構成。

裝甲預計比E50要厚

Ⅰ號戰車

Ⅱ號戰車

38（t）戰車

Ⅲ號戰車

Ⅳ號戰車

豹式

虎Ⅰ式

虎Ⅱ式

其他的車輛

計畫戰車

戰鬥車輛

僅有23km/h，機動力較差，但仍與英國的邱吉爾步兵戰車相仿。與大戰末期美英聯軍設計用來對付虎Ⅱ式的各種怪物戰車相比，這樣的數值估且還算正常。

至於砲塔，以負責研製的克虜伯公司早期設計圖來看，當初原本是要轉用鼠式砲塔，並將主砲換成15cm戰車砲KwK44。1944年，克虜伯公司將砲塔正面修改成平面，並加裝立體式測距儀，構成新型砲塔。依照計畫數值，新型砲塔的裝甲厚度為正面200mm／30°、側面80mm／29°、背面150mm／15°、頂面40mm，比鼠式砲塔薄一點，使重量得以減輕。

由於戰局惡化，Ｅ100也於1944年11月決定中止製造，但製作裝甲底盤的亨舍爾公司豪斯滕貝克工廠後來仍一點一點持續進行作業。戰爭結束時，試製底盤幾乎已經打造完成。

■搭載8.8cm雙聯裝 FlaK的防空砲車

大戰末期，克虜伯公司著手研製一款可以擊落中高度盟軍次世代戰鬥機及戰鬥攻擊機的防空砲車。設計案預定轉用當時正在研製的Ｅ100或鼠式底盤，配備大型砲塔，搭載雙聯裝FlaK42 8.8cm防空砲。

砲塔中央為雙聯裝防空砲，側面配備立體式測距儀。防空砲兩側各有2名裝填手，後方左側為車長，後方右側為射手。這款防空砲車預定在以Ｅ100與鼠式編成的超重型戰車營的本部連各配賦3輛，運用時應該會有搭載搜索／追蹤雷達的車輛伴隨。

1945年5月底，接收克虜伯公司的蘇軍於設計室查扣雙聯裝8.8cm防空砲車的砲塔設計圖與整份資料，並在庫默斯多夫的陸軍實驗場內找到搭載8.8cm雙聯裝防空砲的超大型砲塔模型，蘇軍將其帶回本國當作研究材料。

E100超重戰車

全長：10.27m　全寬：4.48m　全高：3.29m
重量：140t　乘員：5名
武裝：38倍徑15cm戰車砲KwK44×1門、
　　　36.5倍徑7.5cm戰車砲KwK44×1門、
　　　MG34 7.92mm機槍×1挺
最大裝甲厚度：240mm
引擎：梅巴赫邁巴赫HL234（900hp）
最大速度：40km/h

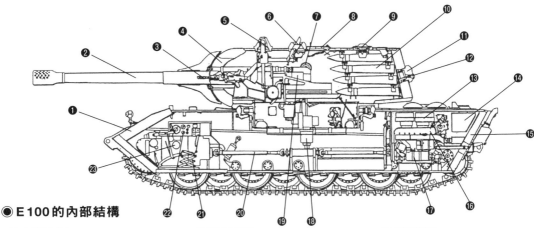

◉E100的內部結構

❶ 底盤正面厚200mm
❷ 38倍徑15cm戰車砲KwK44
❸ MG34同軸機槍
❹ 砲塔正面厚240mm
❺ 潛望鏡式瞄準鏡
❻ 車長潛望鏡
❼ 側面手槍射口
❽ 車長門蓋
❾ 換氣鼓風機
❿ 砲彈架
⓫ 砲彈補充口
⓬ 手槍射口
⓭ 空氣濾清器
⓮ 冷卻水箱
⓯ 底盤背面厚150mm
⓰ 邁巴赫HL234引擎
⓱ 滑油冷卻器
⓲ 砲塔迴轉驅動裝置
⓳ 砲尾
⓴ 傳動軸
㉑ 駕駛手席
㉒ 儀表板
㉓ 變速箱

其他計畫案

■保時捷Type 245-010 輕戰車

1943年5月，各公司接到步兵支援用的新型輕戰車研製要求。新型戰車的性能需求如下：搭載火砲須能在射程400 m貫穿110mm裝甲，且能執行防空射擊，應對敵方對地攻擊機襲擊。底盤及砲塔除了正面裝甲之外，頂面也必須具備充分裝甲防護。

依此性能需求，保時捷公司與萊茵金屬公司合作，著手設計這款新型輕戰車。保時捷公司的設計案Type 245-010在底盤四面採用傾斜裝甲，裝甲厚度預定為底盤正面60mm、側面40mm、背面25mm。

底盤前方配置駕駛艙，底盤正面左側頂端設置駕駛手潛望鏡。戰鬥艙上搭載砲塔，底盤後方配備整合保時捷1010引擎（345hp）、變速箱、轉向裝置構成的動力包件。

全周迴轉式的砲塔以鑄造方式製成，搭載萊茵金屬公司預定研製的5.5cm機砲MK112。MK112採彈鏈給彈，初速600m/h。機砲的俯仰角為8～+82°，可執行對地射擊與防空射擊。

行駛裝置由2個全鋼質承載輪重疊組成台車，每邊配置3組，懸吊裝置採用垂直式線圈彈簧。這是一款頗具保時捷風格的嶄新車型，設計完成後，於1944年中止計畫。

■保時捷Type 255驅逐戰車

1943年後期，保時捷公司與萊茵金屬公司合作研製的Type 245除了輕戰車型之外，還有偵察戰車型、驅逐戰車型等版本。

另外，保時捷公司也有一款發展自Type 245的Type 255計畫。Type 255是搭載105mm砲的驅逐戰車，底盤設計比照Type 245，正面、側面、背面全部配備傾斜裝甲，藉此提高防護性能。戰鬥艙正面搭載短砲管的105mm砲，戰鬥艙頂面預定配備搭載30mm機砲的遙控式小砲塔。

Type 255最後也只停留在紙上設計，並未繼續推展。

保時捷 Type 245-010 輕戰車

底盤正面裝甲厚度預定為60mm，就輕戰車而言算是厚重。

主砲使用萊茵金屬公司研製的彈鏈給彈式5.5cm機砲MK112。最大仰角82°，可執行防空射擊。

圓錐形鑄製砲塔，裝甲厚40mm。

保時捷 Type 255 驅逐戰車

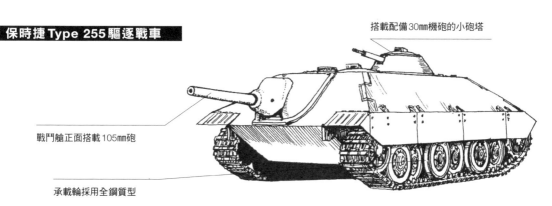

搭載配備30mm機砲的小砲塔

戰鬥艙正面搭載105mm砲

承載輪採用全鋼質型

I 號戰車
II 號戰車
38（t）戰車
III 號戰車
IV 號戰車
豹式
虎I式
虎II式
其他的車輛
計畫戰車
繳獲戰車

在背後支撐德國裝甲部隊的外國製戰車
繳獲戰車

　於二次大戰緒戰勢如破竹的德軍，陸續將戰區擴大至東部戰線、北非戰線。隨著戰場擴大，德軍當初擔心的戰車不足問題便更顯加深。為了解決這個問題，其中一個方法就是善用繳獲戰車。雖然這些戰車的性能大多不如德軍戰車，且也顯得落伍，但還是能改造成自走砲與支援車輛等，補充德國裝甲部隊戰力。

法國戰車

　1940年5月10日開始的法國戰役，開戰才過1個多月，法國便於6月21日宣布投降。德軍打敗法國後，接收了大量法製戰鬥車輛，但其中有大半因為機動性、乘員配置、對外窺視性能等問題，並不適合德軍使用。

　許多車輛被送往後方的二線部隊，用於步兵支援、巡邏、掃蕩游擊隊等任務，有些則卸下砲塔，改造成自走砲底盤，或當作彈藥運輸車、牽引車使用。

　法製車輛當中，對德軍而言最寶貴的就是洛林牽引車與雷諾UE。特別是洛林牽引車，由於動力艙配置於中央，底盤後方有裝載空間，相當適合轉用為自走砲底盤。

　自法軍繳獲的戰車，為考量保修與零件供應等條件，大多數都配賦給在法國戰線活動的部隊，但仍有部份用於東部戰線與義大利戰線。另外，德國會對法製車輛賦予以下德軍型號（外國製器材編號）。

雷諾FT-17：17 730（f）戰車

※德文寫成Pz.Kpfw.17 730（f）
雷諾R35：35R 731（f）戰車
雷諾D1：D1 732（f）戰車
雷諾D2：D2 733（f）戰車
哈奇開斯H35：
35H 734（f）戰車
哈奇開斯H38/39：
38H 735（f）戰車
雷諾ZM：ZM 736（f）戰車
FCM36：FCM 737（f）戰車
AMC35：AMC 738（f）戰車
索姆亞S35：35S 739（f）戰車
雷諾B1 bis：B2 740（f）戰車

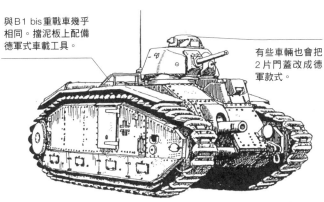

與B1 bis重戰車幾乎相同。擋泥板上配備德軍式車載工具。

有些車輛也會把2片門蓋改成德軍款式。

B2 740（f）戰車

全長：6.38m　全寬：2.49m
全高：2.81m　重量：32t　乘員：4名
武裝：17倍徑7.5cm戰車砲KwK35（f）×1門、
　　　32倍徑4.7cm KwK35（f）×1門、
　　　MG31（f）7.5㎜機槍×2挺
最大裝甲厚度：60mm
引擎：雷諾BDR（300hp）
最大速度：27.6km/h

B2（f）噴火戰車

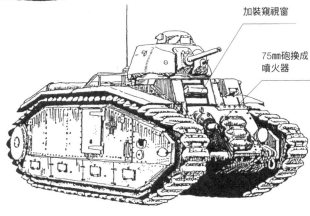

加裝窺視窗

75㎜砲換成噴火器

搭載10.5cm leFH18／3的B2（f）自走榴彈砲

全長：7.5m　全寬：2.52m
全高：3.05m　重量：32.5t
乘員：4名
武裝：28倍徑10.5cm輕榴彈砲
　　　leFH18／3×1門
最大裝甲厚度：60mm
引擎：雷諾BDR（300hp）
最大速度：28km/h

搭載10.5cm leFH18／3

卸除砲塔及部份底
盤上層，設置開頂
式戰鬥艙。

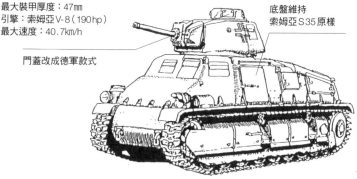

卸除底盤正面右側的75mm砲

35S 739（f）戰車

全長：5.38m　全寬：2.12m　全高：2.62m
重量：19.5t　乘員：3名
武裝：34倍徑4.7cm戰車砲KwK35（f）×1門、
　　　MG31（f）7.5mm機槍×2挺
最大裝甲厚度：47mm
引擎：索姆亞V-8（190hp）
最大速度：40.7km/h

底盤維持
索姆亞S35原樣

門蓋改成德軍款式

卸除砲塔及底盤上層，
改造成駕駛訓練車。

75mm砲也卸除

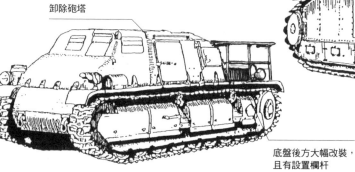

35S 739（f）駕駛訓練用戰車

卸除砲塔

B2（f）駕駛訓練用戰車

底盤後方大幅改裝，
且有設置欄杆

搭載7.5cm PaK40／1的洛林牽引車（f）自走戰防砲　貂鼠I

防盾重新設計

底盤後方
加裝戰鬥艙

搭載7.5cm戰防砲PaK40
的車載型PaK40／1

駕駛艙頂面加裝砲管行軍鎖

搭載15cm sFH13／1的洛林牽引車（f）自走榴彈砲

搭載15cm
重榴彈砲sFH13／1

備用承載輪

設置砲管行軍鎖

底盤後方加裝
戰鬥艙

全長：5.31m　全寬：1.83m
全高：2.23m　重量：8.49t
乘員：4名
武裝：17倍徑15cm重榴彈砲
　　　sFH13／1×1門
最大裝甲厚度：12mm
引擎：德拉艾103TT（70hp）
最大速度：34km/h

搭載10.5cm leFH18的
洛林牽引車（f）自走榴彈砲

leFH18配備依戰鬥艙
形狀設計的防盾

設置備用承載輪掛架

加裝戰鬥艙

搭載10.5cm輕榴彈砲leFH18

洛林牽引車（f）砲兵觀測車

底盤正面加裝附加裝甲

加裝戰鬥艙

配備新造防盾

加裝戰鬥艙蓋住
底盤上層

搭載7.5cm戰防砲PaK40

搭載7.5cm PaK40的39H（f）自走戰防砲

使用哈奇開斯H39底盤

I 號戰車
II 號戰車
38（t）戰車
III 號戰車
IV 裝戰車
豹式
虎I式
虎II式
其他的戰車
計畫戰車
繳獲戰車

搭載10.5cm leFH18的39H（f）自走榴彈砲

搭載10.5cm輕榴彈砲leFH18

配備車載用防盾

加裝戰鬥艙蓋住底盤上層

使用哈奇開斯H39底盤

**配備28／32cm火箭彈發射器的
38H735（f）戰車**

使用哈奇開斯H38底盤

底盤左右各配備2具28／32cm
火箭彈發射器

38H735（f）彈藥運輸車

卸除砲塔，於戰鬥艙內加裝砲彈架

使用哈奇開斯H38底盤

加裝戰鬥艙蓋住
底盤上層

配備車載用防盾

搭載7.5cm戰防砲PaK40

搭載7.5cm PaK40的FCM（f）自走戰防砲

全長：4.77m　全寬：2.1m　全高：2.23m
重量：12.8t　乘員：4名
武裝：46倍徑7.5cm戰防砲PaK40×1門
最大裝甲厚度：40mm
引擎：貝利埃MDP（83hp）
最大速度：24km/h

使用FCM36底盤

搭載10.5cm leFH 16的FCM（f）自走榴彈砲

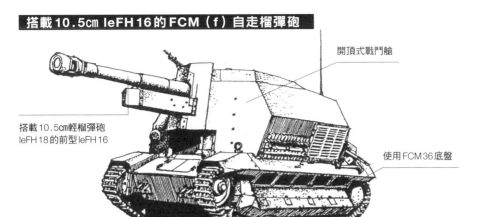

開頂式戰鬥艙

搭載10.5cm輕榴彈砲
leFH 18的前型 leFH 16

使用FCM 36底盤

搭載4.7cm PaK（t）的35R（f）自走戰防砲

全長：4.3m　全寬：1.87m
全高：2.11m　重量：10.5t　乘員：3名
武裝：43.4倍徑4.7cm戰車砲PaK（t）×1門
最大裝甲厚度：32mm
引擎：雷諾447（82hp）
最大速度：19km/h

搭載捷克斯洛伐克的4.7cm
戰防砲PaK（t）

底盤修改自雷諾R35

底盤上層加裝戰鬥艙

35R（f）彈藥運輸車

使用卸除砲塔的
雷諾R35

配備附防盾的MG34 7.92mm機槍，
也有一些車輛並未配備。

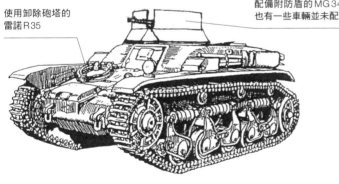

AMR 35（f）偵察戰車

加裝展望塔

戰鬥艙後方設置裝甲艙室

戰鬥艙四周設置
窺視窗

以AMR 35底盤
修改而成

拆除底盤上層與動力艙頂板，
設置戰鬥艙。

I 號戰車

II 號戰車

38（t）戰車

III 號戰車

IV 號戰車

豹式

虎I式

虎II式

其他的車輛

補貼戰車

搭載 8cm sGrW 34 的 AMR 35（f）偵察戰車

全長：4.3m　全寬：1.8m
全高：1.8m　重量：9t　乘員：4名
武裝：8cm重迫擊砲sGrW×1門、
　　　MG34 7.92mm機槍×1挺
最大裝甲厚度：13mm
引擎：雷諾447（82hp）
最大速度：40.7km/h

戰鬥艙內配備8cm重迫擊砲sGrW34

以AMR35底盤
修改而成

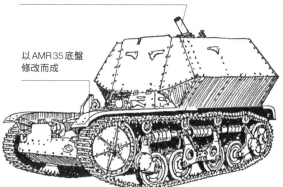

配備 MG 34 的 UE 630（f）警備車

右側乘員席加上裝甲護蓋

配備MG34
7.92mm機槍

改造自雷諾UE裝甲牽引車

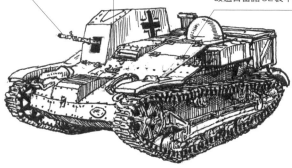

全長：2.8m　全寬：1.74m　全高：1.27m
重量：2.64t　乘員：2名
武裝：MG34 7.92mm機槍×1挺
最大裝甲厚度：9mm
引擎：雷諾85（38hp）
最大速度：30km/h

配備 2 挺 MG 34 的 UE 630（f）警備車

後方貨架加上裝甲艙室

配備MG34 7.92mm機槍

MG34有裝甲護蓋

搭載 28／32cm 火箭彈發射器的 UE 630（f）步兵牽引車

後方貨架搭載28／32cm
火箭彈發射器

底盤為雷諾UE裝
甲牽引車

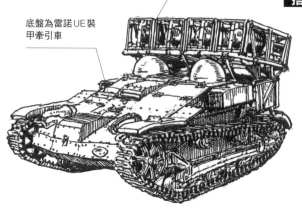

搭載 3.7cm PaK 36 的 UE 630（f）反戰車型

頂面後方搭載3.7cm
戰防砲PaK36

義大利戰車

　1943年9月8日，義大利向盟軍投降後，德軍便迅速控制義大利本土。他們接收義大利軍的殘存車輛，並利用生產設施裡的資材，持續製造義大利軍正準備投入生產的P40戰車與M43突擊砲等新型車輛。

　這些義大利車輛並未像法國繳獲戰車那樣進行大幅修改、變更，大多都是維持原樣直接使用。

　義大利戰車也被賦予德軍型號如下。

CV35 731(i) 戰車
L3／33 732(i) 噴火戰車
L6／40 733(i) 戰車
M13／40 735(i) 戰車
M14／41 736(i) 戰車
P40 737(i) 戰車

M15／42 738(i) 戰車
47／32 770(i) 指揮戰車
M41 771(i) 指揮戰車
M42 772(i) 指揮戰車
M40、M41 75／18 850(i) 突擊砲
M42、M43 75／34 851(i) 突擊砲
M42 75／46 852(i) 突擊砲
M43 105／25 853(i) 突擊砲

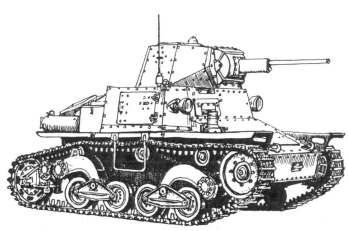

L6／40 733(i) 戰車

全長：3.78m　全寬：1.92m
全高：2.03m　重量：6.8t　乘員：2名
武裝：65倍徑20mm砲M35×1門、
　　　MG38(i)8mm機槍×1挺
最大裝甲厚度：30mm
引擎：飛雅特18D（68hp）
最大速度：42km/h

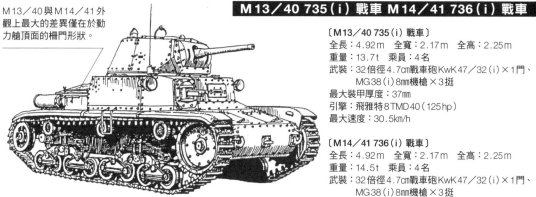

M13／40與M14／41外觀上最大的差異僅在於動力艙頂面的柵門形狀。

M13／40 735(i) 戰車　M14／41 736(i) 戰車

〔M13／40 735(i) 戰車〕
全長：4.92m　全寬：2.17m　全高：2.25m
重量：13.7t　乘員：4名
武裝：32倍徑4.7cm戰車砲KwK47／32(i)×1門、
　　　MG38(i)8mm機槍×3挺
最大裝甲厚度：37mm
引擎：飛雅特8TMD40（125hp）
最大速度：30.5km/h

〔M14／41 736(i) 戰車〕
全長：4.92m　全寬：2.17m　全高：2.25m
重量：14.5t　乘員：4名
武裝：32倍徑4.7cm戰車砲KwK47／32(i)×1門、
　　　MG38(i)8mm機槍×3挺
最大裝甲厚度：37mm
引擎：飛雅特15TM41（145hp）
最大速度：33km/h

底盤比M13／40、M14／41稍大，並於右側設置逃生門。

砲管加長至40倍徑

M15／42 738(i) 戰車

全長：5.04m　全寬：2.23m　全高：2.39m
重量：15.5t　乘員：4名
武裝：40倍徑4.7cm戰車砲
　　　KwK47／40(i)×1門、
　　　MG38(i)8mm機槍×3挺
最大裝甲厚度：45mm
引擎：飛雅特15TBM42（192hp）
最大速度：40km/h

I號戰車
II號戰車
38(t)戰車
III號戰車
IV號戰車
豹式
虎I式
虎II式
其他的車輛
計畫戰車
繳獲戰車

M41 771(i) 指揮戰車

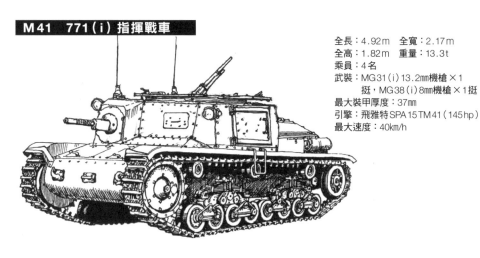

全長：4.92m　全寬：2.17m
全高：1.82m　重量：13.3t
乘員：4名
武裝：MG31(i)13.2mm機槍×1
　　　挺，MG38(i)8mm機槍×1挺
最大裝甲厚度：37mm
引擎：飛雅特SPA15TM41(145hp)
最大速度：40km/h

P40 737(i) 戰車

全長：5.795m　全寬：2.80m
全高：2.522m　重量：26t　乘員：4名
武裝：34倍徑7.5cm戰車砲
　　　KwK75／34(i)×1門、
　　　MG38(i)8mm機槍×2挺
最大裝甲厚度：60mm
引擎：飛雅特V-12(330hp)
最大速度：40km/h

CV35 731(i) 戰車

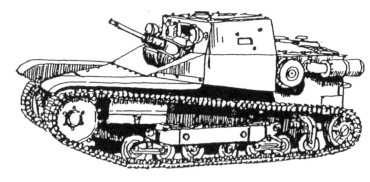

全長：3.20m　全寬：1.40m
全高：1.28m　重量：3.2t
乘員：2名
武裝：MG38(i)8mm機槍×2挺
最大裝甲厚度：14mm
引擎：飛雅特SPACV3-005(43hp)
最大速度：42km/h

47／32 770(i) 指揮戰車

全長：3.80m　全寬：1.86m　全高：1.72m
重量：6.7t　乘員：3名
武裝：32倍徑4.7cm戰車砲
　　　KwK47／32(i)×1門
最大裝甲厚度：30mm
引擎：飛雅特18D(68hp)
最大速度：36km/h

M40 75／18 850（i）突擊砲

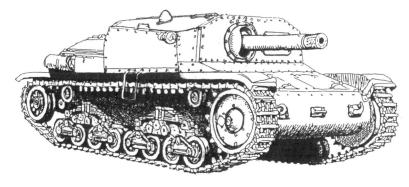

全長：4.92m　全寬：2.20m
全高：1.80m　重量：14.4t
乘員：3名
武裝：18倍徑7.5cm突擊砲
　　　StuK75／18（i）×1門、
　　　MG38（i）8mm機槍×1挺
最大裝甲厚度：50mm
引擎：飛雅特8TMD40（125hp）
最大速度：30km/h

M42 75／34 851（i）突擊砲

全長：5.69m　全寬：2.25m
全高：1.80m　重量：15t
乘員：3名
武裝：34倍徑7.5cm戰車砲
　　　StuK75／34（i）×1門、
　　　MG38（i）8mm機槍×1挺
最大裝甲厚度：50mm
引擎：飛雅特15TBM42（192hp）
最大速度：38km/h

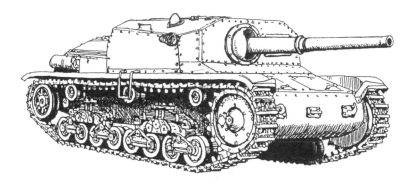

M43 105／25 853（i）突擊砲

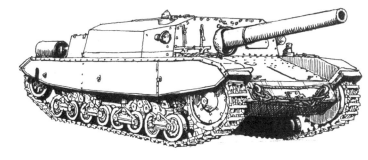

全長：5.10m　全寬：2.40m
全高：1.75m　重量：15.8t
乘員：3名
武裝：25倍徑10.5cm突擊砲
　　　StuK105／25（i）×1門、
　　　MG38（i）8mm機槍×1挺
最大裝甲厚度：75mm
引擎：飛雅特15TBM42（192hp）
最大速度：38km/h

M43 75／46 852（i）突擊砲

全長：5.97m　全寬：2.45m　全高：1.74m
重量：16t　乘員：3名
武裝：46倍徑7.5cm突擊砲
　　　StuK75／46（i）×1門、
　　　MG38（i）8mm機槍×1挺
最大裝甲厚度：50mm
引擎：飛雅特15TBM（192hp）
最大速度：38km/h

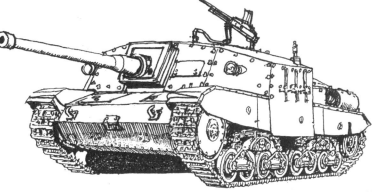

I 號戰車
II 號戰車
38（t）戰車
III 號戰車
IV 號戰車
豹式
虎I式
虎II式
其他的戰車
計畫戰車
繳獲戰車

蘇聯戰車

　　巴巴羅薩作戰開始後，雖然德軍進擊速度勢如破竹，但戰力也陸續消耗。到了1943年中期以降轉為守勢後，裝甲師幾乎都處於無法滿編的狀態。有鑑於此，東部戰線的德軍各部隊就會把繳獲的蘇軍車輛拿來運用，自行設法補充戰力。

　　雖然繳獲的大多是舊式車輛，但也有像是T-34、KV重戰車這類優秀車型。德軍將T-34 1940年型稱為T-34A，1941年型稱為T-34B，1941年戰時簡易型稱為T-34C，1942年型稱為T-34D，1943年型

稱為T-34E，採用以衝壓方式製造的「Formochka」砲塔的1942年型稱為T-34F，藉此識別各款T-34。至於KV重戰車，1939／1940／1941年型稱為KW-1A，KV-1 1940年型「Ehkranami」稱為KW-1B，1942型則稱為KW-1C。蘇聯戰車會賦予以下德軍型號。
T-37 731（r）兩棲戰車
T-38 732（r）兩棲戰車
T-40 733（r）兩棲戰車
T-26A 737（r）輕戰車
T-26B 738（r）輕戰車
T-26 739（r）噴火戰車

T-26C 740（r）輕戰車
BT 742（r）輕戰車：
BT-5、BT-7
T-28 746（r）中戰車
T-34 747（r）中戰車
T-35A 751（r）重戰車
T-35B 752（r）重戰車
KW-1A 753（r）重戰車：
KV-1 1939／1940／1941年型
KW-2 754（r）（突擊）戰車：KV-2
KW-1B 753（r）重戰車：
KV-1 1940年型Ehkranami
KW-1C 753（r）重戰車：
KV-1 1942年型

T-26C 740（r）輕戰車

全長：4.62m　全寬：2.445m　全高：2.33m
重量：10.3t　乘員：3名
武裝：46倍徑45mm戰車砲20K×1門、
　　　DT 7.62mm機槍×2挺
最大裝甲厚度：37mm
引擎：GAZT-26（95hp）
最大速度：30km/h

BT-7 742（r）輕戰車

全長：5.645m　全寬：2.23m　全高：2.40m
重量：13t　乘員：3名
武裝：46倍徑45mm戰車砲20K×1門、
　　　DT 7.62mm機槍×2挺
最大裝甲厚度：20mm
引擎：M-17T（450hp）
最大速度：52km/h

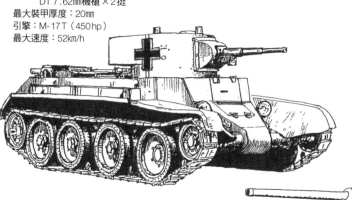

T-34B 747（r）中戰車

全長：6.75m　全寬：3.00m　全高：2.45m
重量：30t　乘員：4名
武裝：41.5倍徑76.2mm戰車砲F-34×1門、
　　　DT 7.62mm機槍×2挺
最大裝甲厚度：52mm
引擎：V-2-34（500hp）
最大速度：55km/h

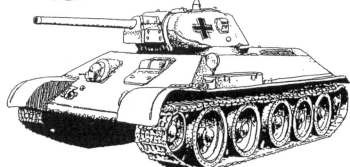

T-34D 747（r）中戰車

全長：6.75m　全寬：3.00m
全高：2.65m　重量：30.9t
乘員：4名
武裝：41.5倍徑76.2mm
　　　戰車砲F-34×1門、
　　　DT 7.62mm機槍×2挺
最大裝甲厚度：70mm
引擎：V-2-34（500hp）
最大速度：55km/h

加裝Ⅲ／Ⅳ號戰車的
車長展望塔

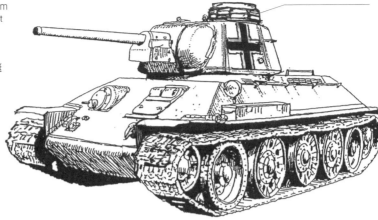

有少數會加裝Ⅲ／Ⅳ號戰車的車長展望塔

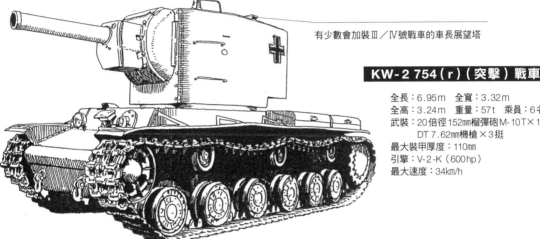

KW-2 754（r）（突擊）戰車

全長：6.95m　全寬：3.32m
全高：3.24m　重量：57t　乘員：6名
武裝：20倍徑152mm榴彈砲M-10T×1門、
　　　DT 7.62mm機槍×3挺
最大裝甲厚度：110mm
引擎：V-2-K（600hp）
最大速度：34km/h

搭載3.7cm PaK36的630（r）裝甲砲兵用牽引車

防盾左右增設裝甲板

搭載3.7cm戰防砲PaK36

底盤為T-20共青團式
牽引車

搭載7.5cm PaK97／38的
T-26 739（r）輕自走戰防砲

卸除砲塔，搭載7.5cm戰防砲PaK97／
38。該砲是將法製75mm1897野砲裝上
PaK38砲架的德軍修改型。

使用T-26輕戰車底盤

Ⅰ號戰車
Ⅱ號戰車
38（t）戰車
Ⅲ號戰車
Ⅳ號戰車
豹式
虎Ⅰ式
虎Ⅱ式
其他的車輛
計畫戰車
繳獲戰車

英國／美國戰車

　北非戰線的德國非洲軍始終苦惱戰車不足，因此也會有效活用繳獲的英軍車輛。另外，1940年在西方閃擊戰繳獲的部份英軍車輛也被改造成自走砲或牽引車等，用於1944年7月以降的諾曼第戰役。其中又以通用載具最好用，對東部戰線的部隊而言也相當寶貴。

　至於美軍車輛，現地部隊也會使用一些繳獲品，但僅改漆國籍標識，並無特別修改。

　英國／美國戰車的德軍型號如下。

Mk.ⅥB 735（e）輕戰車
Mk.ⅥC 736（e）輕戰車
Mk.I 741（e）巡航戰車
Mk.Ⅱ 742（e）巡航戰車
Mk.Ⅲ 743（e）巡航戰車
Mk.Ⅳ 744（e）巡航戰車

Mk.Ⅵ 746（e）巡航戰車：
　十字軍式
Mk.I 747（e）步兵戰車：
　瑪蒂達式
IMk.Ⅱ 748（e）步兵戰車：
　瑪蒂達Ⅱ式
Mk.Ⅲ 749（e）步兵戰車：
　瓦倫丁式
M3 747（a）中戰車：M3
M4 748（a）中戰車：M4

M4 748（a）中戰車

全長：5.84m　全寬：2.62m　全高：2.74m
重量：30.4t　乘員：5名
武裝：37.5倍徑75mm戰車砲M3×1門、
　　　M212.7mm重機槍×1挺、
　　　M1919A47.62mm機槍×2挺
最大裝甲厚度：76mm
引擎：大陸汽車R-975-C1（400hp）
最大速度：38.6km/h

Mk.Ⅲ 749（e）步兵戰車

全長：5.41m　全寬：2.63m　全高：2.27m
重量：16t　乘員：4名
武裝：50倍徑2磅戰車砲×1門、
　　　7.62mm貝莎機槍×1挺
最大裝甲厚度：65mm
引擎：AECA190（131hp）
最大速度：24.1km/h

Mk.Ⅱ 748（e）步兵戰車

全長：5.613m　全寬：2.59m
全高：2.515m　重量：26.9t　乘員：4名
武裝：50倍徑2磅戰車砲×1門、
　　　7.62mm貝莎機槍×1挺
最大裝甲厚度：78mm
引擎：利蘭E148（190hp）
最大速度：24.14km/h

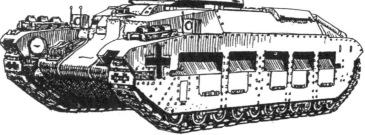

搭載2cm FlaK 38的布倫731（e）裝甲運輸車

設置2cm防空機砲FlaK 38

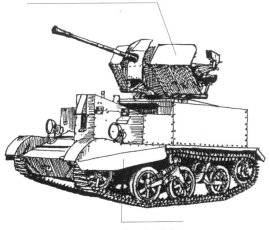

使用通用載具

搭載RPzB 54的布倫731（e）戰車驅逐車

動力艙上搭載3具RPzB 54
（戰車殺手火箭筒）

裝有鐵拳火箭

底盤為通用載具

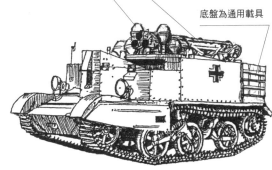

搭載3.7cm PaK 36的布倫731（e）裝甲運輸車

搭載3.7cm戰防砲PaK 36

底盤為通用載具

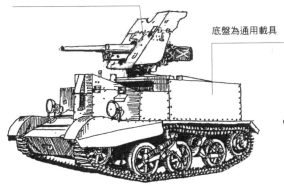

Mk.ⅥC 736（e）彈藥運輸車

卸除砲塔及頂面裝甲，於
四周加裝裝甲板。戰鬥艙
內部為彈藥收納空間。

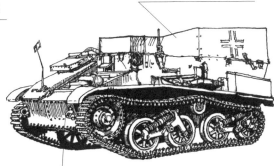

使用Mk.ⅥC輕戰車

搭載42倍徑5cm KwK的Mk.Ⅱ748（e）自走砲

戰鬥艙兩側配備MG13
7.92mm機槍

搭載Ⅲ號戰車的42倍徑
5cm戰車砲KwK

使用瑪蒂達
Ⅱ底盤

卸除砲塔，設置
大型防盾。

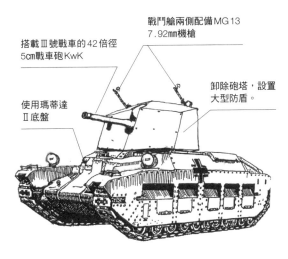

搭載10.5cm sFH 16的
Mk.ⅥC 736（e）輕自走榴彈砲

搭載10.5cm輕榴彈砲sFH 16

底盤使用維克斯
Mk.ⅥC輕戰車

卸除砲塔及頂面裝甲，
加裝戰鬥艙

號稱二次大戰時期最高水準
德國戰車的火力與防護力

德國戰車的底盤設計與裝甲厚度變化

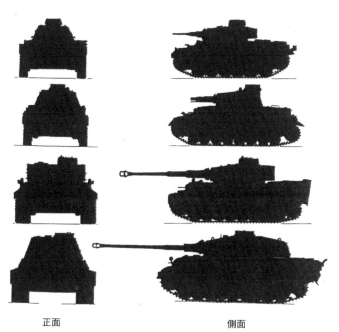

正面　　　　　　　　　　側面

Ⅲ號戰車J型（1941年3月開始生產）
■底盤裝甲厚度　正面：50mm／69°、上層正面：50mm／81°、
　　　　　　　　側面：30mm／90°
■砲塔裝甲厚度　正面：50mm／75°、防盾：50mm／曲面、
　　　　　　　　側面：30mm／65°
※裝甲比照下圖，標示相對於水平面的傾斜角。

Ⅳ號戰車D型（1939年10月開始生產）
■底盤裝甲厚度　正面：30mm／76°、
　　　　　　　　上層正面：30mm／81°、側面：20mm／90°
■砲塔裝甲厚度　正面：30mm／80°、
　　　　　　　　防盾：35mm／曲面、側面：20mm／65°

虎Ⅰ式（1942年6月開始生產）
■底盤裝甲厚度　正面：100mm／65°、
　　　　　　　　上層正面：100mm／81°、側面：80mm／90°
■砲塔裝甲厚度　正面：100mm／80°、
　　　　　　　　防盾：75〜1450mm／90°、側面：80mm／90°

虎Ⅱ式（1944年1月開始生產）
■底盤裝甲厚度　正面上層：150mm／40°、
　　　　　　　　正面下層：100mm／40°、
　　　　　　　　側面上層：80mm／65°、
　　　　　　　　側面下層：80mm／90°
■砲塔裝甲厚度　正面：180mm／80°、
　　　　　　　　側面：80mm／70°

傾斜裝甲的效果

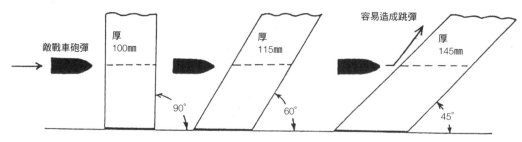

即便裝甲厚度相同，傾斜之後便能提升裝甲
防護力，讓砲砲彈無法貫穿，而會滑開。

面對敵戰車的配置

左圖狀態的正面
裝甲板厚度變化

Ⅲ號戰車、Ⅳ號戰車在碰到蘇聯的T-34時，
由於裝甲防護力較差，因此會讓底盤斜向面對
T-34，形成傾斜角度，藉此提高裝甲防護力。
東部戰線早期，身經百戰的德國裝甲兵就是用
這種方法與T-34周旋。

穿甲彈的種類與結構

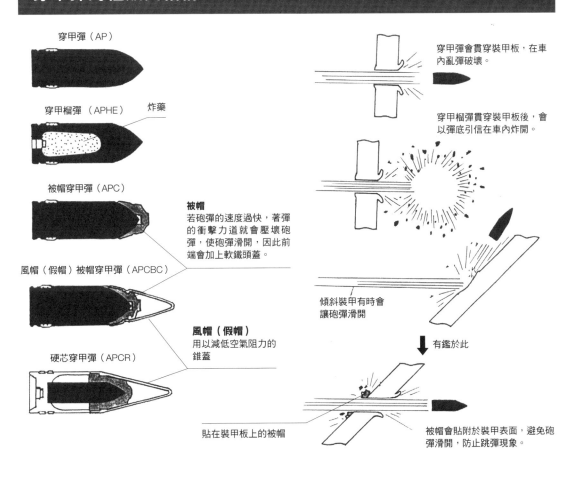

穿甲彈（AP）

穿甲榴彈（APHE）　炸藥

被帽穿甲彈（APC）

被帽
若砲彈的速度過快，著彈的衝擊力道就會壓壞砲彈，使砲彈滑開，因此前端會加上軟鐵頭蓋。

風帽（假帽）被帽穿甲彈（APCBC）

風帽（假帽）
用以減低空氣阻力的錐蓋

硬芯穿甲彈（APCR）

貼在裝甲板上的被帽

穿甲彈會貫穿裝甲板，在車內亂彈破壞。

穿甲榴彈貫穿裝甲板後，會以彈底引信在車內炸開。

傾斜裝甲有時會讓砲彈滑開

有鑑於此

被帽會貼附於裝甲表面，避免砲彈滑開，防止跳彈現象。

德國戰車的砲彈

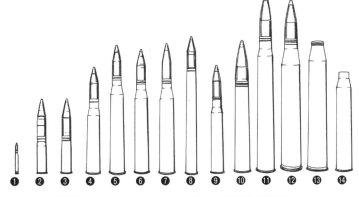

❶ 2cm KwK 30 用穿甲彈
❷ 24 倍徑 7.5cm KwK 用穿甲彈
❸ 24 倍徑 7.5cm KwK 用榴彈
❹ 7.5cm KwK 40 用砲彈
❺ 7.5cm KwK 42 用砲彈
❻ 7.5cm KwK 42 用穿甲彈
❼ 7.5cm KwK 42 用榴彈

❽ 7.5cm PaK 40 用砲彈
❾ 48 倍徑 7.5cm KwK 用穿甲彈／榴彈
❿ 8.8cm FlaK 18／36／37 及 KwK 36 用砲彈
⓫ 8.8cm FlaK 41 用砲彈
⓬ 8.8cm PaK 43 及 KwK 43 用砲彈
⓭ 8.8cm KwK 43 用藥筒
⓮ 7.5cm KwK 42 用藥筒

在戰場上必須要能依據攻擊目標瞬間選擇砲彈種類才行。

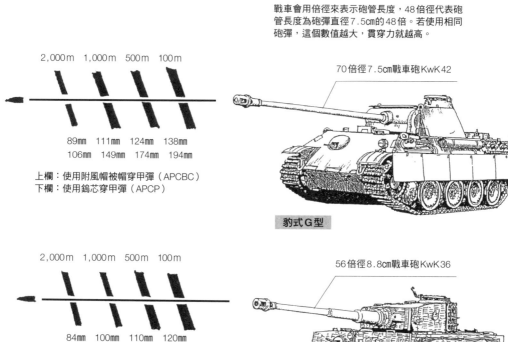

48倍徑7.5cm戰車砲KwK40

射程距離　　2,000m　1,000m　500m　100m

可貫穿的裝甲厚度　　64mm　85mm　96mm　106mm
（相對於垂直面傾斜30°）　使用附風帽被帽穿甲彈（APCBC）

Ⅳ號戰車H型

戰車會用倍徑來表示砲管長度，48倍徑代表砲管長度為砲彈直徑7.5cm的48倍。若使用相同砲彈，這個數值越大，貫穿力就越高。

2,000m　1,000m　500m　100m

70倍徑7.5cm戰車砲KwK42

89mm　111mm　124mm　138mm
106mm　149mm　174mm　194mm

上欄：使用附風帽被帽穿甲彈（APCBC）
下欄：使用鎢芯穿甲彈（APCP）

豹式G型

2,000m　1,000m　500m　100m

56倍徑8.8cm戰車砲KwK36

84mm　100mm　110mm　120mm
110mm　138mm　156mm　171mm

上欄：使用附風帽被帽穿甲彈（APCBC）
下欄：使用鎢芯穿甲彈（APCP）

虎Ⅰ式

2,000m　1,000m　500m　100m

71倍徑8.8cm戰車砲KwK43

132mm　165mm　185mm　203mm
153mm　193mm　217mm　237mm

上欄：使用附風帽被帽穿甲彈（APCBC）
下欄：使用鎢芯穿甲彈（APCP）

虎Ⅱ式

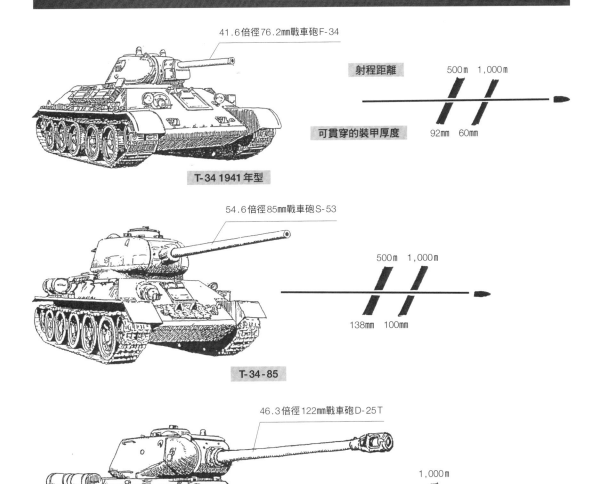

41.6倍徑76.2mm戰車砲F-34

射程距離　　　500m　1,000m

可貫穿的裝甲厚度　　92mm　60mm

T-34 1941年型

54.6倍徑85mm戰車砲S-53

500m　1,000m

138mm　100mm

T-34-85

46.3倍徑122mm戰車砲D-25T

1,000m

145mm

JS-2

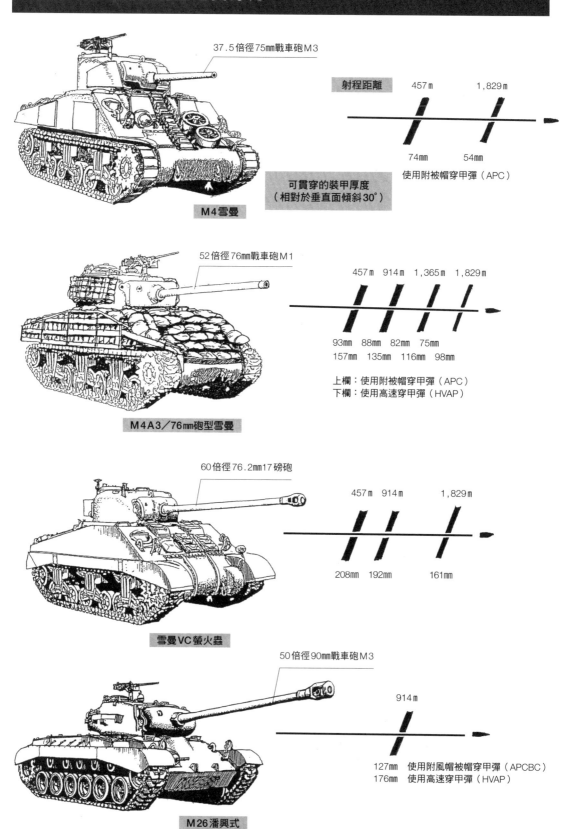

37.5倍徑75mm戰車砲M3

M4雪曼

射程距離　457m　1,829m

74mm　54mm

使用附被帽穿甲彈（APC）

可貫穿的裝甲厚度
（相對於垂直面傾斜30°）

52倍徑76mm戰車砲M1

M4A3／76mm砲型雪曼

457m　914m　1,365m　1,829m

93mm　88mm　82mm　75mm
157mm　135mm　116mm　98mm

上欄：使用附被帽穿甲彈（APC）
下欄：使用高速穿甲彈（HVAP）

60倍徑76.2mm17磅砲

雪曼VC螢火蟲

457m　914m　1,829m

208mm　192mm　161mm

50倍徑90mm戰車砲M3

M26潘興式

914m

127mm　使用附風帽被帽穿甲彈（APCBC）
176mm　使用高速穿甲彈（HVAP）

馳騁鐵馬的黑騎士
德國裝甲兵

　　說起德國裝甲兵的制服，最有名的就是那套黑色短夾克，但隨著戰區擴大、戰鬥越打越激烈，德國裝甲兵的服裝也變得多樣化，包括迷彩服、連身服，防寒夾克等，增加了多種款式。以下僅介紹幾款標準樣式。

戰車夾克

※圖中畫的是陸軍（國防軍）夾克

大戰早期，領子仍有代表裝甲兵科的粉紅色滾邊，到了 1942 年則廢除。

肩章
也是階級章

領章
黑底搭配骷髏徽。領章有代表裝甲兵的粉紅色滾邊。

右胸為國徽
（鷹徽）

為了避免勾到車內機器，口袋採用暗袋設計。

內袋

束帶

用來支撐腰帶的鉤子，可裝在任意位置。

裝甲兵裝束

【典型的車長】

頭戴軍官用野戰帽

耳機

喉頭發話器

茶色皮腰帶
（2孔式）

野灰色皮手套

【波蘭戰役時的裝甲兵】

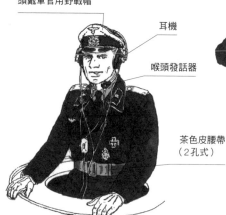

特色是頭戴黑色
扁帽，內部裝有
緩衝墊。

【標準裝甲兵】

皮製手槍套
圖中畫的是魯格P08用

【北非戰線的裝甲兵】

下領片有骷髏
徽章

服裝與該戰線
一般士兵相同

【裝甲兵作業服兼夏裝】

顏色為蘆葦綠

胸前有
大型口袋

左腿也有大型口袋

【陸軍(國防軍)與武裝SS的徽章】

	帽徽	國徽（鷹徽）
陸軍	◊	
武裝SS		

【身穿迷彩服的武裝
SS裝甲兵】

領片比陸軍夾克小，
黑夾克也一樣。

1944年採用的迷彩服，
花紋與陸軍不同。

【身穿皮夾克的武裝SS裝甲兵】

U艇乘員用黑色
皮夾克

使用武裝SS的腰帶

長褲也是黑色
皮革材質

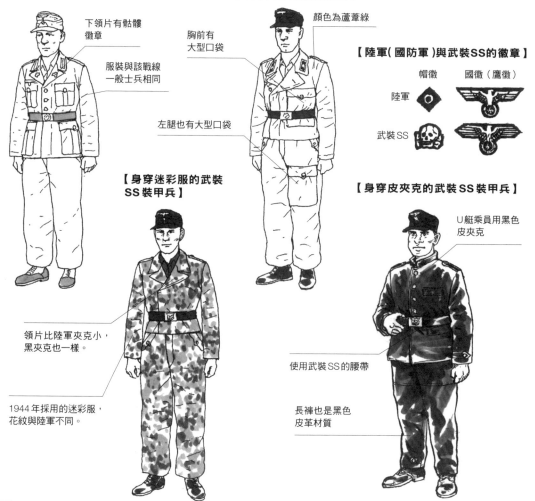

裝甲兵的作業裝束

身穿連身工作服，有數種款式。

1943 年開始使用的武裝 SS 迷彩連身服。

也有不少士兵會把野灰色軍服當成工作服穿，肩章為裝甲兵的黑色。

蘆葦綠工作服（也當成夏裝使用）

身穿卡其色訓練服，胸前無口袋。

突擊砲乘員會穿野灰色夾克。大戰中期以降，由於黑夾克在戰場上太過醒目，因此也有不少戰車兵會改穿野灰色夾克或蘆葦綠工作服。

德國裝甲兵的耳機

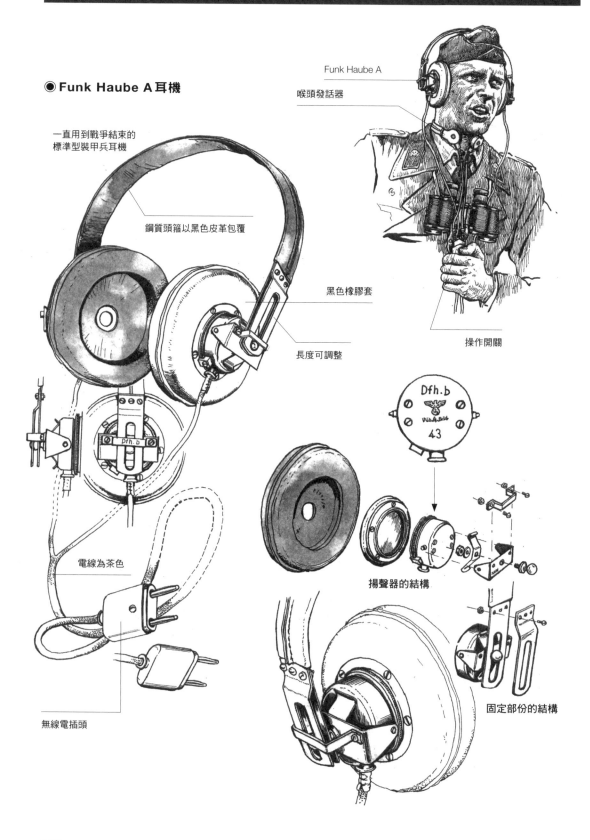

◉ **Funk Haube A 耳機**

一直用到戰爭結束的
標準型裝甲兵耳機

鋼質頭箍以黑色皮革包覆

黑色橡膠套

長度可調整

Funk Haube A

喉頭發話器

操作開關

電線為茶色

無線電插頭

Dfh.b
Wa.A.B44
43

揚聲器的結構

固定部份的結構

● Kopf Haube A 耳機與喉頭發話器

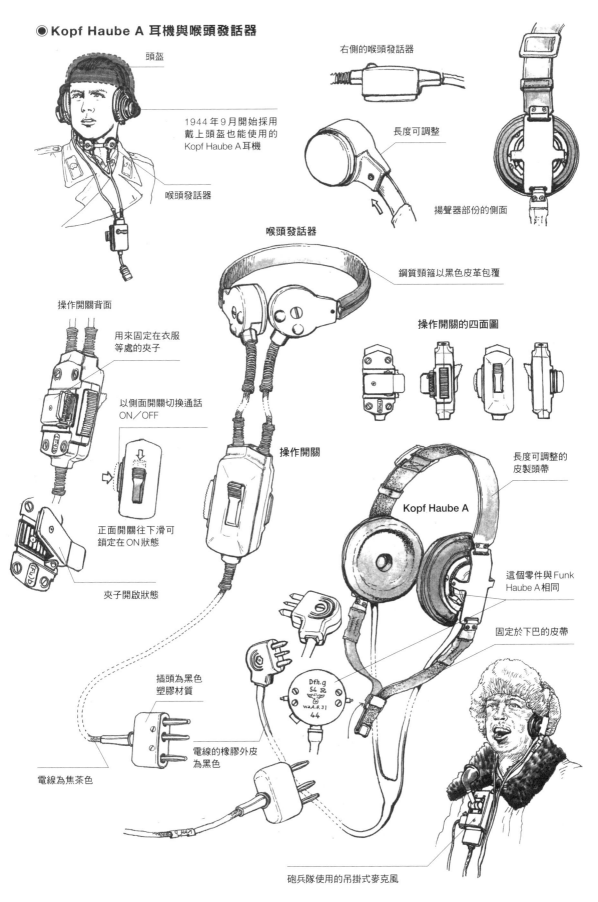

頭盔

1944 年 9 月開始採用
戴上頭盔也能使用的
Kopf Haube A 耳機

喉頭發話器

右側的喉頭發話器

長度可調整

揚聲器部份的側面

喉頭發話器

鋼質頸箍以黑色皮革包覆

操作開關背面

用來固定在衣服
等處的夾子

以側面開關切換通話
ON／OFF

正面開關往下滑可
鎖定在 ON 狀態

夾子開啟狀態

操作開關的四面圖

操作開關

長度可調整的
皮製頭帶

Kopf Haube A

這個零件與 Funk
Haube A 相同

固定於下巴的皮帶

插頭為黑色
塑膠材質

電線的橡膠外皮
為黑色

電線為焦茶色

砲兵隊使用的吊掛式麥克風

Dfh.g
54 St
Wa.A.B.31
44

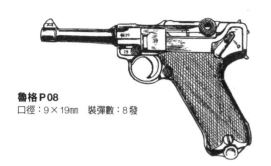

魯格 P 08
口徑：9×19mm　裝彈數：8 發

【手槍套的佩掛位置】

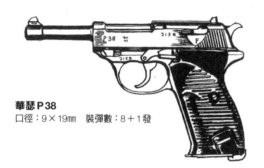

華瑟 P 38
口徑：9×19mm　裝彈數：8＋1 發

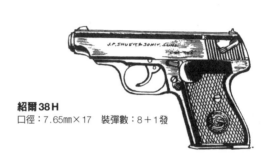

紹爾 38 H
口徑：7.65mm×17　裝彈數：8＋1 發

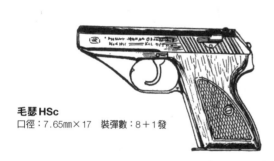

毛瑟 HSc
口徑：7.65mm×17　裝彈數：8＋1 發

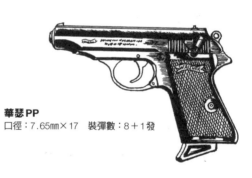

華瑟 PP
口徑：7.65mm×17　裝彈數：8＋1 發

【各種手槍套】

魯格 P08 用	魯格 P08 用後期型	華瑟 P38 用	華瑟 P38 用後期型

紹爾 38H 用	華瑟 PP 用	毛瑟 HSc 用	白朗寧 M1922 用	拉多姆 P35 用

車內配備武器

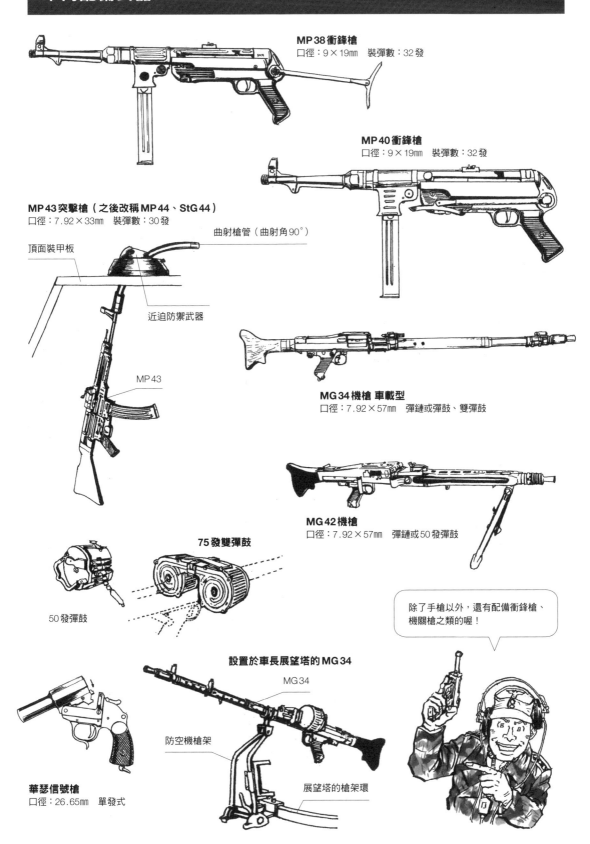

MP 38 衝鋒槍
口徑：9×19mm　裝彈數：32 發

MP 40 衝鋒槍
口徑：9×19mm　裝彈數：32 發

MP 43 突擊槍（之後改稱 MP 44、StG 44）
口徑：7.92×33mm　裝彈數：30 發

曲射槍管（曲射角 90°）

頂面裝甲板

近迫防禦武器

MP 43

MG 34 機槍 車載型
口徑：7.92×57mm　彈鏈或彈鼓、雙彈鼓

MG 42 機槍
口徑：7.92×57mm　彈鏈或 50 發彈鼓

75 發雙彈鼓

50 發彈鼓

除了手槍以外，還有配備衝鋒槍、機關槍之類的喔！

設置於車長展望塔的 MG 34

MG 34

防空機槍架

展望塔的槍架環

華瑟信號槍
口徑：26.65mm　單發式

德國戰車 vs. 盟軍戰車　主戰場簡圖

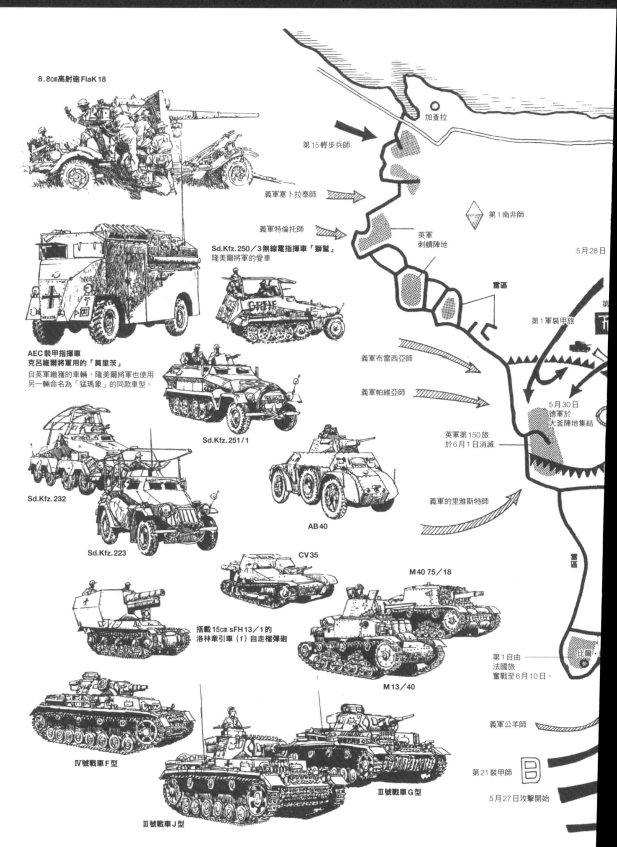

8.8cm高射砲 FlaK 18

第15輕步兵師

義軍塞卜拉泰師

加查拉

義軍特倫托師

Sd.Kfz.250／3 無線電指揮車「獅鷲」
隆美爾將軍的愛車

第1南非師

英軍
刺蝟陣地

5月28日

雷區

第1軍裝甲旅

AEC 裝甲指揮車
克呂維爾將軍用的「莫里茨」
自英軍繳獲的車輛，隆美爾將軍也使用
另一輛命名為「猛瑪象」的同款車型。

義軍布雷西亞師

義軍帕維亞師

Sd.Kfz.251／1

英軍第150旅
於6月1日消滅

5月30日
德軍於
大釜陣地集結

Sd.Kfz. 232

AB 40

義軍的里雅斯特師

Sd.Kfz. 223

CV 35

M40 75／18

搭載15cm sFH13／1的
洛林牽引車（f）自走榴彈砲

雷區

第1自由
法國旅
奮戰至6月10日。

比爾

M 13／40

義軍公羊師

Ⅳ號戰車 F 型

第21裝甲師

5月27日攻擊開始

Ⅲ號戰車 G 型

Ⅲ號戰車 J 型

北非戰線 加查拉戰役

1942年5月26日～6月21日

　　為了支援在北非陷入苦戰的義大利軍，隆美爾將軍率領德國非洲軍（DAK）於1941年2月14日在利比亞首都的黎波里登陸。德軍帶著兩光的義大利軍自3月開始展開反擊，僅花了2週便奪回昔蘭尼加一帶，之後也不斷進行攻防拉鋸戰。至於北非戰線緒戰的分水嶺，則是進攻托布魯克。第一次進攻失敗後，德、義軸心國軍又於1942年5月26日開始進攻英軍的加查拉防線，終於在6月21日攻克要衝托布魯克。

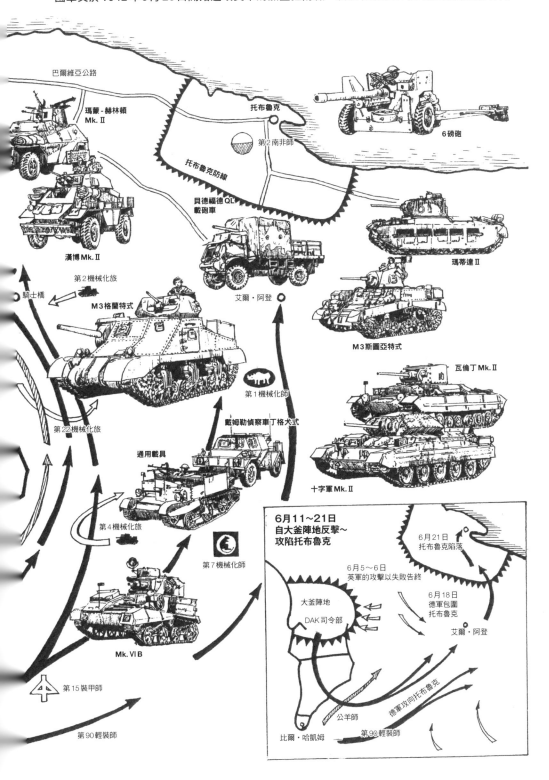

巴爾維亞公路

瑪蒙－赫林頓 Mk.Ⅱ

托布魯克

第2南非師

6磅砲

托布魯克防線

貝德福德QL 戰砲車

漢博 Mk.Ⅱ

瑪蒂達Ⅱ

第2機械化旅

騎士橋

M3格蘭特式

艾爾·阿登

M3斯圖亞特式

第1機械化師

第22機械化旅

瓦倫丁 Mk.Ⅱ

戴姆勒偵察車丁格犬式

通用載具

第4機械化旅

十字軍 Mk.Ⅱ

第7機械化師

Mk.ⅥB

第15裝甲師

第90輕裝師

**6月11～21日
自大釜陣地反擊～
攻陷托布魯克**

6月21日
托布魯克陷落

6月5～6日
英軍的攻擊以失敗告終

6月18日
德軍包圍
托布魯克

大釜陣地

DAK司令部

艾爾·阿登

公羊師

德軍攻向托布魯克

比爾·哈凱姆

第90輕裝師

北非戰線 艾爾・阿拉敏戰役

1942年10月23日～11月4日

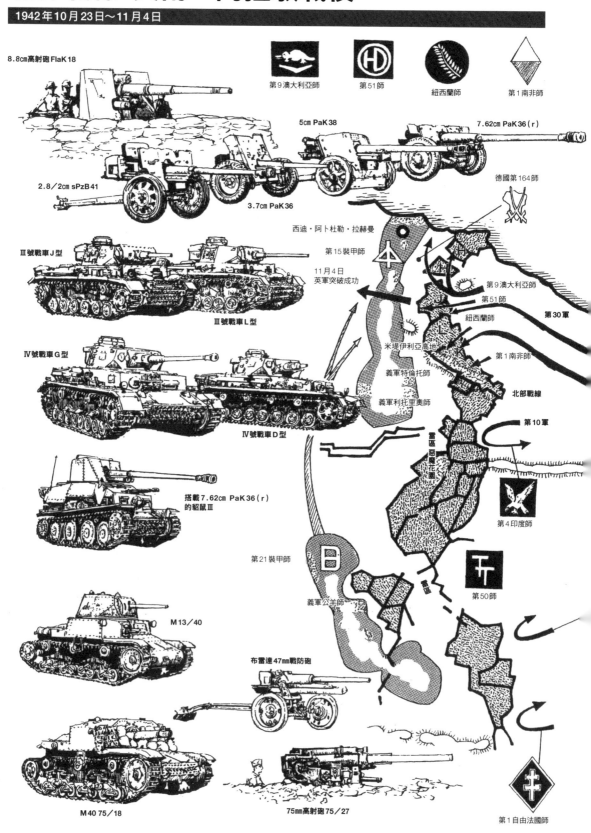

第9澳大利亞師

第51師

紐西蘭師

第1南非師

8.8cm高射砲 FlaK 18

5cm PaK 38

7.62cm PaK 36 (r)

2.8/2cm sPzB 41

3.7cm PaK 36

Ⅲ號戰車 J 型

Ⅲ號戰車 L 型

Ⅳ號戰車 G 型

Ⅳ號戰車 D 型

搭載7.62cm PaK 36 (r) 的貂鼠Ⅲ

M 13/40

布雷達47mm戰防砲

M 40 75/18

75mm高射砲 75/27

德國第164師

西迪・阿卜勒・拉赫曼

第15裝甲師

11月4日
英軍突破成功

第9澳大利亞師

第51師

紐西蘭師

第30軍

米堤伊利亞高地

義軍特倫托師

第1南非師

北部戰線

義軍利托里奧師

第10軍

雷區 惡魔花園

第4印度師

第21裝甲師

第50師

雷區

義軍公羊師

第1自由法國師

182

英軍於加查拉戰役敗北，丟失了托布魯克，之後也持續後退，將艾爾‧阿拉敏設定為最終防線。英軍撐過第一次艾爾‧阿拉敏戰役，自美國獲得戰車等大量物資補給，重整態勢準備反擊。至於德軍，除了補給狀況不盡理想，戰力也有相當耗損。1942年10月23日，英軍以超過1,000門火砲同時開火，揭開第二次艾爾‧阿拉敏戰役序幕。面對壓倒性的物量，德軍只能於11月4日被迫撤退。艾爾‧阿拉敏戰役的勝利大幅扭轉了北非戰線的趨勢，德、義軸心國軍自此轉為守勢。

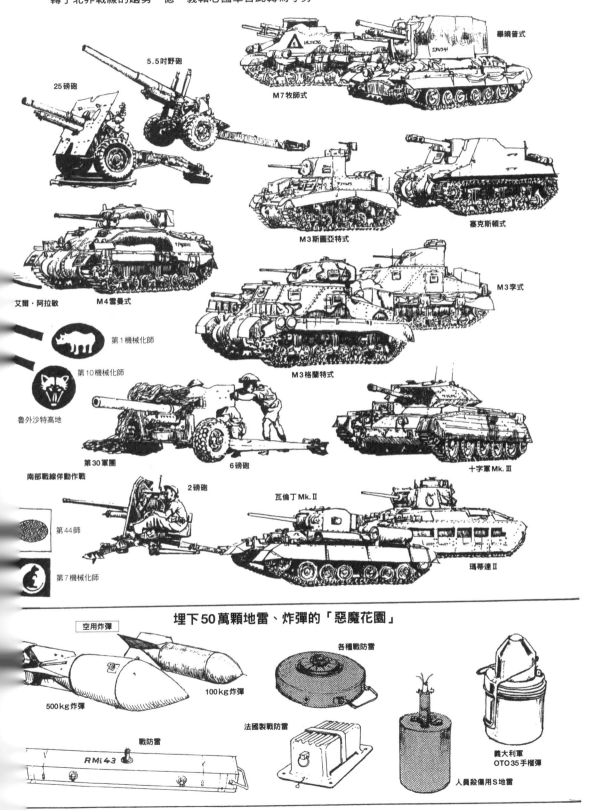

25磅砲
5.5吋野砲
畢曉普式
M7牧師式
M3斯圖亞特式
塞克斯頓式
艾爾‧阿拉敏
M4雪曼式
M3李式
第1機械化師
第10機械化師
魯外沙特高地
M3格蘭特式
第30軍團
6磅砲
十字軍Mk.Ⅲ
南部戰線佯動作戰
第44師
2磅砲
瓦倫丁Mk.Ⅱ
第7機械化師
瑪蒂達Ⅱ

埋下50萬顆地雷、炸彈的「惡魔花園」

空用炸彈
100kg炸彈
500kg炸彈
各種戰防雷
戰防雷
RMi43
法國製戰防雷
人員殺傷用S地雷
義大利軍
OTO35手榴彈

東部戰線 庫斯克會戰「普洛霍羅夫卡戰車大戰」

1943年7月12日

7月12日
庫斯克戰線

蘇軍攻勢

奧列爾第9軍

庫斯克

蘇聯預備隊
草原戰線

奧博揚

普洛霍羅夫卡

普肖爾河

第4裝甲軍

哈爾科夫

第3裝甲師

諾沃塞洛夫卡

第48裝甲軍

大德意志裝甲擲彈兵師

第11裝甲師

Fw 189 偵察機

德國陸軍 戰車、自走砲約600輛

德國空軍 飛機約1800架

Fw 190 A 戰鬥機

Ju 88 A 轟炸機

10./KG 1

KG 3

KG 51

JG 51

JG 54

He 111 轟炸機

KG 53

KG 54

KG 4

Bf 109 G 戰鬥機

JG 3

JG 52

Ju-87 D 俯衝轟炸機

10(Pz.)./SG 1

Ju 87 G 對地攻擊機

7./StG 1

Fw 190 F 戰鬥攻擊機

StG 2

Hs 129 B-2／R 2 對地攻擊機

Bf 110 G 戰鬥機

11./SG 1

1943年7月4日開始的庫斯克會戰,是東部戰線規模最大的激戰。德軍幾乎投入手上所有兵力,但蘇軍派出的兵力卻大幅超越德軍。庫斯克會戰期間的7月12日,於普洛霍羅夫卡展開的戰役又被稱為「史上最大戰車對戰」,相當有名。蘇軍於這場戰役的損失雖然數倍於德軍,但仍有辦法補充兵力。反觀德軍,由於必須分派兵力前往地中海╱義大利戰線對付自西西里島登陸的美英聯軍,難以持續支應庫斯克會戰,結果以德軍敗北收場。庫斯克會戰的勝負,可說是決定了歐洲的戰局也不為過。

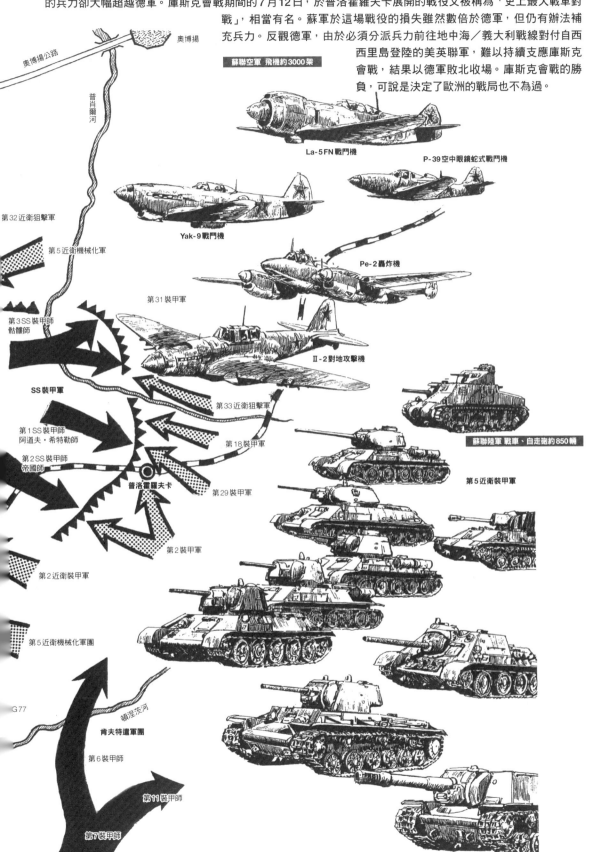

奧博揚公路

奧博揚

普肖爾河

蘇聯空軍 飛機約3000架

La-5FN戰鬥機

P-39空中眼鏡蛇式戰鬥機

第32近衛狙擊軍

第5近衛機械化軍

Yak-9戰鬥機

Pe-2轟炸機

第31裝甲軍

第3SS裝甲師
骷髏師

II-2對地攻擊機

SS裝甲軍

第33近衛狙擊軍

第1SS裝甲師
阿道夫·希特勒師

第18裝甲軍

第2SS裝甲師
帝國師

蘇聯陸軍 戰車、自走砲約850輛

第5近衛裝甲軍

普洛霍羅夫卡

第29裝甲軍

第2裝甲軍

第2近衛裝甲軍

第5近衛機械化軍團

G77

頓涅茨河

肯夫特遣軍團

第6裝甲師

第11裝甲師

第7裝甲師

西部戰線 諾曼第戰役

1944年6月11〜12日

　　1944年6月6日，盟軍決定發動諾曼第登陸作戰。英軍於黃金海灘上岸，首要目標為占領交通要衝康城，但該地正面有德軍精銳部隊裝甲教導師構成防線。英國第7裝甲師避開正面攻擊，採行迂迴包抄作戰，先鋒部隊於6月12日抵達波卡基村。然而，他們卻於翌日遭遇SS第101重戰車營的王牌魏特曼痛擊，因而損失慘重。

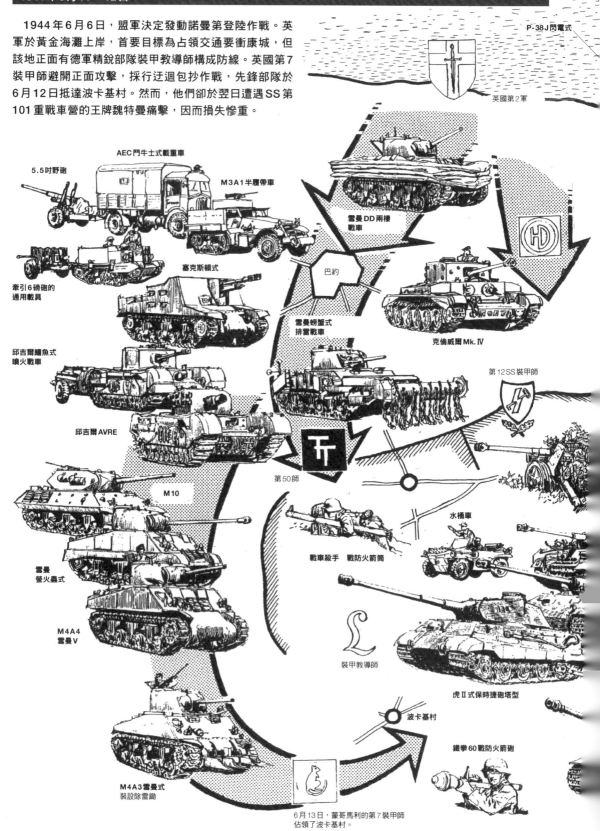

P-38J閃電式

英國第2軍

AEC鬥牛士式載重車

5.5吋野砲

M3A1半履帶車

雪曼DD兩棲戰車

塞克斯頓式

牽引6磅砲的通用載具

巴約

雪曼螃蟹式排雷戰車

克倫威爾Mk.Ⅳ

邱吉爾鱷魚式噴火戰車

第12SS裝甲師

邱吉爾AVRE

第50師

M10

水桶車

戰車殺手　戰防火箭筒

雪曼螢火蟲式

M4A4雪曼Ⅴ

裝甲教導師

虎Ⅱ式保時捷砲塔型

波卡基村

M4A3雪曼式裝設除雷鋤

鐵拳60戰防火箭砲

6月13日，蒙哥馬利的第7裝甲師佔領了波卡基村。

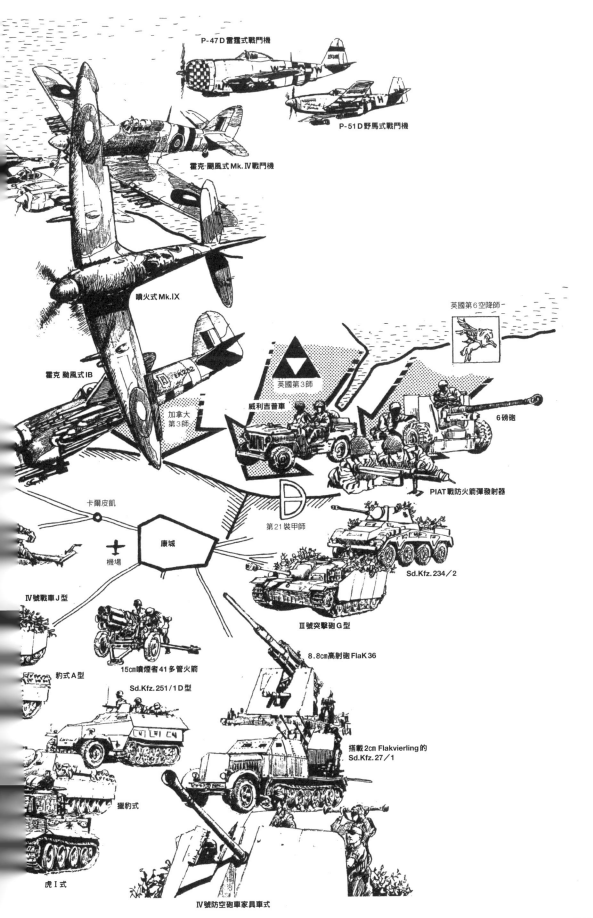

P-47 D 雷霆式戰鬥機

P-51 D 野馬式戰鬥機

霍克-颶風式 Mk. IV 戰鬥機

噴火式 Mk.IX

霍克 颶風式 IB

英國第 6 空降師

英國第 3 師

威利吉普車

6 磅砲

加拿大
第 3 師

PIAT 戰防火箭彈發射器

卡爾皮凱

第 21 裝甲師

康城

Sd.Kfz. 234／2

機場

Ⅳ號戰車 J 型

Ⅲ號突擊砲 G 型

15㎝噴煙者 41 多管火箭

8.8㎝高射砲 FlaK 36

豹式 A 型

Sd.Kfz. 251／1 D 型

搭載 2㎝ Flakvierling 的
Sd.Kfz. 27／1

獵豹式

虎 Ⅰ 式

Ⅳ號防空砲車家具車式

西部戰線 阿登戰役（突出部之役）

1944年12月16日～1945年1月27日

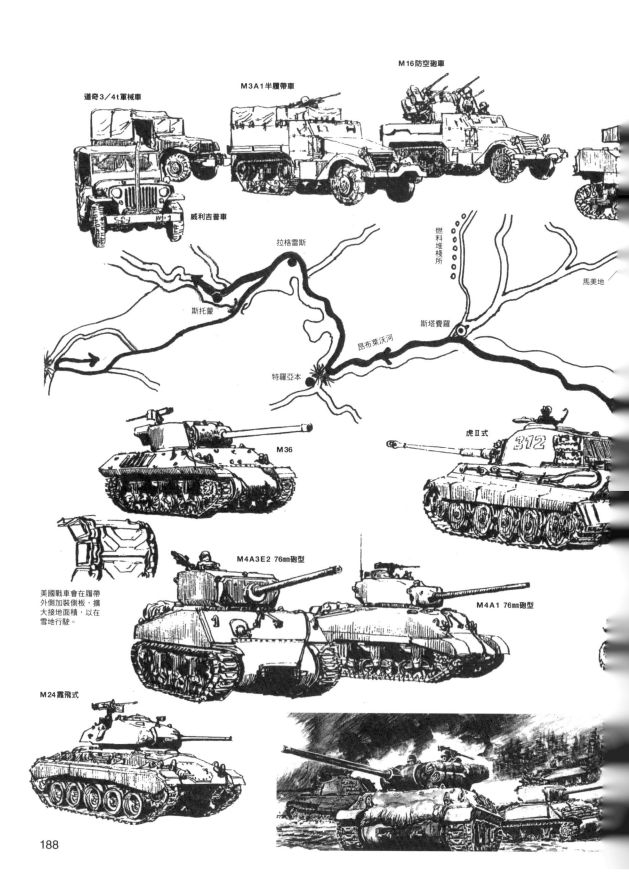

M16防空砲車

M3A1半履帶車

道奇3／4t軍械車

威利吉普車

拉格雷斯

斯托蒙

燃料堆棧所

馬美地

斯塔費羅

昂布萊沃河

特羅亞本

M36

虎Ⅱ式

372

M4A3E2 76mm砲型

M4A1 76mm砲型

美國戰車會在履帶
外側加裝側板，擴
大接地面積，以在
雪地行駛。

M24霞飛式

1944年12月16日，德軍發動最後一場大規模反攻作戰「守護萊茵」行動。作戰目標是進攻盟軍位在比利時的後勤基地港都安特衛普。德軍裝甲部隊利用惡劣天候，穿越茂密的阿登森林，不斷擊退美軍，持續往前推進。然而，德軍的快速進擊卻也沒能持久。美軍不僅獲得增援、重整態勢，待該月23日天候恢復，便在空中支援下展開反擊。

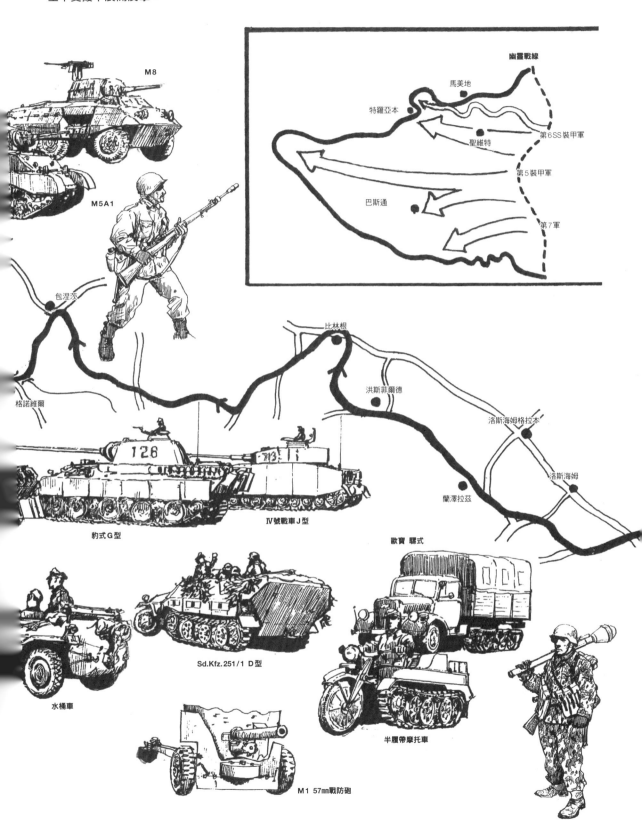

M8

M5A1

幽靈戰線

馬美地

特羅亞本

第6SS裝甲軍

聖維特

第5裝甲軍

巴斯通

第7軍

包涅茨

比林根

格諾維爾

洪斯菲爾德

洛斯海姆格拉本

洛斯海姆

128

113

蘭澤拉茲

IV號戰車J型

豹式G型

歐寶 驛式

水桶車

Sd.Kfz.251/1 D型

半履帶摩托車

M1 57mm戰防砲

德國本土防衛戰 柏林包圍戰

1945年4月末

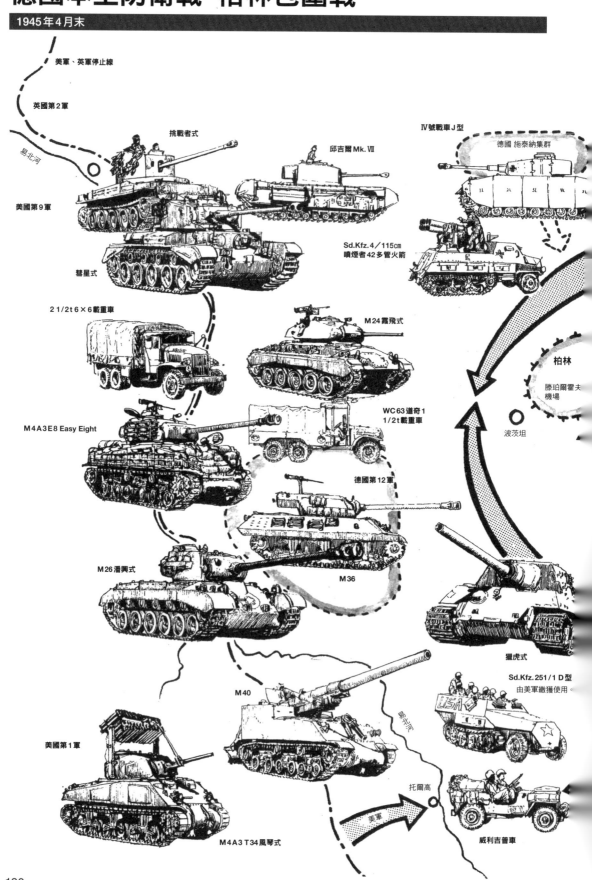

美軍、英軍停止線

英國第2軍

易北河

挑戰者式

邱吉爾 Mk. Ⅶ

Ⅳ號戰車 J 型

德國 施泰納集群

美國第9軍

彗星式

Sd.Kfz. 4／115cm
噴煙者42多管火箭

2 1/2t 6×6載重車

M24 霞飛式

柏林

勝珀爾霍夫
機場

WC63道奇1
1/2t載重車

波茨坦

M4A3E8 Easy Eight

德國第12軍

M26 潘興式

M36

獵虎式

Sd.Kfz. 251／1 D型
由美軍繳獲使用

M40

易北河

美國第1軍

托爾高

美軍

M4A3 T34 風琴式

威利吉普車

1945年3月底，西線盟軍渡過萊茵河，英軍自德國北部、美軍自中部與南部逼近首都柏林。至於蘇軍則在1945年攻下東普魯士、匈牙利等地，並於4月16日對柏林展開進攻。4月25日，東進的美軍與西進的蘇軍在柏林南方易北河畔的托爾高會師（易北河之盟）。柏林自此遭到完全包圍，德國裝甲部隊的末日已近。

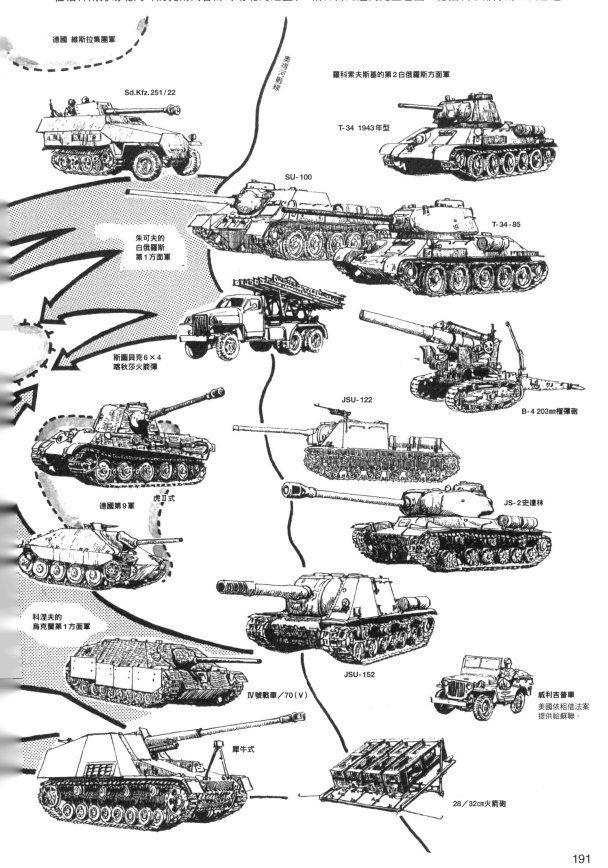

德國 維斯拉集團軍

東得河戰線

羅科索夫斯基的第2白俄羅斯方面軍

Sd.Kfz.251／22

T-34 1943年型

SU-100

朱可夫的
白俄羅斯
第1方面軍

T-34-85

斯圖貝克6×4
喀秋莎火箭彈

JSU-122

B-4 203㎜榴彈砲

德國第9軍

虎Ⅱ式

JS-2 史達林

科涅夫的
烏克蘭第1方面軍

JSU-152

威利吉普車
美國依租借法案
提供給蘇聯。

Ⅳ號戰車／70（Ⅴ）

犀牛式

28／32㎝火箭砲

【圖解】第二次世界大戰
德國戰車

出　　　　版／楓樹林出版事業有限公司
地　　　　址／新北市板橋區信義路163巷3號10樓
郵 政 劃 撥／19907596　楓書坊文化出版社
網　　　　址／www.maplebook.com.tw
電　　　　話／02-2957-6096
傳　　　　真／02-2957-6435
作　　　者／上田信
翻　　　　譯／張詠翔
責 任 編 輯／陳鴻銘
內 文 排 版／楊亞容
港 澳 經 銷／泛華發行代理有限公司
定　　　　價／450元
初 版 日 期／2023年8月

國家圖書館出版品預行編目資料

圖解第二次世界大戰 德國戰車 / 上田信作
; 張詠翔譯. -- 初版. -- 新北市：楓樹林出
版事業有限公司, 2023.08　面；公分

ISBN 978-626-7218-84-6（平裝）

1. 戰車 2. 軍事裝備 3. 第二次世界大戰
4. 德國

595.97　　　　　　　112010250